L. D. Landau · E. M. Lifschitz

Lehrbuch der Theoretischen Physik

Band I

L. D. Landau · E. M. Lifschitz

Lehrbuch der Theoretischen Physik

Der Klassiker der gesamten Theoretischen Physik für den Studenten und Wissenschaftler.

Band 1:
Mechanik
unveränderter Nachdruck der 14., korrigierten Auflage 1997, 2022, 231 Seiten, 56 Abbildungen, gebunden,
ISBN 978-3-8085-5612-2

Band 2:
Klassische Feldtheorie
unveränderter Nachdruck der 12. Auflage 1992, 2022, 496 Seiten, 25 Abbildungen, gebunden,
ISBN 978-3-8085-5562-0

Band 3:
Quantenmechanik
unveränderter Nachdruck der 9. Auflage 1986, 2021, 660 Seiten, 57 Abbildungen, 11 Tabellen, gebunden,
ISBN 978-3-8085-5636-8

Band 4:
Quantenelektrodynamik
unveränderter Nachdruck der 7., berichtigten Auflage 1991, 2020, 628 Seiten, 25 Abbildungen, gebunden,
ISBN 978-3-8085-5632-0

Band 5:
Statistische Physik Teil 1
unveränderter Nachdruck der 8., berichtigten Auflage 1991, 2016, 535 Seiten, 78 Abbildungen, gebunden,
ISBN 978-3-8085-5654-2

Band 6:
Hydrodynamik
korrigierter Nachdruck der 5., überarbeiteten Auflage 1991, 2014, 705 Seiten, 136 Abbildungen, gebunden,
ISBN 978-3-8085-5554-5

Band 7:
Elastizitätstheorie
unveränderter Nachdruck der 7. Auflage 1991, 2010, 223 Seiten, 32 Abbildungen, Leinen,
ISBN 978-3-8085-5498-2

Band 8:
Elektrodynamik der Kontinua
unveränderter Nachdruck der 5., ergänzten Auflage 1990, 2020, 565 Seiten, 65 Abbildungen, gebunden,
ISBN 978-3-8085-5500-2

Band 9:
Statistische Physik Teil 2
unveränderter Nachdruck der 4., berichtigten Auflage 1992, 2020, 404 Seiten, 18 Abbildungen, gebunden,
ISBN 978-3-8085-5656-6

Band 10:
Physikalische Kinetik
unveränderter Nachdruck der 2. Auflage 1990, 2020, 480 Seiten, 35 Abbildungen, gebunden,
ISBN 978-3-8085-5624-5

Das **Gesamtwerk** ist auch zum günstigen Satzpreis erhältlich:
L. D. Landau · E. M. Lifschitz, **Lehrbuch der Theoretischen Physik**
ISBN 978-3-8085-5588-0

L. D. Landau • E. M. Lifschitz

Mechanik

Mit 56 Abbildungen
und einem biographischen Artikel
von E. M. Lifschitz
über Lew Davidowitsch Landau

VERLAG EUROPA-LEHRMITTEL · Nourney, Vollmer GmbH & Co. KG
Düsselberger Straße 23 · 42781 Haan-Gruiten

Europa-Nr.: 56122

Titel der Originalausgabe:
Л. Д. Ландау и Е. М. Лифшицу
Механика

Erschienen im Verlag NAUKA, Moskau 1988

In deutscher Sprache herausgegeben von Prof. Dr. habil. Paul Ziesche (Dresden),
übersetzt aus dem Russischen von Doz. Dr. Hardwin Jungclaussen (Dresden).

Unveränderter Nachdruck der 14., korrigierten Auflage 1997, 2022
Druck 6

ISBN 978-3-8085-5612-2

Umschlaggestaltung: Medienwerkstatt Dreimaster / www.3master.de, 63546 Hammersbach
Druck: Totem, 88–100 Inowroclaw (Polen)

VORWORT DES HERAUSGEBERS ZUR DEUTSCHEN AUSGABE

Das berühmte Lehrbuch der Theoretischen Physik von L. D. LANDAU und E. M. LIFSCHITZ umfaßt 10 Bände:

1. Mechanik,
2. Klassische Feldtheorie,
3. Quantenmechanik,
4. Quantenelektrodynamik,
5. Statistische Physik, Teil 1,
6. Hydrodynamik,
7. Elastizitätstheorie,
8. Elektrodynamik der Kontinua,
9. Statistische Physik, Teil 2,
10. Physikalische Kinetik.

Immer wieder ist diese umfassende und moderne Darstellung der Theoretischen Physik eine Fundgrube für den fortgeschrittenen Studenten und für den im Beruf tätigen und mit theoretisch-physikalischen Problemen konfrontierten Physiker. In diesem Band wird der traditionelle Stoff der klassischen Mechanik behandelt; er wird aber in Darstellung und Auswahl der Anwendungen mit Blick auf die moderne Physik dargeboten. Neben der allgemeinen Theorie (LAGRANGE- und HAMILTON-Formalismus) kommen Anwendungen auf wichtige konkrete und moderne Beispiele (KEPLER-Problem, Zerfall von Teilchen, Stoß und Streuung, RUTHERFORDsche Formel, Schwingungen von Molekülen, Resonanz, Kreisel) zur Sprache. Gebührenden Platz nehmen die Erhaltungssätze ein. Die Darstellung zeichnet sich durch physikalisch-anschauliche Argumentation bei gleichzeitiger Wahrung der formalen Strenge aus. Sehr wertvoll ist die Ergänzung durch Übungsaufgaben und Lösungen. Die Kontinuumsmechanik wird in Band 6 (Hydrodynamik) und 7 (Elastizitätstheorie) behandelt, die relativistische Mechanik in Band 2 (Feldtheorie).

Dieser neuesten deutschen Auflage liegt die vierte, verbesserte und ergänzte russische Auflage zu Grunde. Am Schluß findet sich ein biographischer Artikel aus der Feder von E. M. LIFSCHITZ, der Leben und Werk von L. D. LANDAU in kurzer Form darstellt und würdigt (er wurde von J. RICHTER, TH. NAUMANN und G. PAASCH übersetzt). Es folgt ein Verzeichnis der wissenschaftlichen Arbeiten von L. D. LANDAU. Diese biographische Ergänzung dürfte bei allen an Wissenschaftsgeschichte Interessierten besondere Aufmerksamkeit finden. Damit wird ein aufschlußreicher Einblick in das Wirken des Begründers einer weltbekannten Schule der Theoretischen Physik gegeben.

Die zwölfte deutsche Auflage der "Mechanik" war die erste Neuauflage eines LANDAU-LIFSCHITZ-Bandes nach dem Tod von Prof. E. M. LIFSCHITZ am 29. Oktober 1985. Die Jahre gemeinsamen Wirkens, seine ständige und freundliche Hilfe bei der Vorbereitung von deutschen Ausgaben dieses Lehrbuches bewahre ich in dankbarer Erinnerung. Sie sind mir Verpflichtung für die weitere Arbeit. – Druckfehler der dreizehnten Auflage wurden verbessert. Beim Korrekturlesen wurde ich dankenswerter Weise von Herrn G.-R. TILLACK unterstützt.

Dresden, Januar 1997 P. ZIESCHE

VORWORT ZUR VIERTEN RUSSISCHEN AUFLAGE

Mit diesem Band beginnt der Verlag Nauka eine Neuherausgabe der "Theoretischen Physik" von L. D. LANDAU und E. M. LIFSCHITZ. Zum ersten Mal erfolgt die Herausgabe des Werkes nach dem Tode von E. M. LIFSCHITZ. Vor mir lag die traurige und verantwortungsvolle Aufgabe, den Kurs ohne die Autoren vorzubereiten.

In der vorliegenden Auflage der "Mechanik" wurden die Druckfehler ausgebessert, die nach dem Erscheinen der dritten Auflage gefunden wurden, sowie einige kleinere Änderungen vorgenommen, die die Darstellung präziser machen. Diese Korrekturen wurden von E. M. LIFSCHITZ und mir vorbereitet und bereits teilweise in der letzten englischen Auflage dieses Buches berücksichtigt.

Moskau, Mai 1987 L. P. PITAJEWSKI

VORWORT ZUR DRITTEN RUSSISCHEN AUFLAGE

Die zweite Auflage dieses Buches unterschied sich fast nicht von der ersten. Auch bei der Vorbereitung der neuen Auflage ergab sich nicht die Notwendigkeit einer wesentlichen Überarbeitung. Daher wurde ein großer Teil des Buches auf photomechanischem Wege (lediglich unter Ausbesserung der Druckfehler) hergestellt. Nur die letzten, den adiabatischen Invarianten gewidmeten Paragraphen wurden von mir zusammen mit L. P. PITAJEWSKI überarbeitet und ergänzt.

Moskau, Juni 1972 E. M. LIFSCHITZ

INHALTSVERZEICHNIS

Hinweis auf Bezeichnungen:

Andere Autoren verwenden als Bezeichnung für
die potentielle Energie (hier U) den Buchstaben V,
den Drehimpuls (hier $\boldsymbol{M}$) den Buchstaben $\boldsymbol{L}$,
das Drehmoment (hier $\boldsymbol{K}$) den Buchstaben $\boldsymbol{D}$ oder $\boldsymbol{M}$.

Der Herausgeber

I BEWEGUNGSGLEICHUNGEN

§ 1. Verallgemeinerte Koordinaten

Einer der Grundbegriffe der Mechanik ist der Begriff des *Massenpunktes*.[1]) Unter dieser Bezeichnung versteht man einen Körper, dessen Ausmaße man bei der Beschreibung seiner Bewegung vernachlässigen kann. Natürlich hängt die Möglichkeit einer solchen Vernachlässigung von den konkreten Bedingungen der Aufgabe ab. So kann man z. B. die Planeten als Massenpunkte annehmen, wenn man ihre Bewegung um die Sonne untersucht, dagegen freilich nicht, wenn man ihre tägliche Drehung betrachtet. Die Lage eines Massenpunktes im Raum wird durch seinen Radiusvektor $\boldsymbol{r}$ beschrieben, dessen Komponenten mit den kartesischen Koordinaten x, y, z zusammenfallen. Die Ableitung von $\boldsymbol{r}$ nach der Zeit t

$$\boldsymbol{v} = \frac{d\boldsymbol{r}}{dt}$$

heißt *Geschwindigkeit*, die zweite Ableitung $\frac{d^2\boldsymbol{r}}{dt^2}$ *Beschleunigung* des Punktes. Im folgenden werden wir oft die Differentiation nach der Zeit wie üblich durch einen Punkt über dem Buchstaben bezeichnen: $\boldsymbol{v} = \dot{\boldsymbol{r}}$.

Zur Bestimmung der Lage eines Systems von N Massenpunkten im Raum müssen N Radiusvektoren gegeben sein, d. h. $3\,N$ Koordinaten. Allgemein versteht man unter der Zahl der *Freiheitsgrade* eines Systems die Anzahl der unabhängigen Größen, deren Angabe für die eindeutige Bestimmung der Lage des Systems notwendig ist; im vorliegenden Falle ist diese Zahl gleich $3\,N$. Diese Größen müssen nicht unbedingt kartesische Koordinaten sein; je nach den Bedingungen der Aufgabe kann die Wahl anderer Koordinaten vorteilhafter sein. Wenn die Gesamtheit irgendwelcher Größen $q_1, q_2, \ldots, q_s$ die Lage eines Systems (mit s Freiheitsgraden) völlig charakterisiert, so nennt man diese Größen *verallgemeinerte Koordinaten* und die Ableitungen $\dot{q}_i$ *verallgemeinerte Geschwindigkeiten.*

Die Angabe der verallgemeinerten Koordinaten bestimmt jedoch noch nicht den „mechanischen Zustand" eines Systems in einem gegebenen Zeitpunkt, d. h., sie gestattet noch nicht, die Lage des Systems in zukünftigen Zeitpunkten vorherzusagen. Bei gegebenen Koordinaten kann das System belie-

---

[1]) Statt „Massenpunkt" werden wir oft „Teilchen" sagen.

bige Geschwindigkeiten haben, und je nach Größe und Richtung von denselben wird die Lage des Systems im nächstfolgenden Zeitpunkt (d. h. nach einem unendlich kleinen Zeitintervall dt) verschieden sein.

Die gleichzeitige Angabe aller Koordinaten und Geschwindigkeiten bestimmt jedoch, wie die Erfahrung zeigt, den Zustand des Systems vollständig und erlaubt im Prinzip, die zukünftige Bewegung vorherzusagen. Das bedeutet vom mathematischen Standpunkt aus, daß durch die Angabe aller Koordinaten q und Geschwindigkeiten $\dot{q}$ zu irgendeinem Zeitpunkt auch die Größe der Beschleunigungen $\ddot{q}$ zu diesem Zeitpunkt eindeutig gegeben ist.[1]

Die Beziehungen, welche die Beschleunigungen mit den Koordinaten und Geschwindigkeiten verknüpfen, heißen *Bewegungsgleichungen*. Diese Gleichungen sind Differentialgleichungen zweiter Ordnung für die Funktion $q(t)$. Ihre Integration erlaubt im Prinzip, die Funktion $q(t)$, d. h. die Bahngleichungen des mechanischen Systems, zu bestimmen.

§ 2. Das Prinzip der kleinsten Wirkung

Die allgemeinste Formulierung des Bewegungsgesetzes mechanischer Systeme ist durch das sogenannte *Prinzip der kleinsten Wirkung* (oder HAMILTON*sches Prinzip*) gegeben. Nach diesem Prinzip ist jedes mechanische System durch eine bestimmte Funktion charakterisiert:

$$L(q_1, q_2, \ldots, q_s, \dot{q}_1, \dot{q}_2, \ldots, \dot{q}_s, t)$$

oder in abgekürzter Schreibweise $L(q, \dot{q}, t)$. Die Bewegung des Systems ergibt sich daraus folgendermaßen:

Angenommen, in den Zeitpunkten $t = t_1$ und $t = t_2$ nehme das System bestimmte Lagen ein, die durch zwei Koordinatenkonfigurationen $q^{(1)}$ und $q^{(2)}$ charakterisiert sind. Die Bewegung des Systems zwischen diesen beiden Lagen verläuft dann auf eine solche Weise, daß das Integral

$$S = \int_{t_1}^{t_2} L(q, \dot{q}, t)\, dt \tag{2,1}$$

den kleinstmöglichen Wert annimmt.[2] Die Funktion L heißt LAGRANGE-*Funktion* des gegebenen Systems, das Integral (2,1) heißt *Wirkung*.

Die Tatsache, daß die LAGRANGE-Funktion nur q und $\dot{q}$ enthält, jedoch keine höheren Ableitungen $\ddot{q}, \dddot{q}, \ldots$, ist der Ausdruck für den erwähnten Umstand,

---

[1]) Der Kürze halber werden wir in Zukunft oft unter q die Gesamtheit aller Koordinaten $q_1, q_2, \ldots, q_s$ verstehen (und unter $\dot{q}$ analog die Gesamtheit aller Geschwindigkeiten).

[2]) Es muß jedoch darauf hingewiesen werden, daß das Prinzip der kleinsten Wirkung nicht immer für die Bahn im Ganzen gilt, sondern nur für jeden genügend kleinen Abschnitt; für die gesamte Bahn kann es sich zeigen, daß das Integral (2,1) lediglich einen extremalen, aber nicht einen minimalen Wert annimmt. Dieser Umstand ist jedoch ganz unwesentlich bei der Ableitung der Bewegungsgleichungen, welche nur die Extremalbedingung benutzt.

daß der mechanische Zustand vollkommen durch die Angabe der Koordinaten und Geschwindigkeiten bestimmt ist.

Wir gehen nun zur Ableitung der Differentialgleichungen über, die die Aufgabe lösen, das Minimum des Integrals (2,1) zu finden. Zur Vereinfachung der Formeln nehmen wir zunächst an, daß das System nur *einen* Freiheitsgrad besitzt und daher nur *eine* Funktion $q(t)$ bestimmt werden soll.

Angenommen, $q = q(t)$ sei eben diese Funktion, die S zu einem Minimum macht. Das bedeutet: S wächst, wenn $q(t)$ durch eine beliebige Funktion der Form

$$q(t) + \delta q(t) \tag{2,2}$$

ersetzt wird: $\delta q(t)$ ist eine Funktion, die in dem ganzen Zeitintervall von t_1 bis t_2 klein ist (sie heißt *Variation* der Funktion $q(t)$); da für $t = t_1$ und $t = t_2$ alle zu vergleichenden Funktionen (2,2) dieselben Werte $q^{(1)}$ und $q^{(2)}$ annehmen sollen, so muß

$$\delta q(t_1) = \delta q(t_2) = 0 \tag{2,3}$$

sein.

Die Änderung von S beim Ersetzen von q durch $q + \delta q$ ist durch die Differenz

$$\int_{t_1}^{t_2} L\,(q + \delta q, \dot{q} + \delta\dot{q}, t)\,dt - \int_{t_1}^{t_2} L(q, \dot{q}, t)\,dt$$

gegeben.

Die Entwicklung dieser Differenz nach Potenzen von δq und $\delta\dot{q}$ (im Integranden) beginnt mit Gliedern erster Ordnung. Die notwendige Bedingung dafür, daß S ein Minimum[1]) wird, ist das Verschwinden der Gesamtheit dieser Glieder; diese Gesamtheit heißt erste Variation (oder gewöhnlich einfach Variation) des Integrals. Auf diese Weise kann das Prinzip der kleinsten Wirkung in folgender Form geschrieben werden:

$$\delta S = \delta \int_{t_1}^{t_2} L(q, \dot{q}, t)\,dt = 0 \tag{2,4}$$

oder, nach Ausführung der Variation,

$$\int_{t_1}^{t_2} \left(\frac{\partial L}{\partial q}\delta q + \frac{\partial L}{\partial \dot{q}}\delta\dot{q}\right) dt = 0\,.$$

Wenn man berücksichtigt, daß $\delta\dot{q} = \frac{d}{dt}\delta q$ ist, und das zweite Glied partiell integriert, erhält man

$$\delta S = \frac{\partial L}{\partial \dot{q}}\delta q\,\Big|_{t_1}^{t_2} + \int_{t_1}^{t_2}\left(\frac{\partial L}{\partial q} - \frac{d}{dt}\frac{\partial L}{\partial \dot{q}}\right)\delta q\,dt = 0\,. \tag{2,5}$$

[1]) allgemein ein Extremum

Auf Grund der Bedingung (2,3) verschwindet jedoch das erste Glied in diesem Ausdruck. Das Integral, das übrig bleibt, soll für beliebige Werte von δq gleich Null sein. Das ist aber nur möglich, wenn der Integrand verschwindet. Auf diese Weise erhalten wir die Gleichung

$$\frac{d}{dt}\frac{\partial L}{\partial \dot{q}} - \frac{\partial L}{\partial q} = 0 .$$

Im Falle von s (> 1) Freiheitsgraden müssen s verschiedene Funktionen $q_i(t)$ unabhängig voneinander variiert werden. Offenbar erhalten wir dann s Gleichungen der Form

$$\frac{d}{dt}\frac{\partial L}{\partial \dot{q}_i} - \frac{\partial L}{\partial q_i} = 0 \qquad (i = 1, 2, \ldots, s) . \tag{2,6}$$

Das sind die gesuchten Differentialgleichungen. Sie heißen in der Mechanik LAGRANGE*sche Gleichungen.*[1])

Wenn die LAGRANGE-Funktion eines gegebenen mechanischen Systems bekannt ist, so verknüpfen die Gleichungen (2,6) die Beschleunigungen, Geschwindigkeiten und Koordinaten miteinander, d. h., sie stellen die Bewegungsgleichungen des Systems dar.

In mathematischer Hinsicht bilden die Gleichungen (2,6) ein System von s gewöhnlichen Differentialgleichungen zweiter Ordnung für s unbekannte Funktionen $q_i(t)$. Die allgemeine Lösung eines solchen Systems enthält $2s$ freie Konstanten. Zu ihrer Festlegung und damit zur vollständigen Bestimmung der Bewegung des mechanischen Systems ist die Kenntnis der Anfangsbedingungen notwendig, die den Zustand des Systems in irgendeinem gegebenen Zeitpunkt charakterisieren, d. h. die Kenntnis der Anfangswerte aller Koordinaten und Geschwindigkeiten.

Angenommen, ein mechanisches System bestehe aus zwei Teilen A und B. Die LAGRANGE-Funktionen der als abgeschlossen betrachteten Teilsysteme seien L_A und L_B. Im Grenzfall, wo die beiden Teile sich in so großer Entfernung voneinander befinden, daß man die Wechselwirkung zwischen ihnen vernachlässigen kann, strebt die LAGRANGE-Funktion des Gesamtsystems dem Grenzwert

$$\lim L = L_A + L_B \tag{2,7}$$

zu. Die LAGRANGE-Funktionen addieren sich also. Diese Eigenschaft bedeutet, daß die Bewegungsgleichungen jedes der beiden nicht miteinander in Wechselwirkung stehenden Teile keine Größen enthalten können, die sich auf den anderen Teil des Systems beziehen.

---

[1]) In der Variationsrechnung heißen sie die EULERschen Gleichungen. Die Variationsrechnung untersucht die formale Aufgabe, die Extremalwerte von Integralen der Form (2,1) zu finden.

Offenbar wirkt sich die Multiplikation der LAGRANGE-Funktion eines mechanischen Systems mit einem beliebigen konstanten Faktor an sich nicht auf die Bewegungsgleichungen aus. Scheinbar folgt hieraus eine wesentliche Unbestimmtheit: Die LAGRANGE-Funktionen verschiedener isolierter mechanischer Systeme müßten mit beliebigen voneinander verschiedenen Konstanten multipliziert werden können. Die additive Eigenschaft (2,7) beseitigt diese Unbestimmtheit. Sie erlaubt lediglich, daß die LAGRANGE-Funktionen aller Systeme mit der gleichen Konstanten multipliziert werden. Das bedeutet aber weiter nichts, als daß man die Maßeinheit dieser physikalischen Größe willkürlich wählen kann. Wir kehren zu dieser Frage noch einmal in § 4 zurück.

Wir müssen hier noch folgende allgemeine Bemerkung machen. Betrachten wir zwei Funktionen $L'(q, \dot{q}, t)$ und $L(q, \dot{q}, t)$, die sich voneinander durch die totale zeitliche Ableitung einer beliebigen Funktion $f(q, t)$ der Koordinaten und der Zeit unterscheiden:

$$L'(q, \dot{q}, t) = L(q, \dot{q}, t) + \frac{d}{dt} f(q, t) . \tag{2,8}$$

Die mit Hilfe dieser beiden Funktionen berechneten Integrale (2,1) sind durch die Beziehung

$$S' = \int_{t_1}^{t_2} L'(q, \dot{q}, t)\, dt = \int_{t_1}^{t_2} L(q, \dot{q}, t)\, dt + \int_{t_1}^{t_2} \frac{df}{dt}\, dt$$
$$= S + f(q^{(2)}, t_2) - f(q^{(1)}, t_1)$$

verknüpft, d. h., sie unterscheiden sich voneinander durch ein Zusatzglied, das bei der Variation der Wirkung verschwindet, so daß die Bedingung $\delta S' = 0$ mit der Bedingung $\delta S = 0$ zusammenfällt und die Form der Bewegungsgleichungen unverändert bleibt. Auf diese Weise ist die LAGRANGE-Funktion bis auf ein Zusatzglied bestimmt, das die totale zeitliche Ableitung einer beliebigen Funktion der Koordinaten und der Zeit ist.

§ 3. Das GALILEIsche Relativitätsprinzip

Für die Untersuchung mechanischer Erscheinungen muß man irgendein Bezugssystem wählen. In verschiedenen Bezugssystemen haben die Bewegungsgleichungen im allgemeinen verschiedene Formen. Wenn man ein beliebiges Bezugssystem wählt, so kann es sein, daß die Beschreibung sehr einfacher Erscheinungen äußerst kompliziert aussieht. Die Aufgabe besteht natürlich darin, ein Bezugssystem zu finden, in dem die Gesetze der Mechanik die einfachste Form annehmen.

In einem beliebigen Bezugssystem ist der Raum im allgemeinen weder homogen noch isotrop. Das bedeutet, daß verschiedene Lagen im Raum und verschiedene Richtungen in mechanischer Hinsicht nicht äquivalent sind, selbst wenn der betrachtete Körper in keiner Wechselwirkung mit anderen Körpern steht. Dasselbe trifft im allgemeinen Fall auch für die Zeit zu, die dann nicht homogen ist, d. h., verschiedene Zeitmomente sind nicht äquivalent. Die Komplikation, welche derartige Eigenschaften des Raumes und der Zeit bei der Beschreibung mechanischer Erscheinungen mit sich bringt, ist offensichtlich. So könnte z. B. ein freier Körper (d. h. ein Körper, der unter keiner äußeren Einwirkung steht) sich nicht dauernd in Ruhe befinden; wenn auch die Geschwindigkeit des Körpers zu irgendeinem Zeitpunkt gleich Null ist, so würde der Körper schon im nächsten Moment beginnen, sich in irgendeiner Richtung zu bewegen.

Es zeigt sich jedoch, daß es immer möglich ist, ein Bezugssystem zu finden, bezüglich dessen der Raum homogen und isotrop und die Zeit ebenfalls homogen ist. Ein solches System heißt *Inertialsystem.* In ihm wird z. B. ein freier Körper, der sich zu irgendeinem Zeitpunkt in Ruhe befindet, auf unbegrenzte Zeit in Ruhe verharren.

Wir können sogleich einige Aussagen machen über die Lagrange-Funktion eines Massenpunktes, der sich frei in einem Inertialsystem bewegt. Die Homogenität des Raumes und der Zeit bedeutet, daß diese Funktion weder den Radiusvektor $\boldsymbol{r}$ noch die Zeit t explizit enthalten kann, d. h., L ist nur eine Funktion der Geschwindigkeit $\boldsymbol{v}$. Infolge der Isotropie des Raumes kann die Lagrange-Funktion auch nicht von der Richtung des Vektors $\boldsymbol{v}$ abhängen, so daß sie lediglich eine Funktion des absoluten Betrages, d. h. des Quadrates $\boldsymbol{v}^2 = v^2$ ist:

$$L = L(v^2)\,. \tag{3,1}$$

Infolge der Unabhängigkeit der Lagrange-Funktion von $\boldsymbol{r}$ wird $\frac{\partial L}{\partial \boldsymbol{r}} = 0$, und deswegen hat die Lagrange-Gleichung die Form[1])

$$\frac{d}{dt}\frac{\partial L}{\partial \boldsymbol{v}} = 0\,,$$

so daß $\frac{\partial L}{\partial \boldsymbol{v}} =$ const gilt. Da aber $\frac{\partial L}{\partial \boldsymbol{v}}$ nur eine Funktion der Geschwindigkeit ist, so folgt daraus

$$\boldsymbol{v} = \text{const}\,. \tag{3,2}$$

Auf diese Weise kommen wir zu dem Ergebnis, daß in einem Inertialsystem jede freie Bewegung mit einer Geschwindigkeit konstanter Größe und konstanter Richtung verläuft. Diese Behauptung ist der Inhalt des sogenannten *Trägheitsgesetzes.*

---

[1]) Unter der Ableitung einer skalaren Größe nach einem Vektor verstehen wir einen Vektor, dessen Komponenten gleich den Ableitungen dieser Größe nach den entsprechenden Komponenten des Vektors sind.

Wenn wir neben dem bereits vorhandenen Inertialsystem ein anderes System einführen, das sich gegen das erste geradlinig und gleichförmig bewegt, so werden die Gesetze der freien Bewegung im neuen System dieselben sein wie im ursprünglichen: Die freie Bewegung verläuft wiederum mit konstanter Geschwindigkeit.

Die Erfahrung zeigt jedoch, daß in diesen Systemen nicht nur die Gesetze der freien Bewegung die gleichen sind, sondern daß solche Systeme in jeder Beziehung mechanisch völlig äquivalent sind. Auf diese Weise existiert nicht ein einziges, sondern eine unendliche Vielzahl von Inertialsystemen, die sich zueinander relativ geradlinig und gleichförmig bewegen. In allen diesen Systemen sind sowohl die Eigenschaften des Raumes und der Zeit als auch alle Gesetze der Mechanik dieselben. Diese Behauptung ist der Inhalt des sogenannten GALILEI*schen Relativitätsprinzips*, eines der wichtigsten Prinzipien der Mechanik.

Das Gesagte zeigt klar die Bedeutung der Inertialsysteme. Aus diesem Grunde werden sie in der Regel bei Untersuchungen mechanischer Erscheinungen verwendet. Im folgenden werden wir stets Inertialsysteme betrachten, wenn nichts Gegenteiliges gesagt wird.

Die völlige mechanische Äquivalenz all der unendlich vielen Inertialsysteme zeigt andererseits, daß kein einziges „absolutes" Bezugssystem existiert, das man vor anderen bevorzugen könnte.

Die Koordinaten $\boldsymbol{r}$ und $\boldsymbol{r}'$ ein und desselben Punktes in zwei verschiedenen Bezugssystemen K und K', von denen sich das zweite gegen das erste mit der Geschwindigkeit $\boldsymbol{V}$ bewegt, sind miteinander durch die Beziehung

$$\boldsymbol{r} = \boldsymbol{r}' + \boldsymbol{V} t \tag{3,3}$$

verknüpft. Hierbei versteht es sich, daß der Gang der Zeit in beiden Bezugssystemen der gleiche ist:

$$t = t' . \tag{3,4}$$

Diese Annahme einer absoluten Zeit ist eine wesentliche Grundlage für die Vorstellungen der klassischen Mechanik[1]).

Die Formeln (3,3), (3,4) heißen GALILEI-*Transformation*. Das GALILEIsche Relativitätsprinzip kann auch so formuliert werden: Die Bewegungsgleichungen der Mechanik müssen bezüglich dieser Transformation invariant sein.[2])

§ 4. Die LAGRANGE-Funktion des freien Massenpunktes

Wir wollen nun die Form der LAGRANGE-Funktion bestimmen und betrachten zunächst den einfachsten Fall: die freie Bewegung eines Massenpunktes in einem Inertialsystem. Wie wir schon gesehen haben, hängt die LAGRANGE-Funktion

[1]) Sie ist in der relativistischen Mechanik nicht mehr richtig.

[2]) Damit ist gemeint, daß die Bewegungsgleichungen beim Übergang von einem Inertialsystem zu einem anderen ihre Form beibehalten, z. B. $\ddot{\boldsymbol{r}} = 0 \rightarrow \ddot{\boldsymbol{r}}' = 0$ (Anm. d. Herausg.).

in diesem Fall lediglich vom Quadrat des Geschwindigkeitsvektors ab. Um die genaue Form dieser Abhängigkeit zu finden, benutzen wir das GALILEIsche Relativitätsprinzip. Wenn das Inertialsystem K sich gegen das Inertialsystem K' mit einer unendlich kleinen Geschwindigkeit $\boldsymbol{\varepsilon}$ bewegt, so ist $\boldsymbol{v}' = \boldsymbol{v} + \boldsymbol{\varepsilon}$. Da die Bewegungsgleichungen in allen Inertialsystemen ein und dieselbe Form haben müssen, so muß die LAGRANGE-Funktion $L(v^2)$ bei dieser Transformation in die Funktion L' übergehen, die sich von $L(v^2)$ höchstens um die totale Ableitung einer Funktion der Koordinaten und der Zeit unterscheiden kann (s. Ende § 2).

Es gilt

$$L' = L(v'^2) = L\,(v^2 + 2\,\boldsymbol{v}\,\boldsymbol{\varepsilon} + \boldsymbol{\varepsilon}^2)\,.$$

Entwicklung dieses Ausdrucks nach Potenzen von $\boldsymbol{\varepsilon}$ und Vernachlässigung unendlich kleiner Größen höherer Ordnung ergibt

$$L(v'^2) = L(v^2) + \frac{\partial L}{\partial v^2}\,2\,\boldsymbol{v}\,\boldsymbol{\varepsilon}\,.$$

Das zweite Glied auf der rechten Seite dieser Gleichung ist nur dann eine totale Ableitung nach der Zeit, wenn es linear von der Geschwindigkeit $\boldsymbol{v}$ abhängt. Daher muß $\frac{\partial L}{\partial v^2}$ konstant sein, d. h., die LAGRANGE-Funktion ist in dem betrachteten Fall direkt proportional dem Quadrat der Geschwindigkeit:

$$L = \frac{m}{2}\,v^2\,. \tag{4,1}$$

Aus der Tatsache, daß eine LAGRANGE-Funktion dieser Form das GALILEIsche Relativitätsprinzip für infinitesimale Transformationen der Geschwindigkeit erfüllt, folgt unmittelbar, daß die LAGRANGE-Funktion im Falle endlicher Geschwindigkeit $\boldsymbol{V}$ des Bezugssystems K gegen das System K' invariant ist. Tatsächlich ist

$$L' = \frac{m}{2}\,v'^2 = \frac{m}{2}\,(\boldsymbol{v} + \boldsymbol{V})^2 = \frac{m}{2}\,v^2 + m\,\boldsymbol{v}\,\boldsymbol{V} + \frac{m}{2}\,\boldsymbol{V}^2$$

oder

$$L' = L + \frac{d}{dt}\left(m\,\boldsymbol{r}\,\boldsymbol{V} + \frac{m}{2}\,\boldsymbol{V}^2 t\right).$$

Das zweite Glied ist eine totale Ableitung und kann fortgelassen werden.

Die Größe m heißt Masse. Infolge der Additivität der LAGRANGE-Funktion haben wir für ein System von nicht miteinander in Wechselwirkung stehenden Teilchen

$$L = \sum_a \frac{m_a\,v_a^2}{2}\,.^{1)} \tag{4,2}$$

1) Als Index, der die Nummer des Teilchens angibt, werden wir die ersten Buchstaben des lateinischen Alphabetes verwenden, als Indizes, welche die Koordinaten numerieren, benutzen wir die Buchstaben $i, k, l, \ldots$.

Es muß betont werden, daß erst bei Berücksichtigung dieser Eigenschaft der Additivität die Definition der Massen einen realen Sinn erhält.

Wie schon in § 2 erwähnt wurde, kann man die LAGRANGE-Funktion stets mit einem beliebigen konstanten Faktor multiplizieren; das wirkt sich auf die Bewegungsgleichungen nicht aus. Für die Funktion (4,2) bedeutet ein solcher Faktor eine Änderung der Maßeinheit der Masse; die Massenverhältnisse verschiedener Teilchen — nur sie haben einen realen physikalischen Sinn — bleiben bei dieser Transformation unverändert.

Es ist leicht zu sehen, daß die Masse nicht negativ sein kann. Gemäß dem Prinzip der kleinsten Wirkung für eine reelle Bewegung eines Massenpunktes vom Punkt 1 zum Punkt 2 hat das Integral

$$S = \int_1^2 \frac{m\,v^2}{2}\,dt$$

tatsächlich ein Minimum. Wenn die Masse negativ wäre, so würde das Wirkungsintegral für eine Bahn, auf der das Teilchen sich zunächst schnell von 1 entfernt und sich sodann schnell 2 nähert, einen beliebig großen negativen Wert annehmen, d. h., es würde kein Minimum existieren.[1])

Es ist nützlich zu bemerken, daß

$$v^2 = \left(\frac{dl}{dt}\right)^2 = \frac{dl^2}{dt^2} \tag{4,3}$$

gilt. Darum genügt es zur Aufstellung der LAGRANGE-Funktion, das Quadrat der Länge eines Bogenelementes dl in dem entsprechenden Koordinatensystem zu finden.

In kartesischen Koordinaten ist z. B. $dl^2 = dx^2 + dy^2 + dz^2$ und damit

$$L = \frac{m}{2}(\dot{x}^2 + \dot{y}^2 + \dot{z}^2)\,. \tag{4,4}$$

In Zylinderkoordinaten ist $dl^2 = dr^2 + r^2\,d\varphi^2 + dz^2$, so daß

$$L = \frac{m}{2}(\dot{r}^2 + r^2\,\dot{\varphi}^2 + \dot{z}^2) \tag{4,5}$$

wird. In sphärischen Koordinaten ist $dl^2 = dr^2 + r^2\,d\Theta^2 + r^2 \sin^2\Theta\,d\varphi^2$ und

$$L = \frac{m}{2}(\dot{r}^2 + r^2\,\dot{\Theta}^2 + r^2 \sin^2\Theta\,\dot{\varphi}^2)\,. \tag{4,6}$$

---

[1]) Die Bemerkung auf Seite 2 widerspricht diesem Ergebnis nicht, da bei $m < 0$ das Integral für keinen einzigen kleinen Bereich der Bahn ein Minimum annehmen könnte.

§ 5. Die Lagrange-Funktion eines Systems von Massenpunkten

Wir betrachten jetzt ein System von Massenpunkten, die zwar untereinander, aber nicht mit irgendwelchen anderen Körpern in Wechselwirkung stehen, solch ein System heißt *abgeschlossen*. Es zeigt sich, daß die Wechselwirkung zwischen Teilchen dadurch beschrieben werden kann, daß man zur Lagrange-Funktion (4,2) für nicht miteinander wechselwirkende Massenpunkte eine bestimmte Koordinatenfunktion hinzufügt, die vom Charakter der Wechselwirkung abhängt.[1]) Wenn wir diese Funktion mit $-U$ bezeichnen, so können wir schreiben

$$L = \sum_a \frac{m_a v_a^2}{2} - U(\boldsymbol{r}_1, \boldsymbol{r}_2, \ldots) \tag{5,1}$$

($\boldsymbol{r}_a$ ist der Radiusvektor des a-ten Punktes). Dies ist die allgemeine Form der Lagrange-Funktion eines abgeschlossenen Systems.

Die Summe

$$T = \sum_a \frac{m_a v_a^2}{2}$$

heißt die *kinetische Energie*, die Funktion U die *potentielle Energie* des Systems; der Sinn dieser Bezeichnungen wird in § 6 deutlich. Die Tatsache, daß die potentielle Energie nur von der Lage aller Massenpunkte in ein und demselben Zeitpunkt abhängt, bedeutet, daß eine Änderung der Lage eines von ihnen sich sofort auf alle übrigen auswirkt; man kann sagen, daß die Wechselwirkung sich augenblicklich „ausbreitet“. Diese Eigenschaft der Wechselwirkung in der klassischen Mechanik steht in engem Zusammenhang mit der Grundvoraussetzung, daß die Zeit absolut ist und das Galileische Relativitätsprinzip gilt. Wenn die Wechselwirkung sich nicht augenblicklich, sondern mit endlicher Geschwindigkeit ausbreitet, so würde diese Geschwindigkeit in verschiedenen Systemen (die sich relativ zueinander bewegen) verschieden sein, da die Annahme einer absoluten Zeit automatisch bedeutet, daß die gewöhnliche Regel der Vektoraddition auf alle Erscheinungen anwendbar ist. Dann wären aber die Bewegungsgesetze miteinander in Wechselwirkung stehender Körper verschieden in verschiedenen Inertialsystemen, was dem Relativitätsprinzip widerspräche.

In § 3 sprachen wir nur von der Homogenität der Zeit. Die Form der Lagrange-Funktion (5,1) zeigt nun, daß die Zeit nicht nur homogen, sondern auch isotrop ist, d. h., ihre Eigenschaften sind in beiden Richtungen die gleichen. Tatsächlich läßt der Übergang von t zu $-t$ die Lagrange-Funktion und infolgedessen auch die Bewegungsgleichungen unverändert. Mit anderen Worten, wenn in einem System irgendeine Bewegung möglich ist, so ist stets auch die entgegengesetzte Bewegung möglich, d. h. eine solche, bei der das System

---

[1]) Diese Aussage gilt für die klassische, nichtrelativistische Mechanik, die in diesem Buch behandelt wird.

dieselben Zustände in umgekehrter Reihenfolge durchläuft. In diesem Sinne sind alle Bewegungen, die nach den Gesetzen der klassischen Mechanik verlaufen, reversibel.

Wenn wir die LAGRANGE-Funktion kennen, so können wir die Bewegungsgleichungen aufschreiben:

$$\frac{d}{dt}\frac{\partial L}{\partial \boldsymbol{v}_a} = \frac{\partial L}{\partial \boldsymbol{r}_a} . \tag{5,2}$$

Einsetzen von (5,1) ergibt

$$m_a \frac{\partial \boldsymbol{v}_a}{dt} = - \frac{\partial U}{\partial \boldsymbol{r}_a} . \tag{5,3}$$

In dieser Form heißen die Bewegungsgleichungen NEWTON*sche Gleichungen* und bilden die Grundlage der Mechanik von Teilchensystemen. Der Vektor

$$\boldsymbol{F}_a = - \frac{\partial U}{\partial \boldsymbol{r}_a} , \tag{5,4}$$

der auf der rechten Seite der Gleichung (5,3) steht, heißt die *Kraft*, die auf den a-ten Punkt wirkt. Sie hängt ebenso wie U nur von den Koordinaten aller Teilchen ab, aber nicht von ihren Geschwindigkeiten. Die Gleichung (5,3) zeigt also, daß die Beschleunigungsvektoren der Teilchen Funktionen der Koordinaten allein sind.

Die potentielle Energie ist nur bis auf eine beliebige additive Konstante definiert; durch Hinzufügen einer Konstante würden sich die Bewegungsgleichungen nicht ändern (das ist ein spezieller Fall der am Ende von § 2 erwähnten Mehrdeutigkeit der LAGRANGE-Funktion). Die natürlichste und übliche Wahl dieser Konstanten besteht darin, daß man das Verschwinden der potentiellen Energie bei unendlich großen Abständen zwischen den Teilchen fordert.

Wenn man für die Beschreibung der Bewegung nicht kartesische, sondern beliebige verallgemeinerte Koordinaten q_i benutzt, so muß man, um die LAGRANGE-Funktion zu erhalten, die entsprechenden Transformationen durchführen:

$$x_a = f_a(q_1, q_2, \ldots, q_s) , \qquad \dot{x}_a = \sum_k \frac{\partial f_a}{\partial q_k} \dot{q}_k .$$

Wenn wir diese Ausdrücke in die Funktion

$$L = \frac{1}{2} \sum_a m_a (\dot{x}_a^2 + \dot{y}_a^2 + \dot{z}_a^2) - U$$

einsetzen, so erhalten wir die gesuchte LAGRANGE-Funktion in der Form

$$L = \frac{1}{2} \sum_{i,k} a_{ik}(q)\, \dot{q}_i\, \dot{q}_k - U(q) , \tag{5,5}$$

wo die a_{ik} nur von den Koordinaten abhängen. Die kinetische Energie ist auch in verallgemeinerten Koordinaten eine quadratische Funktion der Geschwindigkeiten, kann aber außerdem noch von den Koordinaten abhängen.

Bisher haben wir nur von abgeschlossenen Systemen gesprochen. Jetzt wollen wir ein nichtabgeschlossenes System A betrachten, das mit einem anderen System B in Wechselwirkung steht, das eine gegebene Bewegung ausführt. In diesem Fall sagt man, daß das System A sich in einem gegebenen Feld bewegt (das durch das System B erzeugt wird). Da wir die Bewegungsgleichungen aus dem Prinzip der kleinsten Wirkung durch unabhängige Variation jeder einzelnen Koordinate erhalten (d. h., man tut so, als ob die übrigen bekannt wären), so können wir zum Auffinden der LAGRANGE-Funktion L_A des Systems A die LAGRANGE-Funktion L des Gesamtsystems $A + B$ benutzen und in ihr die Koordinaten q_B durch die gegebenen Funktionen der Zeit ersetzen.

Unter der Voraussetzung, daß das System $A + B$ abgeschlossen ist, erhalten wir

$$L = T_A(q_A, \dot{q}_A) + T_B(q_B, \dot{q}_B) - U(q_A, q_B) ,$$

wo die ersten beiden Glieder die kinetischen Energien der Systeme A und B, das dritte Glied die gesamte potentielle Energie bedeuten. Indem man für die q_B die gegebenen Zeitfunktionen einsetzt und das Glied $T_B(q_B(t), \dot{q}_B(t))$ fortläßt, das nur von der Zeit abhängt (und darum die totale Ableitung irgendeiner Funktion der Zeit ist), erhält man

$$L_A = T_A(q_A, \dot{q}_A) - U(q_A, q_B(t)) .$$

Auf diese Weise wird die Bewegung eines Systems im äußeren Feld durch eine LAGRANGE-Funktion des gewöhnlichen Typs beschrieben, nur mit dem Unterschied, daß jetzt die potentielle Energie explizit von der Zeit abhängen kann.

Die allgemeine Form der LAGRANGE-Funktion eines Teilchens, das sich in einem äußeren Feld bewegt, ist also

$$L = \frac{m v^2}{2} - U(\boldsymbol{r}, t) , \tag{5,6}$$

und die Bewegungsgleichungen lauten

$$m \dot{\boldsymbol{v}} = - \frac{\partial U}{\partial \boldsymbol{r}} . \tag{5,7}$$

Ein Feld heißt *homogen*, wenn in allen Punkten dieselbe Kraft $\boldsymbol{F}$ auf das Teilchen wirkt. Die potentielle Energie in einem solchen Feld ist offenbar

$$U = - \boldsymbol{F} \boldsymbol{r} . \tag{5,8}$$

Zum Abschluß dieses Paragraphen bemerken wir noch folgendes über die Anwendung der LAGRANGE-Funktion auf verschiedene konkrete Aufgaben. Man hat es oft mit mechanischen Systemen zu tun, in denen die Wechselwirkungen zwischen den Körpern (Massenpunkten) sogenannten „*Bindungs*“charakter haben, d. h., sie schränken die relative Lage der Körper ein. Solche Bindungen werden durch Verkopplung der Körper mittels Stäben, Fäden, Scharnieren usw. verwirklicht. Dadurch entsteht insofern eine neue Sachlage, als die Bewegung der Körper mit Reibung in den Berührungspunkten verbunden ist, so daß die Aufgabe an sich über den Rahmen der reinen Mechanik hinausgeht (s. § 25). Jedoch ist in vielen Fällen die Reibung des Systems so gering, daß ihr Einfluß auf die Bewegung vernachlässigbar ist. Wenn man darüber hinaus die Massen der „Verbindungselemente" vernachlässigen kann, so bedeuten letztere einfach eine Verringerung der Anzahl s der Freiheitsgrade des Systems (im Vergleich zu der Anzahl $3\,N$). Zur Bestimmung der Bewegung des Systems kann man wiederum die LAGRANGE-Funktion in der Form (5,5) benutzen, wobei die Anzahl der unabhängigen verallgemeinerten Koordinaten der tatsächlichen Anzahl der Freiheitsgrade entspricht.

Aufgaben

Finde die LAGRANGE-Funktion folgender Systeme, die sich im homogenen Schwerefeld befinden (Schwerebeschleunigung sei g).

1. Ebenes Doppelpendel (Abb. 1).

Lösung: Als Koordinaten wählen wir die Winkel φ_1 und φ_2, welche die Fäden l_1 und l_2 mit der Vertikalen einschließen; dann ergibt sich für den Punkt m_1

$$T_1 = \frac{1}{2} m_1 l_1^2 \dot{\varphi}_1^2\,, \qquad U_1 = -\, m_1 g\, l_1 \cos\varphi_1\,.$$

Um die kinetische Energie des zweiten Punktes zu finden, drücken wir seine kartesischen Koordinaten x_2, y_2 (der Koordinaten-Nullpunkt liegt im Aufhängepunkt, die y-Achse zeigt in vertikaler Richtung nach unten) durch die Winkel φ_1, φ_2 aus:

$$x_2 = l_1 \sin\varphi_1 + l_2 \sin\varphi_2\,, \qquad y_2 = l_1 \cos\varphi_1 + l_2 \cos\varphi_2\,.$$

Danach erhalten wir

$$T_2 = \frac{m_2}{2}(\dot{x}_2^2 + \dot{y}_2^2) = \frac{m_2}{2}[l_1^2 \dot{\varphi}_1^2 + l_2^2 \dot{\varphi}_2^2 + 2\, l_1 l_2 \cos(\varphi_1 - \varphi_2)\, \dot{\varphi}_1 \dot{\varphi}_2]$$

und schließlich

$$L = \frac{m_1 + m_2}{2}\, l_1^2 \dot{\varphi}_1^2 + \frac{m_2}{2} l_2^2 \dot{\varphi}_2^2 + m_2 l_1 l_2 \dot{\varphi}_1 \dot{\varphi}_2 \cos(\varphi_1 - \varphi_2)$$
$$+ (m_1 + m_2)\, g\, l_1 \cos\varphi_1 + m_2\, g\, l_2 \cos\varphi_2\,.$$

2. Ebenes Pendel mit der Masse m_2, dessen Aufhängepunkt (der die Masse m_1 besitzt) sich entlang einer horizontalen Geraden bewegen kann (Abb. 2).

Lösung: Durch Einführung der Koordinate x des Punktes m_1 und des Winkels φ zwischen dem Pendelfaden und der Vertikalen erhalten wir

$$L = \frac{m_1 + m_2}{2}\, \dot{x}^2 + \frac{m_2}{2}(l^2 \dot{\varphi}^2 + 2\, l\, \dot{x}\, \dot{\varphi} \cos\varphi) + m_2\, g\, l \cos\varphi\,.$$

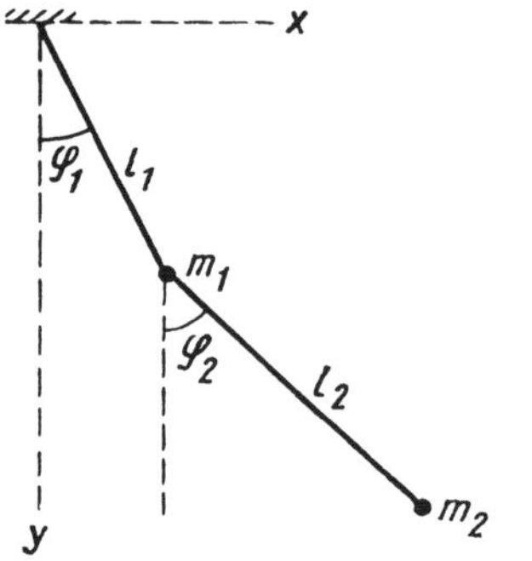

Abb. 1

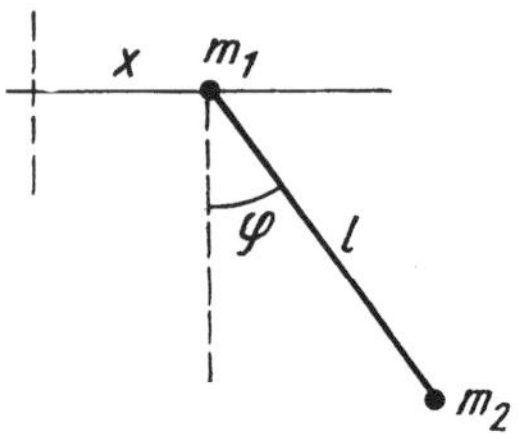

Abb. 2

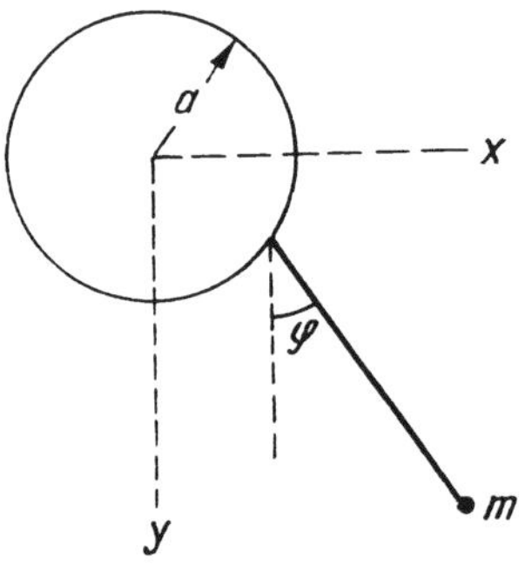

Abb. 3

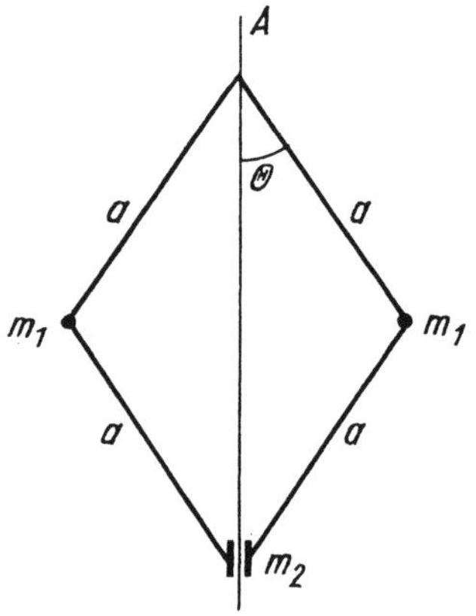

Abb. 4

3. Ebenes Pendel, dessen Aufhängepunkt

a) sich entlang eines vertikalen Kreises mit konstanter Frequenz γ bewegt (Abb. 3);

b) horizontale Schwingungen nach dem Gesetz $a \cos \gamma t$ ausführt;

c) vertikale Schwingungen nach dem Gesetz $a \cos \gamma t$ ausführt.

Lösung: a) Die Koordinaten des Punktes sind

$$x = a \cos \gamma t + l \sin \varphi\,, \qquad y = -\,a \sin \gamma t + l \cos \varphi\,.$$

Die Lagrange-Funktion lautet

$$L = \frac{m\, l^2}{2}\, \dot{\varphi}^2 + m\, l\, a\, \gamma^2 \sin(\varphi - \gamma t) + m\, g\, l \cos \varphi;$$

hier sind die Glieder weggelassen, die nur von der Zeit abhängen, sowie die totale zeitliche Ableitung von $m\, a\, l\, \gamma \cos(\varphi - \gamma t)$.

b) Die Koordinaten des Punktes m sind

$$x = a \cos \gamma t + l \sin \varphi\,, \qquad y = l \cos \varphi\,.$$

Die LAGRANGE-Funktion lautet (nach Streichung der totalen Ableitungen)

$$L = \frac{m\,l^2}{2}\,\dot{\varphi}^2 + m\,l\,a\,\gamma^2 \cos\gamma\,t \sin\varphi + m\,g\,l\cos\varphi\,.$$

c) Analog ergibt sich

$$L = \frac{m\,l^2}{2}\,\dot{\varphi}^2 + m\,l\,a\,\gamma^2 \cos\gamma\,t \cos\varphi + m\,g\,l\cos\varphi\,.$$

4. Gegeben sei das in Abb. 4 gezeigte System: Der Punkt m_2 bewegt sich entlang einer vertikalen Achse, und das ganze System dreht sich mit konstanter Winkelgeschwindigkeit Ω um diese Achse.

Lösung: Wir führen den Winkel Θ zwischen der Strecke a und der Vertikalen sowie den Drehwinkel φ des ganzen Systems um die Drehachse ein: $\dot{\varphi} = \Omega$. Für jeden der Punkte m_1 gilt für das Verschiebungselement $dl_1^2 = a^2\,d\Theta^2 + a^2 \sin^2\Theta\,d\varphi^2$. Für den Punkt m_2 beträgt der Abstand vom Aufhängepunkt A $2\,a\cos\Theta$, und darum wird $dl_2 = -\,2\,a\sin\Theta\,d\Theta$. Die LAGRANGE-Funktion lautet

$$L = m_1 a^2 (\dot{\Theta}^2 + \Omega^2 \sin^2\Theta) + 2\,m_2\,a^2 \sin^2\Theta \cdot \dot{\Theta}^2 + 2\,g\,a\,(m_1 + m_2)\cos\Theta\,.$$

II ERHALTUNGSSÄTZE

§ 6. Energie

Bei der Bewegung eines mechanischen Systems ändern sich die $2s$ Größen q_i und $\dot{q}_i$ ($i = 1, 2, \ldots, s$), die den Zustand des Systems bestimmen, mit der Zeit. Es existieren jedoch gewisse Funktionen dieser Größen, die bei der Bewegung ihren Wert erhalten und nur von den Anfangsbedingungen abhängen. Diese Funktionen heißen *Bewegungsintegrale.*

Die Anzahl der unabhängigen Bewegungsintegrale für ein abgeschlossenes mechanisches System mit s Freiheitsgraden ist $2s - 1$. Dies kann man durch folgende einfache Überlegungen zeigen. Die allgemeine Lösung der Bewegungsgleichungen enthält $2s$ freie Konstanten (s. S. 4). Da die Bewegungsgleichungen eines abgeschlossenen Systems die Zeit nicht explizit enthalten, ist die Wahl des Zeit-Nullpunktes beliebig, und eine der willkürlichen Konstanten in der Lösung der Gleichungen kann immer in Form einer additiven konstanten Zeit t_0 gewählt werden. Nach Eliminierung von $t + t_0$ aus den $2s$ Funktionen

$$q_i = q_i(t + t_0, C_1, C_2, \ldots, C_{2s-1}),$$

$$\dot{q}_i = \dot{q}_i(t + t_0, C_1, C_2, \ldots, C_{2s-1}),$$

drücken wir die $2s - 1$ freien Konstanten $C_1, C_2, \ldots, C_{2s-1}$ als Funktionen von q und $\dot{q}$ aus; sie stellen dann die Bewegungsintegrale dar.

Doch spielen keineswegs alle Bewegungsintegrale in der Mechanik eine gleich wichtige Rolle. Unter ihnen sind einige, deren Konstanz eine tiefe Ursache hat, die mit den Grundeigenschaften von Zeit und Raum — ihrer Homogenität und Isotropie — zusammenhängen. Diese sogenannten Erhaltungsgrößen haben alle die wichtige Eigenschaft der Additivität gemeinsam. Ihr Wert für ein System, das aus Teilen besteht, deren Wechselwirkung man vernachlässigen kann, ist gleich der Summe der Werte für jeden einzelnen Teil.

Gerade diese additive Eigenschaft weist den entsprechenden Größen eine besonders wichtige Rolle in der Mechanik zu. Nehmen wir z. B. an, daß zwei Körper im Laufe einer gewissen Zeit miteinander in Wechselwirkung stehen. Da sowohl vor als auch nach der Wechselwirkung jedes der Bewegungsintegrale des gesamten Systems gleich der Summe der Bewegungsintegrale der beiden Körper ist, so ergibt sich aus den Erhaltungssätzen dieser Größen sofort die Möglichkeit, eine Reihe von Schlüssen über die Zustände der Körper nach der

Wechselwirkung zu ziehen, wenn ihre Zustände vor der Wechselwirkung bekannt sind.

Wir beginnen mit dem Erhaltungssatz, der aus der *Homogenität der Zeit* folgt.

Diese Homogenität bewirkt, daß die LAGRANGE-Funktion eines abgeschlossenen Systems nicht explizit von der Zeit abhängt. Aus diesem Grunde kann man die totale zeitliche Ableitung der LAGRANGE-Funktion in folgender Form schreiben:

$$\frac{dL}{dt} = \sum_i \frac{\partial L}{\partial q_i} \dot{q}_i + \sum_i \frac{\partial L}{\partial \dot{q}_i} \ddot{q}_i .$$

(Wenn L explizit von der Zeit abhinge, würde auf der rechten Seite der Gleichung das Glied $\frac{\partial L}{\partial t}$ hinzutreten.) Indem wir die Ableitung $\frac{\partial L}{\partial q_i}$ gemäß der LAGRANGE-Gleichung durch $\frac{d}{dt}\frac{\partial L}{\partial \dot{q}_i}$ ersetzen, erhalten wir

$$\frac{dL}{dt} = \sum_i \dot{q}_i \frac{d}{dt}\frac{\partial L}{\partial \dot{q}_i} + \sum_i \frac{\partial L}{\partial \dot{q}_i} \ddot{q}_i = \sum_i \frac{d}{dt}\left(\frac{\partial L}{\partial \dot{q}_i}\dot{q}_i\right)$$

oder

$$\frac{d}{dt}\left(\sum_i \dot{q}_i \frac{\partial L}{\partial \dot{q}_i} - L\right) = 0 .$$

Hieraus folgt, daß die Größe

$$E = \sum_i \dot{q}_i \frac{\partial L}{\partial \dot{q}_i} - L \qquad (6,1)$$

bei der Bewegung eines abgeschlossenen Systems erhalten bleibt, d. h., sie stellt eines der Bewegungsintegrale dar. Diese Größe heißt die *Energie* des Systems. Die Additivität der Energie folgt unmittelbar aus der Additivität der LAGRANGE-Funktion, durch die sie sich gemäß (6,1) linear ausdrückt. Der Erhaltungssatz der Energie gilt nicht nur für abgeschlossene Systeme, sondern auch für Systeme, die sich in einem konstanten Feld befinden (d. h. in einem Feld, das nicht von der Zeit abhängt); die einzige bei der Ableitung benutzte Eigenschaft der LAGRANGE-Funktion — nämlich die Abwesenheit einer expliziten Abhängigkeit von der Zeit — ist auch in diesem Fall vorhanden. Mechanische Systeme, deren Energie erhalten bleibt, heißen auch *konservative* Systeme.

Wie wir in § 5 gesehen haben, hat die LAGRANGE-Funktion eines abgeschlossenen Systems (oder eines Systems, das sich in einem konstanten Feld befindet) die Form

$$L = T(q, \dot{q}) - U(q) .$$

Hierin ist T eine quadratische Funktion der Geschwindigkeiten. Wenn man auf sie das bekannte EULERsche Theorem über homogene Funktionen anwendet, erhält man

$$\sum_i \dot{q}_i \frac{\partial L}{\partial \dot{q}_i} = \sum_i \dot{q}_i \frac{\partial T}{\partial \dot{q}_i} = 2\,T\,.$$

Durch Einsetzen dieses Wertes in (6,1) finden wir

$$E = T(q, \dot{q}) + U(q) \tag{6,2}$$

und in kartesischen Koordinaten

$$E = \sum_a \frac{m_a v_a^2}{2} + U(\boldsymbol{r}_1, \boldsymbol{r}_2, \ldots)\,. \tag{6,3}$$

Auf diese Weise kann die Energie eines System in Form einer Summe von zwei wesentlich verschiedenen Gliedern dargestellt werden: der kinetischen Energie, die von den Geschwindigkeiten abhängt, und der potentiellen Energie, die nur von den Koordinaten der Teilchen abhängt.

§ 7. Impuls

Ein anderer Erhaltungssatz folgt aus der *Homogenität des Raumes.*

Aus dieser Homogenität ergibt sich, daß sich die Eigenschaften eines abgeschlossenen Systems bei einer beliebigen räumlichen Parallelverschiebung des Systems als Ganzes nicht verändern. Dementsprechend betrachten wir eine unendlich kleine Verschiebung um die Strecke $\boldsymbol{\varepsilon}$ und fordern, daß die LAGRANGE-Funktion dabei unverändert bleibt.

Bei einer Parallelverschiebung werden alle Punkte des Systems um ein und dieselbe Strecke verschoben, d. h., ihre Radiusvektoren $\boldsymbol{r}_a$ werden zu $\boldsymbol{r}_a + \boldsymbol{\varepsilon}$. Die Änderung der Funktion L durch diese infinitesimale Koordinatentransformation ist bei gleichbleibenden Geschwindigkeiten der Teilchen

$$\delta L = \sum_a \frac{\partial L}{\partial \boldsymbol{r}_a} \delta \boldsymbol{r}_a = \boldsymbol{\varepsilon} \sum_a \frac{\partial L}{\partial \boldsymbol{r}_a}\,.$$

Hierbei wird über alle Massenpunkte des Systems summiert. Da $\boldsymbol{\varepsilon}$ beliebig ist, wird die Forderung $\delta L = 0$ äquivalent mit

$$\sum_a \frac{\partial L}{\partial \boldsymbol{r}_a} = 0\,. \tag{7,1}$$

Mit der LAGRANGEschen Gleichung (5,2) erhalten wir daraus

$$\sum_a \frac{d}{dt} \frac{\partial L}{\partial \boldsymbol{v}_a} = \frac{d}{dt} \sum_a \frac{\partial L}{\partial \boldsymbol{v}_a} = 0\,.$$

Damit kommen wir zu dem Ergebnis, daß in einem abgeschlossenen mechanischen System die Vektorgröße

$$\boldsymbol{P} = \sum_a \frac{\partial L}{\partial \boldsymbol{v}_a} \tag{7,2}$$

bei der Bewegung erhalten bleibt. Der Vektor $\boldsymbol{P}$ heißt *Impuls* des Systems. Durch Differenzieren der LAGRANGE-Funktion (5,1) finden wir, daß der Impuls sich folgendermaßen durch die Geschwindigkeiten der Massenpunkte ausdrückt:

$$\boldsymbol{P} = \sum_a m_a \boldsymbol{v}_a \,. \tag{7,3}$$

Die Additivität des Impulses ist offensichtlich. Darüber hinaus ist der Impuls des Systems im Gegensatz zur Energie gleich der Summe der Impulse

$$\boldsymbol{p}_a = m_a \boldsymbol{v}_a$$

der einzelnen Teilchen, und zwar unabhängig davon, ob man die Wechselwirkung zwischen ihnen vernachlässigen kann oder nicht.

Für alle drei Komponenten des Impulsvektors gilt ein Erhaltungssatz nur bei Abwesenheit eines äußeren Feldes. Einzelne Komponenten des Impulses können jedoch auch bei Vorhandensein eines Feldes erhalten bleiben, wenn nämlich die potentielle Energie des Feldes von irgendeiner der kartesischen Koordinaten nicht abhängt. Bei Verschiebung entlang der entsprechenden Koordinatenachse ändern sich die mechanischen Eigenschaften des Systems offenbar nicht; das bedeutet aber, daß die Projektion des Impulses auf diese Achse eine Erhaltungsgröße ist. Im homogenen Feld z. B., dessen Richtung der z-Achse parallel ist, sind die x- und y-Komponenten des Impulses Erhaltungsgrößen.

Die Ausgangsgleichung (7,1) hat selbst einen einfachen physikalischen Sinn. Die Ableitung $\frac{\partial L}{\partial \boldsymbol{r}_a} = -\frac{\partial U}{\partial \boldsymbol{r}_a}$ stellt die Kraft $\boldsymbol{F}_a$ dar, die auf das a-te Teilchen wirkt. Damit bedeutet die Gleichung (7,1), daß die Summe der Kräfte, die auf alle Teilchen eines abgeschlossenen Systems wirken, gleich Null ist:

$$\sum_a \boldsymbol{F}_a = 0 \,. \tag{7,4}$$

Z. B. ist im Falle eines Systems von zwei Massenpunkten $\boldsymbol{F}_1 + \boldsymbol{F}_2 = 0$. Die Kraft, mit der das zweite Teilchen auf das erste wirkt, hat dieselbe Größe, aber die entgegengesetzte Richtung wie die Kraft, mit der das erste Teilchen auf das zweite wirkt. Diese Aussage ist als Gesetz der Gleichheit von Aktion und Reaktion bekannt.

Wenn die Bewegung durch verallgemeinerte Koordinaten q_i beschrieben wird, so heißen die Ableitungen der LAGRANGE-Funktion nach den verallgemeinerten Geschwindigkeiten,

$$p_i = \frac{\partial L}{\partial \dot{q}_i} \,, \tag{7,5}$$

verallgemeinerte Impulse und die Ableitungen nach den verallgemeinerten Koordinaten,

$$F_i = \frac{\partial L}{\partial q_i} \,, \tag{7,6}$$

verallgemeinerte Kräfte. Mit diesen Bezeichnungen erhalten die LAGRANGE-Gleichungen die Form

$$\dot{p}_i = F_i\,. \tag{7,7}$$

In kartesischen Koordinaten fallen die verallgemeinerten Impulse mit den Komponenten der Vektoren $\boldsymbol{p}_a$ zusammen. Im allgemeinen Falle jedoch sind die Größen p_i lineare homogene Funktionen der verallgemeinerten Geschwindigkeiten $\dot{q}_i$, die durchaus nicht Produkte von Masse mal Geschwindigkeit sein müssen.

Aufgabe

Ein Teilchen der Masse m, das sich mit der Geschwindigkeit $\boldsymbol{v}_1$ bewegt, geht aus dem einen Halbraum, in dem seine potentielle Energie konstant und gleich U_1 ist, in den anderen Halbraum über, wo diese Energie auch konstant, aber gleich U_2 ist. Bestimme die Änderung der Bewegungsrichtung des Teilchens.

Lösung: Die potentielle Energie hängt nicht von den Koordinaten ab, deren Achsen parallel zur Grenzebene zwischen beiden Halbräumen verlaufen. Infolgedessen ist die Projektion des Teilchenimpulses auf diese Ebene eine Erhaltungsgröße. Wenn wir mit Θ_1 und Θ_2 die Winkel zwischen der Normalen der Grenzebene und den Geschwindigkeiten $\boldsymbol{v}_1$ und $\boldsymbol{v}_2$ des Teilchens vor und nach dem Übergang bezeichnen, so erhalten wir $v_1 \sin \Theta_1 = v_2 \sin \Theta_2$. Das Verhältnis von v_1 und v_2 ergibt sich aus dem Erhaltungssatz der Energie, und als Lösung finden wir

$$\frac{\sin \Theta_1}{\sin \Theta_2} = \sqrt{1 + \frac{2}{m\, v_1^2}(U_1 - U_2)}\,.$$

§ 8. Schwerpunkt

Der Impuls eines abgeschlossenen mechanischen Systems hat in verschiedenen Inertialsystemen verschiedene Werte. Wenn sich das System K' relativ zum System K mit der Geschwindigkeit $\boldsymbol{V}$ bewegt, so sind die Geschwindigkeiten $\boldsymbol{v}_a'$ und $\boldsymbol{v}_a$ der Teilchen in diesen Systemen durch die Beziehung $\boldsymbol{v}_a = \boldsymbol{v}_a' + \boldsymbol{V}$ verknüpft. Infolgedessen ergibt sich eine Beziehung zwischen den Werten $\boldsymbol{P}$ und $\boldsymbol{P}'$ des Impulses in diesen Systemen der Form

$$\boldsymbol{P} = \sum_a m_a \boldsymbol{v}_a = \sum_a m_a \boldsymbol{v}_a' + \boldsymbol{V} \sum_a m_a$$

oder

$$\boldsymbol{P} = \boldsymbol{P}' + \boldsymbol{V} \sum_a m_a\,. \tag{8,1}$$

Demnach existiert stets ein Bezugssystem K', in dem der Gesamtimpuls verschwindet. Indem wir in (8,1) $\boldsymbol{P}' = 0$ setzen, finden wir für die Geschwindigkeit dieses Bezugssystems

$$\boldsymbol{V} = \frac{\boldsymbol{P}}{\sum_a m_a} = \frac{\sum_a m_a \boldsymbol{v}_a}{\sum_a m_a}\,. \tag{8,2}$$

Wenn der Gesamtimpuls eines mechanischen Systems gleich Null ist, so kann man sagen, daß das System in dem betreffenden Bezugssystem ruht. Dies ist eine ganz natürliche Verallgemeinerung des Begriffs der Ruhe beim einzelnen Massenpunkt. Dementsprechend nimmt die Geschwindigkeit $\boldsymbol{V}$, die durch Formel (8,2) gegeben ist, den Sinn der Geschwindigkeit der „Bewegung eines mechanischen Systems als Ganzes" an, dessen Impuls von Null verschieden ist. Auf diese Weise sehen wir, daß der Erhaltungssatz des Impulses gestattet, auf natürliche Weise den Begriff der Ruhe und der Geschwindigkeit eines mechanischen Systems als Ganzes zu definieren.

Die Formel (8,2) zeigt, daß die Beziehung zwischen Impuls $\boldsymbol{P}$ und Geschwindigkeit $\boldsymbol{V}$ des Gesamtsystems dieselbe ist wie die zwischen Impuls und Geschwindigkeit eines einzelnen Massenpunktes, dessen Masse $\mu = \sum m_a$ gleich der Summe der Massen aller Teilchen des Systems ist. Man kann daher sagen, daß die *Masse* eine *additive* Größe ist.

Die rechte Seite der Formel (8,2) kann als totale zeitliche Ableitung des Ausdrucks

$$\boldsymbol{R} = \frac{\sum\limits_a m_a \boldsymbol{r}_a}{\sum\limits_a m_a} \tag{8,3}$$

dargestellt werden. Die Geschwindigkeit des Gesamtsystems ist also gleich der Geschwindigkeit, mit der sich der Punkt mit dem Radiusvektor (8,3) im Raum bewegt. Dieser Punkt heißt der *Schwerpunkt* des Systems. Der Erhaltungssatz des Impulses eines abgeschlossenen Systems kann demnach auch so formuliert werden: Der Schwerpunkt des Systems bewegt sich geradlinig und gleichförmig. Das ist eine Verallgemeinerung des Trägheitsgesetzes, das in § 3 für einen einzelnen freien Massenpunkt abgeleitet worden war, dessen „Schwerpunkt" mit dem Punkt selbst zusammenfällt.

Bei Untersuchungen der mechanischen Eigenschaften eines abgeschlossenen Systems benutzt man natürlich dasjenige Bezugssystem, in dem der Schwerpunkt ruht. Auf diese Weise wird die nicht interessierende gleichförmige und geradlinige Bewegung des Gesamtsystems aus der Betrachtung eliminiert.

Die Energie des als Ganzes ruhenden Systems wird gewöhnlich als *innere Energie* E_{in} bezeichnet. Sie enthält die kinetische Energie der Relativbewegung der Teilchen in dem System und die potentielle Energie ihrer Wechselwirkung. Die Gesamtenergie eines Systems, das sich als Ganzes mit der Geschwindigkeit $\boldsymbol{V}$ bewegt, kann in der Form

$$E = \frac{\mu \boldsymbol{V}^2}{2} + E_{\text{in}} \tag{8,4}$$

dargestellt werden. Obwohl die Richtigkeit dieser Formel einleuchtet, geben wir noch ihre Ableitung.

Die Energien E und E' eines mechanischen Systems in zwei Bezugssystemen K und K' sind durch die Beziehung

$$E = \frac{1}{2} \sum_a m_a \boldsymbol{v}_a^2 + U = \frac{1}{2} \sum_a m_a (\boldsymbol{v}'_a + \boldsymbol{V})^2 + U$$

$$= \frac{\mu \boldsymbol{V}^2}{2} + \boldsymbol{V} \sum_a m_a \boldsymbol{v}'_a + \sum_a \frac{m_a v_a'^2}{2} + U$$

oder

$$E = E' + \boldsymbol{V}\boldsymbol{P}' + \frac{\mu \boldsymbol{V}^2}{2} \tag{8,5}$$

verknüpft. Diese Formel ist das Transformationsgesetz der Energie beim Übergang von einem Bezugssystem zu einem anderen, gerade so, wie Formel (8,1) das Transformationsgesetz des Impulses darstellte. Wenn der Schwerpunkt im System K' ruht, so ist $\boldsymbol{P}' = 0$, $E' = E_{\text{in}}$, und wir bekommen (8,4).

Aufgabe

Bestimme das Transformationsgesetz für die Wirkung S beim Übergang von einem Bezugssystem zu einem anderen.

Lösung: Die Lagrange-Funktion ist gleich der Differenz aus kinetischer und potentieller Energie. Unter Berücksichtigung von Formel (8,5) erhält man

$$L = L' + \boldsymbol{V} \cdot \boldsymbol{P}' + \frac{1}{2} \mu V^2 .$$

Integration nach der Zeit ergibt das gesuchte Transformationsgesetz für die Wirkung

$$S = S' + \mu \boldsymbol{V} \cdot \boldsymbol{R}' + \frac{1}{2} \mu V^2 t ,$$

wo $\boldsymbol{R}'$ der Radiusvektor des Massenmittelpunktes im Bezugssystem K' ist.

§ 9. Drehimpuls

Wir gehen nun zur Ableitung des Erhaltungssatzes über, der aus der *Isotropie des Raumes* folgt.

Diese Isotropie bedeutet, daß die mechanischen Eigenschaften eines abgeschlossenen Systems sich bei einer beliebigen Drehung des Gesamtsystems im Raum nicht ändern. Dementsprechend betrachten wir eine unendlich kleine Drehung des Systems und fordern, daß seine Lagrange-Funktion dabei ungeändert bleibt.

Wir führen den Vektor $\delta\boldsymbol{\varphi}$ einer infinitesimalen Drehung ein, dessen Betrag gleich dem Drehwinkel $\delta\varphi$ ist und dessen Richtung mit der Drehachse zusammenfällt (und zwar so, daß die Drehrichtung mit der Richtung von $\delta\boldsymbol{\varphi}$ eine Rechtsschraube bildet).

Zunächst wollen wir den durch eine solche Drehung verursachten Zuwachs eines Radiusvektors bestimmen, der vom Koordinatenanfangspunkt (der auf der Drehachse liegt) zu irgendeinem Massenpunkt des sich drehenden Systems verläuft. Die lineare Verschiebung des Endes des Radiusvektors ist mit dem Winkel durch die Beziehung $|\delta \boldsymbol{r}| = r \sin \Theta \cdot \delta\varphi$ verknüpft (Abb. 5). Der Vektor $\delta \boldsymbol{r}$ steht senkrecht auf der durch $\boldsymbol{r}$ und $\delta\boldsymbol{\varphi}$ aufgespannten Ebene. Daher gilt

$$\delta \boldsymbol{r} = \delta \boldsymbol{\varphi} \times \boldsymbol{r}^{1)} . \tag{9,1}$$

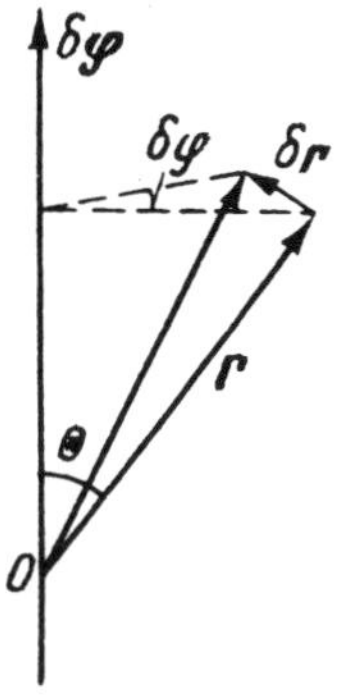

Abb. 5

Bei Drehung des Systems ändert sich nicht nur die Richtung der Radiusvektoren, sondern auch die der Geschwindigkeiten aller Teilchen; dabei transformieren sich alle Vektoren nach dem gleichen Gesetz. Damit wird der Zuwachs der Geschwindigkeit gegenüber der im ursprünglichen Koordinatensystem

$$\delta \boldsymbol{v} = \delta \boldsymbol{\varphi} \times \boldsymbol{v} . \tag{9,2}$$

Diese Ausdrücke setzen wir in die Bedingung für die Konstanz der LAGRANGE-Funktion bei Drehung

$$\delta L = \sum_a \left(\frac{\partial L}{\partial \boldsymbol{r}_a} \delta \boldsymbol{r}_a + \frac{\partial L}{\partial \boldsymbol{v}_a} \delta \boldsymbol{v}_a \right) = 0$$

ein und schreiben für die Ableitungen $\frac{\partial L}{\partial \boldsymbol{v}_a}$ definitionsgemäß $\boldsymbol{p}_a$ und für die Ableitungen $\frac{\partial L}{\partial \boldsymbol{r}_a}$ nach den LAGRANGEschen Gleichungen $\dot{\boldsymbol{p}}_a$. Dann erhalten wir

$$\sum_a \left(\dot{\boldsymbol{p}}_a (\delta \boldsymbol{\varphi} \times \boldsymbol{r}_a) + \boldsymbol{p}_a (\delta \boldsymbol{\varphi} \times \boldsymbol{v}_a) \right) = 0$$

oder nach zyklischer Vertauschung der Faktoren und Ausklammern von $\delta\boldsymbol{\varphi}$

$$\delta \boldsymbol{\varphi} \sum_a (\boldsymbol{r}_a \times \dot{\boldsymbol{p}}_a + \boldsymbol{v}_a \times \boldsymbol{p}_a) = \delta \boldsymbol{\varphi} \frac{d}{dt} \sum_a \boldsymbol{r}_a \times \boldsymbol{p}_a = 0 .$$

Da dies für beliebige $\delta\boldsymbol{\varphi}$ gelten muß, folgt

$$\frac{d}{dt} \sum_a \boldsymbol{r}_a \times \boldsymbol{p}_a = 0 .$$

Damit kommen wir zu dem Ergebnis, daß bei der Bewegung eines abgeschlossenen Systems der Vektor

$$\boldsymbol{M} = \sum_a \boldsymbol{r}_a \times \boldsymbol{p}_a \tag{9,3}$$

eine Erhaltungsgröße ist. Er heißt *Drehimpuls* des Systems. Die Additivität dieser Größe ist offensichtlich und hängt, wie beim Impuls, nicht davon ab ob zwischen den Teilchen eine Wechselwirkung besteht oder nicht.

---

[1] In früheren Auflagen wurde das Vektorprodukt mit Klammern [ ] bezeichnet (Anm. d. Herausg.)

Damit sind die additiven Bewegungsintegrale erschöpft, so daß jedes abgeschlossene System im ganzen 7 davon besitzt: die Energie und je 3 Komponenten des Impulses und des Drehimpulses.

Da in die Definition des Drehimpulses die Radiusvektoren der Teilchen eingehen, hängt der Drehimpuls im allgemeinen von der Wahl des Nullpunktes ab. Zwischen den Radiusvektoren $\boldsymbol{r}_a$ und $\boldsymbol{r}_a'$ ein und desselben Punktes bezüglich zweier Koordinatenanfangspunkte, die um die Strecke $\boldsymbol{a}$ voneinander entfernt sind, besteht die Beziehung $\boldsymbol{r}_a = \boldsymbol{r}_a' + \boldsymbol{a}$. Damit erhalten wir

$$\boldsymbol{M} = \sum_a \boldsymbol{r}_a \times \boldsymbol{p}_a = \sum_a \boldsymbol{r}_a' \times \boldsymbol{p}_a + \boldsymbol{a} \times \sum_a \boldsymbol{p}_a$$

oder

$$\boldsymbol{M} = \boldsymbol{M}' + \boldsymbol{a} \times \boldsymbol{P}. \tag{9,4}$$

Aus dieser Formel ist zu ersehen, daß nur dann, wenn das System als Ganzes ruht (d. h. $\boldsymbol{P} = 0$), sein Drehimpuls nicht von der Wahl des Nullpunktes abhängt. Auf den Erhaltungssatz des Drehimpulses wirkt sich diese Unbestimmtheit natürlich nicht aus, da auch der Impuls eines abgeschlossenen Systems eine Erhaltungsgröße ist.

Wir wollen noch eine Formel ableiten, welche die Werte des Drehimpulses in zwei verschiedenen Inertialsystemen K und K' miteinander verknüpft, von denen das zweite sich mit der Geschwindigkeit $\boldsymbol{V}$ relativ zum ersten bewegt. Wir wollen annehmen, daß die Systeme K und K' in dem betrachteten Zeitpunkt zusammenfallen. Dann sind die Radiusvektoren der Teilchen in beiden Systemen gleich, und für die Geschwindigkeiten gilt $\boldsymbol{v}_a = \boldsymbol{v}_a' + \boldsymbol{V}$. Damit erhalten wir

$$\boldsymbol{M} = \sum_a m_a \boldsymbol{r}_a \times \boldsymbol{v}_a = \sum_a m_a \boldsymbol{r}_a \times \boldsymbol{v}_a' + \sum_a m_a \boldsymbol{r}_a \times \boldsymbol{V}.$$

Die erste Summe auf der rechten Seite ist der Drehimpuls $\boldsymbol{M}'$ im System K'; wenn wir in die zweite Summe den Radiusvektor des Schwerpunktes gemäß (8,3) einführen, entsteht

$$\boldsymbol{M} = \boldsymbol{M}' + \mu \boldsymbol{R} \times \boldsymbol{V}. \tag{9,5}$$

Diese Formel stellt das Transformationsgesetz des Drehimpulses bei Übergang von einem Bezugssystem zu einem anderen dar und tritt neben die analogen Gesetze für Impuls und Energie, Formeln (8,1) und (8,5).

Wenn K' dasjenige Bezugssystem ist, in dem das mechanische System als Ganzes ruht, so ist $\boldsymbol{V}$ die Geschwindigkeit des Schwerpunktes des mechanischen Systems und $\mu \boldsymbol{V}$ sein Gesamtimpuls $\boldsymbol{P}$ (bezüglich K). Dann wird

$$\boldsymbol{M} = \boldsymbol{M}' + \boldsymbol{R} \times \boldsymbol{P}. \tag{9,6}$$

Mit anderen Worten: Der Drehimpuls $\boldsymbol{M}$ setzt sich aus dem „Eigendrehimpuls", d. h. dem Drehimpuls im Ruhsystem des Schwerpunkts, und dem Drehimpuls $\boldsymbol{R} \times \boldsymbol{P}$ zusammen, der von der Bewegung des Systems als Ganzes herrührt.

Für jede der drei Komponenten des Drehimpulses (bezogen auf einen beliebigen Nullpunkt) gilt nur bei abgeschlossenen Systemen gleichzeitig ein Erhaltungssatz; in eingeschränkter Form kann man einen solchen aber auch unter Umständen bei Systemen in äußeren Feldern aufstellen.

Aus obiger Ableitung folgt offenbar, daß stets die Projektion des Drehimpulses auf eine Symmetrieachse des gegebenen Feldes erhalten bleibt, da die mechanischen Eigenschaften des Systems sich bei einer beliebigen Drehung um diese Achse nicht ändern; dabei muß der Drehimpuls natürlich auf einen Punkt (Koordinatenanfangspunkt) bezogen sein, der auf dieser Achse liegt.

Der wichtigste Fall ist das kugelsymmetrische Feld, in dem die potentielle Energie nur vom Abstand von einem bestimmten Raumpunkt (Zentrum) abhängt. Bei der Bewegung in einem solchen Feld bleibt offensichtlich die Projektion des Drehimpulses auf eine beliebige Achse durch das Zentrum erhalten. Mit anderen Worten: Der Drehimpulsvektor $\boldsymbol{M}$ ist eine Erhaltungsgröße, wenn er bezüglich des Zentrums des Feldes definiert ist, nicht aber, wenn er auf irgendeinen anderen Raumpunkt bezogen wird.

Ein anderes Beispiel: Ein homogenes Feld längs der z-Achse, in ihm ist die Projektion M_z des Drehimpulses eine Erhaltungsgröße, wobei der Nullpunkt beliebig gewählt werden kann.

Wir bemerken, daß die Projektion des Drehimpulses auf irgendeine Achse (wir nennen sie die z-Achse) durch Differenzieren der LAGRANGE-Funktion gemäß der Formel

$$M_z = \sum_a \frac{\partial L}{\partial \dot{\varphi}_a} \tag{9,7}$$

gefunden werden kann; hierin ist die Koordinate φ der Drehwinkel um die z-Achse. Das folgt bereits aus dem Charakter der oben dargelegten Ableitung des Drehimpulserhaltungssatzes; man kann sich davon aber auch durch direkte Ausrechnung überzeugen. In Zylinderkoordinaten r, φ, z, haben wir (nach der Substitution $x_a = r_a \cos \varphi_a$, $y_a = r_a \sin \varphi_a$):

$$M_z = \sum_a m_a (x_a \dot{y}_a - y_a \dot{x}_a) = \sum_a m_a r_a^2 \dot{\varphi}_a \,. \tag{9,8}$$

Andererseits hat die LAGRANGE-Funktion in diesen Variablen die Form

$$L = \frac{1}{2} \sum_a m_a (\dot{r}_a^2 + r_a^2 \dot{\varphi}_a^2 + \dot{z}_a^2) - U \,,$$

und Einsetzen dieses Ausdrucks in (9,7) führt wiederum zu der Formel (9,8).

Aufgaben

1. Bestimme die Ausdrücke für die kartesischen Komponenten und den Betrag des Drehimpulses eines Teilchens in Zylinderkoordinaten r, φ, z.

Lösung:

$$M_x = m \sin\varphi\,(r\dot{z} - z\dot{r}) - m r z \dot{\varphi} \cos\varphi$$

$$M_y = m \cos\varphi\,(z\dot{r} - r\dot{z}) - m r z \dot{\varphi} \sin\varphi\,,$$

$$M_z = m r^2 \dot{\varphi}\,,$$

$$M^2 = m^2 r^2 \dot{\varphi}^2 (r^2 + z^2) + m^2 (r\dot{z} - z\dot{r})^2\,.$$

2. Dasselbe in sphärischen Koordinaten r, Θ, φ.

Lösung:

$$M_x = -\,m r^2 (\dot{\Theta} \sin\varphi + \dot{\varphi} \sin\Theta \cos\Theta \cos\varphi)\,,$$

$$M_y = m r^2 (\dot{\Theta} \cos\varphi - \dot{\varphi} \sin\Theta \cos\Theta \sin\varphi)\,,$$

$$M_z = m r^2 \sin^2\Theta \cdot \dot{\varphi}\,,$$

$$M^2 = m^2 r^4 (\dot{\Theta}^2 + \sin^2\Theta \cdot \dot{\varphi}^2)\,.$$

3. Welche Komponenten des Impulses $\boldsymbol{P}$ und des Drehimpulses $\boldsymbol{M}$ bleiben bei der Bewegung in folgenden Feldern erhalten:

a) Feld einer unendlichen homogenen Ebene.

Lösung: P_x, P_y, M_z (die unendliche Ebene ist die xy-Ebene).

b) Feld eines unendlichen homogenen Kreiszylinders.

Lösung: M_z, P_z (die Zylinderachse ist die z-Achse).

c) Feld eines unendlichen homogenen Prismas.

Lösung: P_z (die Kanten des Prismas laufen parallel zur z-Achse).

d) Feld von zwei Punkten.

Lösung: M_z (die Punkte befinden sich auf der z-Achse).

e) Feld einer unendlichen homogenen Halbebene.

Lösung: P_y (die unendliche Halbebene ist der Teil der xy-Ebene, der durch die y-Achse begrenzt wird).

f) Feld eines homogenen Kegels.

Lösung: M_z (die Achse ist die z-Achse).

g) Feld eines homogenen Kreisringes.

Lösung: M_z (die Achse des Kreisringes ist die z-Achse).

h) Feld einer unendlichen homogenen Schraubenlinie.

Lösung: Die LAGRANGE-Funktion ändert sich nicht bei Drehung um die Achse der Schraubenlinie (z-Achse) um den Winkel $\delta\varphi$ unter gleichzeitiger Verschiebung längs dieser Achse um die Strecke $\frac{h}{2\pi}\,\delta\varphi$ (h ist die Ganghöhe der Schraubenlinie). Damit wird

$$\delta L = \frac{\partial L}{\partial z}\,\delta z + \frac{\partial L}{\partial \varphi}\,\delta\varphi = \left(\dot{P}_z \frac{h}{2\pi} + \dot{M}_z\right)\delta\varphi = 0\,,$$

und es ergibt sich

$$M_z + \frac{h}{2\pi} P_z = \text{const}\,.$$

§ 10. Mechanische Ähnlichkeit

Die Multiplikation der LAGRANGE-Funktion mit einem beliebigen konstanten Faktor ändert die Bewegungsgleichungen offensichtlich nicht. Dieser Umstand (der schon in § 2 erwähnt wurde) gibt in einer Reihe wichtiger Fälle die Möglichkeit, wesentliche Schlüsse über die Eigenschaften der Bewegung zu ziehen, ohne die Bewegungsgleichungen explizit zu integrieren.

Hierher gehören die Fälle, wo die potentielle Energie eine homogene Funktion der Koordinaten ist, wo also

$$U(\alpha \boldsymbol{r}_1, \alpha \boldsymbol{r}_2, \ldots, \alpha \boldsymbol{r}_n) = \alpha^k U(\boldsymbol{r}_1, \boldsymbol{r}_2, \ldots, \boldsymbol{r}_n) \tag{10,1}$$

gilt. Hierin ist α eine beliebige Konstante und die Zahl k der Grad der Homogenität der Funktion.

Wir führen nun eine Transformation durch, bei der alle Koordinaten mit der Konstanten α und gleichzeitig die Zeit mit der Konstanten β multipliziert wird:

$$\boldsymbol{r}_a \rightarrow \alpha \boldsymbol{r}_a, \qquad t \rightarrow \beta t.$$

Alle Geschwindigkeiten $\boldsymbol{v}_a = \frac{d\boldsymbol{r}_a}{dt}$ erhalten demnach den Faktor α/β, die kinetische Energie den Faktor α^2/β^2, die potentielle Energie dagegen den Faktor α^k. Wenn man α und β durch die Bedingung

$$\frac{\alpha^2}{\beta^2} = \alpha^k, \qquad \text{also} \qquad \beta = \alpha^{1-\frac{k}{2}}$$

verknüpft, bekommt die LAGRANGE-Funktion bei dieser Transformation den Faktor α^k, d. h., die Bewegungsgleichungen bleiben ungeändert.

Multiplikation aller Teilchenkoordinaten mit demselben Faktor entspricht dem Übergang zu neuen Teilchenbahnen, die den ursprünglichen geometrisch ähnlich sind und sich lediglich in den linearen Abmessungen von ihnen unterscheiden. Damit kommen wir zu folgendem Ergebnis: Wenn die potentielle Energie eines Systems eine homogene Funktion k-ten Grades der (kartesischen) Koordinaten ist, so lassen die Bewegungsgleichungen geometrisch ähnliche Bahnen zu, wobei sich alle Zeitdifferenzen (zwischen entsprechenden Bahnpunkten) wie

$$\frac{t'}{t} = \left(\frac{l'}{l}\right)^{1-\frac{k}{2}} \tag{10,2}$$

verhalten; hier ist l'/l das Verhältnis der linearen Abmessungen zweier Bahnen. Auch die Verhältnisse der anderen mechanischen Größen — außer der Zeit — in entsprechenden Bahn- und Zeitpunkten sind bestimmte Potenzen des Verhältnisses l'/l. So erhalten wir für die Geschwindigkeit, die Energie und den Drehimpuls

$$\frac{v'}{v} = \left(\frac{l'}{l}\right)^{\frac{k}{2}}, \qquad \frac{E'}{E} = \left(\frac{l'}{l}\right)^{k}, \qquad \frac{M'}{M} = \left(\frac{l'}{l}\right)^{1+\frac{k}{2}}. \tag{10,3}$$

Zur Illustration führen wir einige Beispiele an.

Wie wir später sehen werden, ist die potentielle Energie im Falle sogenannter kleiner Schwingungen eine quadratische Funktion der Koordinaten ($k = 2$). Aus (10,2) folgt, daß die Periode nicht von der Amplitude abhängt.

In einem homogenen Kraftfeld ist die potentielle Energie eine lineare Funktion der Koordinaten (siehe (5,8)), d. h. $k = 1$. (10,2) ergibt

$$\frac{t'}{t} = \sqrt{\frac{l'}{l}}\,.$$

Hieraus folgt z. B., daß beim freien Fall sich die Quadrate der Fallzeiten wie die Anfangshöhen verhalten.

Bei NEWTONscher Anziehung zweier Massen oder bei COULOMB-Wechselwirkung zweier Ladungen ist die potentielle Energie umgekehrt proportional dem Abstand zwischen den Teilchen, d. h., sie ist eine homogene Funktion des Grades $k = -1$. In diesen Fällen ist

$$\frac{t'}{t} = \left(\frac{l'}{l}\right)^{3/2},$$

und wir können z. B. aussagen, daß die Quadrate der Umlaufzeiten sich wie die Kuben der Abstände verhalten (sogenanntes *drittes* KEPLER*sches Gesetz*).

Wenn die Bewegung eines Systems, dessen potentielle Energie eine homogene Funktion der Koordinaten ist, in einem begrenzten Raumgebiet verläuft, so existiert eine sehr einfache Beziehung zwischen dem Zeitmittel der kinetischen und dem der potentiellen Energie; diese Beziehung ist unter der Bezeichnung *Virialsatz* bekannt.

Da die kinetische Energie T eine quadratische Funktion der Geschwindigkeiten ist, gilt nach dem EULERschen Theorem über homogene Funktionen

$$\sum_a \frac{\partial T}{\partial \boldsymbol{v}_a} \boldsymbol{v}_a = 2\,T$$

oder nach Einführung der Impulse $\frac{\partial T}{\partial \boldsymbol{v}_a} = \boldsymbol{p}_a$:

$$2\,T = \sum_a \boldsymbol{p}_a \boldsymbol{v}_a = \frac{d}{dt}\left(\sum_a \boldsymbol{p}_a \boldsymbol{r}_a\right) - \sum_a \boldsymbol{r}_a \dot{\boldsymbol{p}}_a\,. \tag{10,4}$$

Diese Gleichung mitteln wir über die Zeit. Als Mittelwert irgendeiner Zeitfunktion $f(t)$ ist die Größe

$$\bar{f} = \lim_{\tau \to \infty} \frac{1}{\tau} \int_0^\tau f(t)\,dt$$

definiert. Es ist leicht zu sehen, daß der Mittelwert verschwindet, wenn $f(t)$ die zeitliche Ableitung einer beschränkten Funktion $F(t)$ ist (d. h. einer Funktion ohne Unendlichkeitsstellen). Tatsächlich ist

$$\bar{f} = \lim_{\tau \to \infty} \frac{1}{\tau} \int_0^\tau \frac{dF}{dt}\,dt = \lim_{\tau \to \infty} \frac{F(\tau) - F(0)}{\tau} = 0\,.$$

Angenommen, das System führe eine Bewegung in einem endlichen Raumgebiet mit Geschwindigkeiten aus, die nicht unendlich werden. Dann ist die

Größe $\sum \boldsymbol{r}_a \boldsymbol{p}_a$ beschränkt, und der Mittelwert des ersten Gliedes auf der rechten Seite der Gleichung (10,4) verschwindet. Im zweiten Glied ersetzen wir $\dot{\boldsymbol{p}}_a$ nach den NEWTONschen Gleichungen durch $-\frac{\partial U}{\partial \boldsymbol{r}_a}$ und erhalten

$$2\,\overline{T} = \overline{\sum_a \boldsymbol{r}_a \frac{\partial U}{\partial \boldsymbol{r}_a}}\,.\ ^{1)} \tag{10,5}$$

Wenn die potentielle Energie eine homogene Funktion k-ten Grades aller Radiusvektoren $\boldsymbol{r}_a$ ist, geht die Gleichung (10,5) gemäß dem EULERschen Theorem in die gesuchte Beziehung über:

$$2\,\overline{T} = k\,\overline{U}\,. \tag{10,6}$$

Da $\overline{T} + \overline{U} = \overline{E} = E$ ist, kann man die Beziehung (10,6) auch durch die Formeln

$$\overline{U} = \frac{2}{k+2} E\,, \qquad \overline{T} = \frac{k}{k+2} E \tag{10,7}$$

darstellen, welche die Mittelwerte $\overline{U}$ und $\overline{T}$ durch die Gesamtenergie des Systems ausdrücken.

Für kleine Schwingungen ($k = 2$) ist z. B.

$$\overline{T} = \overline{U}\,,$$

d. h., die Mittelwerte der kinetischen und der potentiellen Energie fallen zusammen. Für NEWTONsche Wechselwirkung ($k = -1$) gilt

$$2\,\overline{T} = -\overline{U}\,.$$

Hierbei ist $E = -\overline{T}$ in Übereinstimmung damit, daß bei einer solchen Wechselwirkung die Bewegung nur dann in einem begrenzten Raumgebiet verläuft, wenn die Gesamtenergie negativ ist (vgl. § 15).

Aufgaben

1. Wie verhalten sich die Laufzeiten von Punkten mit verschiedenen Massen längs gleicher Bahnen bei gleicher potentieller Energie?

Lösung:

$$\frac{t'}{t} = \sqrt{\frac{m'}{m}}\,.$$

2. Wie ändern sich die Laufzeiten längs gleicher Bahnen bei Änderung der potentiellen Energie um einen konstanten Faktor?

Lösung:

$$\frac{t'}{t} = \sqrt{\frac{U}{U'}}\,.$$

---

1) Der Ausdruck auf der rechten Seite der Gleichung (10,5) wird zuweilen als Virial des Systems bezeichnet.

III INTEGRATION DER BEWEGUNGSGLEICHUNGEN

§ 11. Eindimensionale Bewegung

Die Bewegung eines Systems mit einem einzigen Freiheitsgrad heißt *eindimensional.* Die allgemeinste Form der LAGRANGE-Funktion eines solchen Systems, das sich unter konstanten äußeren Bedingungen befindet, lautet

$$L = \frac{1}{2} a(q) \dot{q}^2 - U(q) . \tag{11,1}$$

Hierin ist $a(q)$ eine Funktion der verallgemeinerten Koordinate q. Wenn q eine kartesische Koordinate ist (wir nennen sie x), so gilt

$$L = \frac{m \dot{x}^2}{2} - U(x) . \tag{11,2}$$

Die Bewegungsgleichungen, die solchen LAGRANGE-Funktionen entsprechen, lassen sich in allgemeiner Form integrieren. Dabei ist es nicht einmal nötig, die Bewegungsgleichung selbst hinzuschreiben, sondern man kann unmittelbar von dem ersten Integral ausgehen, d. h. von der Gleichung, die den Erhaltungssatz der Energie ausdrückt. Für die LAGRANGE-Funktion (11,2) heißt das

$$\frac{m \dot{x}^2}{2} + U(x) = E .$$

Das ist eine Differentialgleichung erster Ordnung, die sich durch Trennung der Veränderlichen integrieren läßt. Wir erhalten

$$\frac{dx}{dt} = \sqrt{\frac{2}{m}[E - U(x)]}$$

und damit

$$t = \sqrt{\frac{m}{2}} \int \frac{dx}{\sqrt{E - U(x)}} + \text{const} . \tag{11,3}$$

Hier spielen die Gesamtenergie E und eine Integrationskonstante (const) die Rolle der beiden freien Konstanten in der Lösung der Bewegungsgleichung.

Da die kinetische Energie eine positiv-definite Größe ist, muß bei der Bewegung die Gesamtenergie stets größer als die potentielle Energie sein, d. h., die Bewegung kann nur in solchen Gebieten verlaufen, wo $U(x) < E$ ist.

Die Funktion $U(x)$ habe z. B. die in Abb. 6 dargestellte Form. Wenn man eine horizontale Gerade einzeichnet, die der gegebenen Gesamtenergie E entspricht, so kann man die für die Bewegung zugelassenen Gebiete direkt ablesen.

In Abb. 6 ist das die Strecke AB und das Gebiet rechts von C.

Die Punkte, in denen die potentielle Energie gleich der Gesamtenergie ist,

$$U(x) = E\,, \tag{11,4}$$

bestimmen die Grenzen der Bewegung. Es sind „*Umkehrpunkte*", da in ihnen die Geschwindigkeit ihre Richtung umkehrt. Wenn das für die Bewegung zulässige Gebiet auf beiden Seiten durch solche Punkte begrenzt ist, verläuft sie

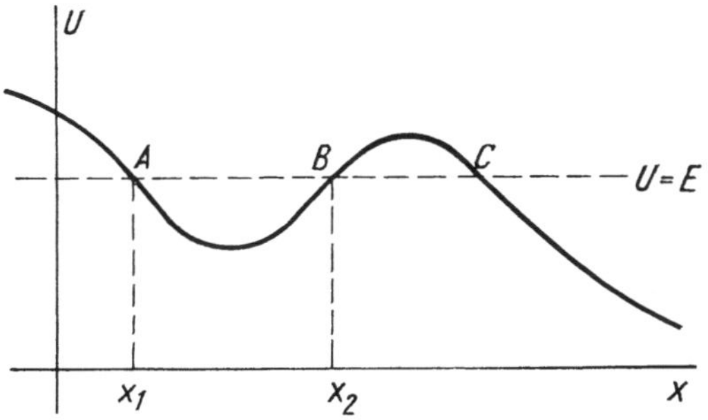

Abb. 6

in einem endlichen räumlichen Bereich; man sagt, sie ist *finit.* Wenn das Gebiet nicht oder nur auf einer Seite begrenzt ist, wird die Bewegung *infinit,* das Teilchen läuft ins Unendliche.

Die eindimensionale finite Bewegung ist eine Schwingung: Das Teilchen führt eine periodische Bewegung zwischen den beiden Grenzen aus (in Abb. 6 in der „*Potentialmulde*" AB zwischen den Punkten x_1 und x_2). Hierbei ist gemäß der allgemeinen Reversibilitätseigenschaft (Seite 10) die Laufzeit von x_1 nach x_2 gleich der von x_2 nach x_1. Infolgedessen ist die Periode T der Schwingung, d. h. die Zeit, in der der Punkt von x_1 nach x_2 und wieder zurückläuft, gleich der doppelten Laufzeit von x_1 nach x_2, also nach (11,3)

$$T(E) = \sqrt{2\,m} \int\limits_{x_1(E)}^{x_2(E)} \frac{dx}{\sqrt{E - U(x)}}\,. \tag{11,5}$$

Hierin sind die Grenzen x_1 und x_2 Wurzeln der Gleichung (11,4) bei gegebener Energie E. Diese Formel liefert die Periode der Bewegung in Abhängigkeit von der Gesamtenergie des Teilchens.

Aufgaben

1. Berechne die Schwingungsperiode des ebenen mathematischen Pendels (ein Punkt der Masse m am Ende eines Fadens der Länge l im Schwerefeld) in Abhängigkeit von der Amplitude:

Lösung: Die Energie des Pendels ist

$$E = \frac{m\,l^2\,\dot{\varphi}^2}{2} - m\,g\,l\cos\varphi = -\,m\,g\,l\cos\varphi_0\,,$$

wobei φ den Winkel zwischen dem Faden und der Vertikalen und φ_0 dessen Maximalwert bedeuten. Indem wir die Periode als das Vierfache der Zeit berechnen, in der der Punkt das Winkelintervall von 0 bis φ_0 durchläuft, finden wir

$$T = 4\sqrt{\frac{l}{2g}}\int_0^{\varphi_0}\frac{d\varphi}{\sqrt{\cos\varphi - \cos\varphi_0}} = 2\sqrt{\frac{l}{g}}\int_0^{\varphi_0}\frac{d\varphi}{\sqrt{\sin^2\frac{\varphi_0}{2} - \sin^2\frac{\varphi}{2}}}.$$

Durch die Substitution $\dfrac{\sin\frac{\varphi}{2}}{\sin\frac{\varphi_0}{2}} = \sin\xi$ nimmt das Integral die Form

$$T = 4\sqrt{\frac{l}{g}}\,K\left(\sin\frac{\varphi_0}{2}\right)$$

an, worin

$$K(k) = \int_0^{\frac{\pi}{2}}\frac{d\xi}{\sqrt{1 - k^2\sin^2\xi}}$$

das vollständige elliptische Integral erster Art ist. Bei $\sin\frac{\varphi_0}{2} \approx \frac{\varphi_0}{2} \ll 1$ (kleine Schwingungen) ergibt sich durch Entwicklung der Funktion $K(k)$

$$T = 2\pi\sqrt{\frac{l}{g}}\left(1 + \frac{1}{16}\varphi_0^2 + \cdots\right).$$

Das erste Glied auf der rechten Seite entspricht der bekannten elementaren Formel.

2. Berechne die Schwingungsdauer in Abhängigkeit von der Energie für die Bewegung eines Teilchens der Masse m in einem Feld mit der potentiellen Energie:

a) $U = A\,|x|^n$.

Lösung:

$$T = 2\sqrt{2m}\int_0^{(E/A)^{1/n}}\frac{dx}{\sqrt{E - A x^n}} = \frac{2\sqrt{2m}\,E^{\frac{1}{n}-\frac{1}{2}}}{A^{1/n}}\int_0^1\frac{dy}{\sqrt{1 - y^n}}.$$

Durch die Substitution $y^n = U$ geht das Integral in die Eulersche Beta-Funktion über, die sich durch die Γ-Funktion ausdrücken läßt. Tut man dies, so wird

$$T = \frac{2\sqrt{2\pi m}\,\Gamma\left(\frac{1}{n}\right)}{n\,A^{1/n}\,\Gamma\left(\frac{1}{n} + \frac{1}{2}\right)}\,E^{\frac{1}{n}-\frac{1}{2}}.$$

Die Abhängigkeit $T(E)$ entspricht dem Gesetz der mechanischen Ähnlichkeit (10,2), (10,3).

b) $U = -\dfrac{U_0}{\cosh^2\alpha x}, \qquad -U_0 < E < 0$.

Lösung:

$$T = \frac{\pi \sqrt{2\,m}}{\alpha \sqrt{|E|}}\,.$$

c) $U = U_0 \tan^2 \alpha\, x$.

Lösung:

$$T = \frac{\pi \sqrt{2\,m}}{\alpha \sqrt{E + U_0}}\,.$$

§ 12. Bestimmung der potentiellen Energie aus der Schwingungsdauer

Wir stellen die Frage, inwieweit man auf die Form der potentiellen Energie $U(x)$ eines Feldes schließen kann, in dem ein Teilchen Schwingungen ausführt, wenn die Abhängigkeit der Schwingungsdauer T von der Energie E bekannt ist. In mathematischer Hinsicht handelt es sich um die Lösung der Integralgleichung (11,5), in der $U(x)$ als unbekannte und $T(E)$ als bekannte Funktion betrachtet wird.

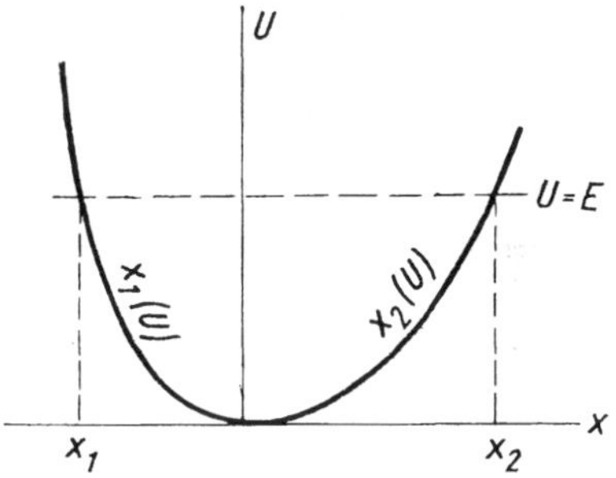

Abb. 7

Dabei nehmen wir von vornherein an, daß die gesuchte Funktion $U(x)$ in dem betrachteten Raumgebiet nur ein einziges Minimum hat und interessieren uns nicht dafür, ob noch andere Lösungen der Integralgleichung existieren, die diese Bedingung nicht erfüllen. Der Einfachheit halber wählen wir den Koordinatenursprung im Minimum der potentiellen Energie und setzen deren Wert in diesem Punkt gleich Null (Abb. 7).

Wir formen das Integral (11,5) um, indem wir die Koordinate x als Funktion von U betrachten. Die Funktion $x(U)$ ist zweideutig; jedem Wert der potentiellen Energie entsprechen zwei verschiedene Werte von x. Dementsprechend geht das Integral (11,5), indem wir dx durch $\frac{dx}{dU}\,dU$ ersetzen, in eine Summe von zwei Integralen über: das eine von $x = x_1$ bis $x = 0$ und das andere von $x = 0$ bis $x = x_2$; wir werden die Funktion $x(U)$ in diesen beiden Bereichen dementsprechend mit $x = x_1(U)$ und $x = x_2(U)$ bezeichnen.

Die Grenzen der Integration über dU sind offensichtlich E und 0, so daß wir erhalten:

$$T(E) = \sqrt{2\,m} \int_0^E \frac{dx_2(U)}{dU} \frac{dU}{\sqrt{E-U}} + \sqrt{2\,m} \int_E^0 \frac{dx_1(U)}{dU} \frac{dU}{\sqrt{E-U}}$$

$$= \sqrt{2\,m} \int_0^E \left[\frac{dx_2}{dU} - \frac{dx_1}{dU}\right] \frac{dU}{\sqrt{E-U}}\,.$$

Division beider Seiten dieser Gleichung durch $\sqrt{\alpha - E}$, wo α ein Parameter ist, und Integration über E von 0 bis α liefert

$$\int_0^\alpha \frac{T(E)\,dE}{\sqrt{\alpha - E}} = \sqrt{2\,m} \int_0^\alpha \int_0^E \left[\frac{dx_2(U)}{dU} - \frac{dx_1(U)}{dU}\right] \frac{dU\,dE}{\sqrt{(\alpha - E)(E - U)}}$$

oder nach Vertauschung der Integrationsfolge

$$\int_0^\alpha \frac{T(E)\,dE}{\sqrt{\alpha - E}} = \sqrt{2\,m} \int_0^\alpha \left[\frac{dx_2(U)}{dU} - \frac{dx_1(U)}{dU}\right] dU \int_U^\alpha \frac{dE}{\sqrt{(\alpha - E)(E - U)}}\,.$$

Das Integral über dE ist elementar und gleich π. Danach wird die Integration über dU trivial und ergibt

$$\int_0^\alpha \frac{T(E)\,dE}{\sqrt{\alpha - E}} = \pi \sqrt{2\,m}\,[x_2(\alpha) - x_1(\alpha)]$$

(dabei ist berücksichtigt, daß $x_2(0) = x_1(0) = 0$ ist). Indem wir jetzt den Buchstaben α durch U ersetzen, erhalten wir schließlich

$$x_2(U) - x_1(U) = \frac{1}{\pi\sqrt{2\,m}} \int_0^U \frac{T(E)\,dE}{\sqrt{U - E}}\,. \tag{12,1}$$

Das heißt: Wenn die Abhängigkeit $T(E)$ bekannt ist, läßt sich die Differenz $x_2(U) - x_1(U)$ berechnen. Die Funktionen $x_2(U)$ und $x_1(U)$ selbst bleiben jedoch unbestimmt. Das bedeutet, daß nicht eine einzige, sondern unendlich viele Kurven $U = U(x)$ existieren, die zu der gegebenen Abhängigkeit der Periode von der Energie führen und die sich voneinander durch Deformationen unterscheiden, die die Differenz zweier x-Werte, welche ein- und demselben Wert von U entsprechen, nicht ändern.

Die Mehrdeutigkeit der Lösung verschwindet, wenn man fordert, daß die Funktion $U = U(x)$ symmetrisch sein soll, d. h.

$$x_2(U) = -\,x_1(U) \equiv x(U)\,.$$

In diesem Falle liefert die Formel (12,1) für $x(U)$ den eindeutigen Ausdruck

$$x(U) = \frac{1}{2\,\pi\sqrt{2\,m}} \int_0^U \frac{T(E)\,dE}{\sqrt{U - E}}\,. \tag{12,2}$$

§ 13. Reduzierte Masse

Das äußerst wichtige Problem der Bewegung eines Systems, das aus zwei miteinander in Wechselwirkung stehenden Teilchen besteht (*Zweikörper-Problem*), läßt eine vollständige Lösung in allgemeiner Form zu.

Als vorläufigen Schritt zur Lösung dieser Aufgabe zeigen wir, wie sie wesentlich vereinfacht werden kann, indem man die Bewegung des Systems in die Bewegung des Schwerpunktes und die Relativbewegung der Körper bezüglich des Schwerpunktes zerlegt.

Die potentielle Energie der Wechselwirkung zweier Teilchen hängt nur von ihrem gegenseitigen Abstand ab, d. h. vom Betrag der Differenz ihrer Radiusvektoren. Daher lautet die LAGRANGE-Funktion eines solchen Systems

$$L = \frac{m_1 \dot{\boldsymbol{r}}_1^2}{2} + \frac{m_2 \dot{\boldsymbol{r}}_2^2}{2} - U(|\boldsymbol{r}_1 - \boldsymbol{r}_2|) \,. \tag{13,1}$$

Wir führen den Abstandsvektor der beiden Punkte

$$\boldsymbol{r} = \boldsymbol{r}_1 - \boldsymbol{r}_2$$

ein und legen den Koordinatenursprung in den Schwerpunkt, so daß sich ergibt

$$m_1 \boldsymbol{r}_1 + m_2 \boldsymbol{r}_2 = 0 \,.$$

Aus den beiden letzten Gleichungen finden wir

$$\boldsymbol{r}_1 = \frac{m_2}{m_1 + m_2} \boldsymbol{r} \,, \qquad \boldsymbol{r}_2 = -\frac{m_1}{m_1 + m_2} \boldsymbol{r} \,. \tag{13,2}$$

Einsetzen dieser Ausdrücke in (13,1) liefert

$$L = \frac{m \dot{\boldsymbol{r}}^2}{2} - U(r) \,, \tag{13,3}$$

worin die Bezeichnung

$$m = \frac{m_1 m_2}{m_1 + m_2} \tag{13,4}$$

eingeführt ist; die Größe m heißt *reduzierte Masse.* Die Funktion (13,3) gleicht formal der LAGRANGE-Funktion eines Teilchens der Masse m, das sich in einem äußeren Feld $U(r)$ bewegt, welches kugelsymmetrisch um einen festen Koordinatenursprung ist.

Auf diese Weise wird das Problem der Bewegung zweier miteinander in Wechselwirkung stehender Massenpunkte auf das Problem der Bewegung eines Punktes in einem gegebenen äußeren Feld $U(r)$ zurückgeführt. Aus der Lösung $\boldsymbol{r} = \boldsymbol{r}(t)$ dieser Aufgabe ergeben sich die Bahngleichungen $\boldsymbol{r}_1 = \boldsymbol{r}_1(t)$ und $\boldsymbol{r}_2 = \boldsymbol{r}_2(t)$ der beiden Teilchen m_1 und m_2 (bezüglich ihres gemeinsamen Schwerpunktes) aus den Formeln (13,2).

Aufgabe

Ein System besteht aus einem Teilchen der Masse M und n Teilchen mit den gleichen Massen m. Eliminiere die Bewegung des Schwerpunktes und führe die Aufgabe auf die der Bewegung von n Teilchen zurück.

Lösung: $\boldsymbol{R}$ sei der Radiusvektor des Teilchens M, $\boldsymbol{R}_a$ $(a = 1, 2, \ldots, n)$ seien die Radiusvektoren der Teilchen mit den Massen m. Wir führen die Abstände der Teilchen m vom Teilchen M ein,

$$\boldsymbol{r}_a = \boldsymbol{R}_a - \boldsymbol{R} \,,$$

und legen den Nullpunkt in den Schwerpunkt, d. h.

$$M\,\boldsymbol{R} + m \sum_a \boldsymbol{R}_a = 0\,.$$

Aus diesen Gleichungen finden wir

$$\boldsymbol{R} = -\frac{m}{\mu} \sum_a \boldsymbol{r}_a\,, \quad \boldsymbol{R}_a = \boldsymbol{R} + \boldsymbol{r}_a\,, \qquad \mu = M + n\,m\,.$$

Einsetzen dieser Ausdrücke in die LAGRANGE-Funktion

$$L = \frac{M\,\dot{\boldsymbol{R}}^2}{2} + \frac{m}{2} \sum_a \dot{\boldsymbol{R}}_a^2 - U$$

ergibt

$$L = \frac{m}{2} \sum_a \boldsymbol{v}_a^2 - \frac{m^2}{2\mu}\Big(\sum_a \boldsymbol{v}_a\Big)^2 - U\,, \qquad \boldsymbol{v}_a = \dot{\boldsymbol{r}}_a\,.$$

Die potentielle Energie hängt nur von den Abständen zwischen den Teilchen ab und kann infolgedessen als Funktion der Vektoren $\boldsymbol{r}_a$ dargestellt werden.

§ 14. Bewegung im Zentralfeld

Indem wir das Problem der Bewegung zweier Körper auf das der Bewegung eines einzigen Körpers zurückgeführt haben, sind wir zu der Aufgabe gelangt, die Bewegung eines Teilchens in einem äußeren Feld zu bestimmen, dessen potentielle Energie nur vom Abstand r von einem bestimmten festen Punkt abhängt; ein solches Feld heißt *Zentralfeld*. Die Kraft

$$\boldsymbol{F} = -\frac{\partial U(r)}{\partial \boldsymbol{r}} = -\frac{dU}{dr}\frac{\boldsymbol{r}}{r}\,,$$

die auf das Teilchen wirkt, hängt hierbei dem Betrag nach auch nur von r ab und hat in jedem Punkt die Richtung des Radiusvektors. Wie in § 9 schon erwähnt wurde, ist bei der Bewegung in einem Zentralfeld der auf das Zentrum bezogene Drehimpuls des Systems eine Erhaltungsgröße. Für ein einzelnes Teilchen ist dieser

$$\boldsymbol{M} = \boldsymbol{r} \times \boldsymbol{p}\,.$$

Da die Vektoren $\boldsymbol{M}$ und $\boldsymbol{r}$ senkrecht aufeinander stehen, bedeutet die Konstanz von $\boldsymbol{M}$, daß bei der Bewegung des Teilchens sein Radiusvektor stets in einer Ebene bleibt, die senkrecht zu $\boldsymbol{M}$ liegt.

Die Bahn eines Teilchens in einem Zentralfeld liegt also vollständig in einer Ebene. Wenn wir für diese Ebene die Ebene des Polarkoordinatensystems r, φ mit dem Ursprung im Zentrum des Feldes wählen, so erhalten wir die LAGRANGE-Funktion in der Form (vgl. (4,5))

$$L = \frac{m}{2}(\dot{r}^2 + r^2\dot{\varphi}^2) - U(r)\,. \tag{14,1}$$

Diese Funktion enthält die Koordinate φ nicht in expliziter Form. Jede verallgemeinerte Koordinate q_i, die nicht explizit in die LAGRANGE-Funktion eingeht, heißt *zyklisch*. Infolge der LAGRANGEschen Gleichung gilt für eine solche Koordinate

$$\frac{d}{dt}\frac{\partial L}{\partial \dot{q}_i} = \frac{\partial L}{\partial q_i} = 0\,,$$

d. h., der entsprechende verallgemeinerte Impuls $p_i = \frac{\partial L}{\partial \dot{q}_i}$ ist ein Bewegungsintegral. Dieser Umstand führt zu einer wesentlichen Vereinfachung der Integration der Bewegungsgleichungen bei Vorhandensein von zyklischen Koordinaten.

Im vorliegenden Fall fällt der verallgemeinerte Impuls

$$p_\varphi = m\, r^2\, \dot{\varphi}$$

mit dem Drehimpuls $M_z = M$ (vgl. (9,7)) zusammen, so daß wir zu dem uns schon bekannten Erhaltungssatz des Drehimpulses zurückkehren:

$$M = m\, r^2\, \dot{\varphi} = \text{const}\,. \tag{14,2}$$

Wir bemerken, daß dieses Gesetz für die ebene Bewegung eines einzelnen Teilchens im Zentralfeld eine einfache geometrische Deutung gestattet. Der Ausdruck $\frac{1}{2}\, r \cdot r\, d\varphi$ stellt die Fläche des Sektors dar, der von zwei unendlich dicht benachbarten Radiusvektoren und dem dazwischenliegenden Bahnelement gebildet wird (Abb. 8). Wir bezeichnen diese Fläche mit df und schreiben den Drehimpuls des Teilchens in der Form

$$M = 2\, m\, \dot{f}\,. \tag{14,3}$$

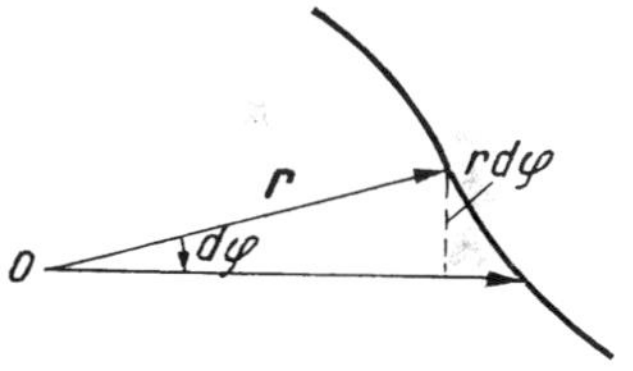

Abb.8

Die Ableitung von f heißt *Flächengeschwindigkeit*. Erhaltung des Drehimpulses bedeutet also Konstanz der Flächengeschwindigkeit: Der Radiusvektor des sich bewegenden Punktes überstreicht in gleichen Zeiten gleiche Flächen (*zweites* KEPLER*sches Gesetz*). Der Drehimpuls-Erhaltungssatz wird bei Bewegung im Zentralfeld oft als *Flächensatz* bezeichnet.

Zur vollständigen Lösung des Problems der Bewegung eines Teilchens im Zentralfeld gelangt man am einfachsten, wenn man von den Erhaltungssätzen der Energie und des Drehimpulses ausgeht, ohne die Bewegungsgleichungen selbst aufzuschreiben. Indem wir $\dot{\varphi}$ durch M aus (14,2) ausdrücken und in den Ausdruck für die Energie einsetzen, erhalten wir

$$E = \frac{m}{2}(\dot{r}^2 + r^2\,\dot{\varphi}^2) + U(r) = \frac{m\,\dot{r}^2}{2} + \frac{M^2}{2\,m\,r^2} + U(r)\,. \tag{14,4}$$

Daraus ergibt sich

$$\dot{r} \equiv \frac{dr}{dt} = \sqrt{\frac{2}{m}[E - U(r)] - \frac{M^2}{m^2 r^2}} \tag{14,5}$$

und durch Integration nach Trennung der Veränderlichen

$$t = \int \frac{dr}{\sqrt{\frac{2}{m}[E - U(r)] - \frac{M^2}{m^2 r^2}}} + \text{const} . \tag{14,6}$$

Wenn wir (14,2) in der Form

$$d\varphi = \frac{M}{m\, r^2}\, dt$$

schreiben, dt aus (14,5) einsetzen und integrieren, entsteht

$$\varphi = \int \frac{\frac{M}{r^2}\, dr}{\sqrt{2\, m\, [E - U(r)] - \frac{M^2}{r^2}}} + \text{const} . \tag{14,7}$$

Die Formeln (14,6) und (14,7) lösen die gestellte Aufgabe in allgemeiner Form. Die zweite Formel stellt die Beziehung zwischen r und φ dar, d. h., sie ist die Bahngleichung. Die Formel (14,6) bestimmt in impliziter Form die Zeit-Abhängigkeit des Abstandes r des bewegten Punktes vom Zentrum. Wir bemerken, daß sich der Winkel φ stets monoton mit der Zeit ändert; denn aus (14,2) ist ersichtlich, daß $\dot{\varphi}$ niemals sein Vorzeichen ändert.

Der Ausdruck (14,4) zeigt, daß man den Radialteil der Bewegung als eindimensionale Bewegung in einem Feld mit der *effektiven* potentiellen Energie

$$U_{\text{eff}} = U(r) + \frac{M^2}{2\, m\, r^2} \tag{14,8}$$

betrachten kann. Die Größe $M^2/2\, m\, r^2$ heißt *Zentrifugalpotential.* Die r-Werte, bei denen

$$U(r) + \frac{M^2}{2\, m\, r^2} = E \tag{14,9}$$

ist, bestimmen die Grenzen des Bewegungsbereiches. Wenn Gleichung (14,9) erfüllt ist, wird die radiale Geschwindigkeitskomponente $\dot{r}$ gleich Null.

Das bedeutet nicht, daß das Teilchen anhält (wie bei der echten eindimensionalen Bewegung), da die Winkelgeschwindigkeit $\dot{\varphi}$ im allgemeinen nicht verschwindet. Die Gleichung $\dot{r} = 0$ bestimmt den Umkehrpunkt der Bahn, in ihm hat die Funktion $r(t)$ ein Minimum oder ein Maximum.

Wenn der zulässige r-Bereich nur durch die eine Bedingung $r \geqq r_{\min}$ eingeschränkt wird, ist die Bewegung des Teilchens infinit: Die Bahn kommt aus dem Unendlichen und verschwindet im Unendlichen.

Liegen dagegen die zulässigen r-Werte zwischen zwei Grenzen $r_{\min}$ und $r_{\max}$, so ist die Bewegung finit, und die Bahn verläuft vollständig in dem ringförmigen Gebiet, das durch die Kreise $r = r_{\max}$ und $r = r_{\min}$ begrenzt wird. Das bedeutet jedoch nicht, daß die Bahn auf jeden Fall geschlossen ist. Während r sich von $r_{\max}$ bis $r_{\min}$ und dann wieder bis $r_{\max}$ ändert, dreht sich der Radiusvektor um den Winkel $\Delta\varphi$, für den sich nach (14,7)

$$\Delta\varphi = 2 \int\limits_{r_{\min}}^{r_{\max}} \frac{\frac{M}{r^2}\, dr}{\sqrt{2\, m\, (E - U) - \frac{M^2}{r^2}}} \tag{14,10}$$

ergibt.

Die Bahn bildet nur dann eine geschlossene Kurve, wenn dieser Winkel ein rationaler Teil von $2\,\pi$ ist, d. h. wenn $\Delta\varphi = 2\,\pi\,\frac{m}{n}$ gilt, wo m und n ganze Zahlen sind. Nach n-maliger Wiederholung der zugehörigen Zeitperiode hat der Radiusvektor des Punktes m ganze Umläufe ausgeführt und fällt mit seinem Ausgangswert wieder zusammen, d. h., die Kurve schließt sich.

Solche Fälle sind jedoch Ausnahmen, und bei beliebiger Form von $U(r)$ wird der Winkel $\Delta\varphi$ kein rationaler Teil von $2\,\pi$ sein. Darum ist die Bahn bei finiter Bewegung im allgemeinen nicht geschlossen. Sie überstreicht in diesem Fall, wie z.B. in Abb. 9, in unendlich langer Zeit die gesamte Ringfläche zwischen den beiden begrenzenden Kreisen.

Es existieren nur zwei Typen von Zentralfeldern, in denen alle Bahnen finiter Bewegungen geschlossen sind. Das sind die Felder, bei denen die potentielle Energie des Teilchens proportional zu $1/r$ oder zu r^2 ist. Der erste dieser beiden Fälle wird im folgenden Paragraphen behandelt, der zweite stellt den sogenannten räumlichen Oszillator dar (vgl. Aufgabe 3, § 23).

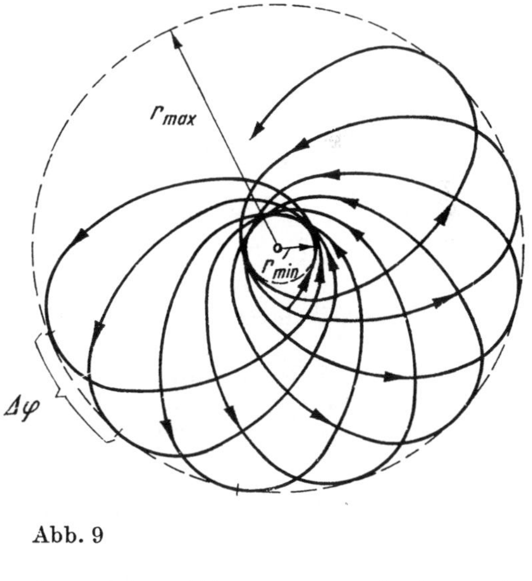

Abb. 9

In Umkehrpunkten wechselt die Quadratwurzel ((14,5) und mit ihr der Integrand in (14,6) und (14,7)) das Vorzeichen. Wenn man der Richtung des Radiusvektors eines der Umkehrpunkte den Wert $\varphi = 0$ zuordnet, so unterscheiden sich Punkte mit gleichen r-Werten auf den in diesem Umkehrpunkt aneinandergrenzenden Bahnabschnitten nur durch das Vorzeichen von φ; das bedeutet, daß die Bahn symmetrisch bezüglich der erwähnten Richtung ist. Verfolgen wir die Bahn ausgehend z. B. von einem der Punkte mit $r = r_{max}$, so gelangen wir zunächst zum nächsten Umkehrpunkt mit $r = r_{min}$ und durchlaufen dann einen symmetrisch zum ersten liegenden Bahnabschnitt bis zum nächsten Punkt mit $r = r_{max}$. Das läßt sich in beiden Richtungen beliebig wiederholen, und man sieht, daß die Kenntnis einer Halbschleife (von r_{min} bis zum nächsten r_{max}) genügt, um die ganze Bahn zu konstruieren. Ähnliches gilt auch für infinite Bahnen, die aus zwei symmetrischen Ästen bestehen, die vom Umkehrpunkt r_{min} ins Unendliche laufen.

Die Zentrifugalenergie (bei Bewegung mit $M \neq 0$), die bei $r \to 0$ wie $1/r^2$ gegen Unendlich geht, führt gewöhnlich dazu, daß das bewegte Teilchen niemals zum Mittelpunkt des Feldes gelangen kann, auch dann nicht, wenn das Feld anziehenden Charakter hat. Das Teilchen kann nur dann in den Mittelpunkt „fallen", wenn die potentielle Energie für $r \to 0$ genügend schnell gegen $-\infty$ geht. Aus der Ungleichung

$$\frac{m\,\dot{r}^2}{2} = E - U(r) - \frac{M^2}{2\,m\,r^2} > 0$$

oder

$$r^2 U(r) + \frac{M^2}{2\,m} < E\,r^2$$

folgt, daß r nur dann Null werden kann, wenn die Bedingung

$$r^2\;U(r)|_{r\to 0} < -\frac{M^2}{2\,m} \tag{14,11}$$

erfüllt ist, d. h., $U(r)$ muß entweder wie $-\frac{\alpha}{r^2}$ mit $\alpha > \frac{M^2}{2m}$ gegen $-\infty$ streben oder wie $-\frac{1}{r^n}$ mit $n > 2$.

Aufgaben

1. Integriere die Bewegungsgleichungen des sphärischen Pendels (Massenpunkt m, der sich auf der Oberfläche einer Kugel mit dem Radius l im Schwerefeld bewegt).

Lösung: In sphärischen Koordinaten mit dem Ursprung im Kugelmittelpunkt und der polaren Achse senkrecht nach unten lautet die Lagrange-Funktion des Pendels

$$L = \frac{m\,l^2}{2}(\dot{\Theta}^2 + \sin^2\Theta \cdot \dot{\varphi}^2) + m\,g\,l\cos\Theta\,.$$

Die Koordinate φ ist zyklisch, so daß der verallgemeinerte Impuls p_φ, der mit der z-Komponente des Drehimpulses zusammenfällt, eine Erhaltungsgröße ist:

$$m\,l^2\sin^2\Theta\cdot\dot{\varphi} = M_z = \text{const}\,. \tag{1}$$

Für die Energie gilt

$$E = \frac{m\,l^2}{2}(\dot{\Theta}^2 + \sin^2\Theta \cdot \dot{\varphi}^2) - m\,g\,l\cos\Theta = \frac{m\,l^2\,\dot{\Theta}^2}{2} + \frac{M_z^2}{2\,m\,l^2\sin^2\Theta} - m g\,l\cos\Theta \tag{2}$$

Indem wir hieraus $\dot{\Theta}$ bestimmen und die Veränderlichen trennen, erhalten wir

$$t = \int \frac{d\Theta}{\sqrt{\frac{2}{m\,l^2}\,[E - U_{\text{eff}}(\Theta)]}}\,. \tag{3}$$

Hier ist die *effektive* potentielle Energie

$$U_{\text{eff}}(\Theta) = \frac{M_z^2}{2\,m\,l^2\sin^2\Theta} - m\,g\,l\cos\Theta$$

eingeführt worden. Für den Winkel φ ergibt sich unter Benutzung von (1)

$$\varphi = \frac{M_z}{l\sqrt{2\,m}}\int \frac{d\Theta}{\sin^2\Theta\,\sqrt{E - U_{\text{eff}}(\Theta)}}\,. \tag{4}$$

Die Integrale (3) und (4) führen auf elliptische Integrale erster und dritter Art.

Der Variationsbereich des Winkels Θ wird durch die Bedingung $E > U_{\text{eff}}$ bestimmt, seine Grenzen durch die Gleichung $E = U_{\text{eff}}$. Dies ist eine kubische Gleichung für $\cos\Theta$, die zwischen -1 und $+1$ zwei Wurzeln hat, welche die Lage von zwei parallelen Kreisen auf der Kugel festlegen, zwischen denen die Bahn verläuft.

2. Integriere die Bewegungsgleichungen eines Massenpunktes, der sich unter dem Einfluß der Schwerkraft auf der Oberfläche eines Kegels (Öffnungswinkel $2\,\alpha$, Achse vertikal, Spitze nach unten) bewegt.

Lösung: In sphärischen Koordinaten mit dem Ursprung im Scheitelpunkt des Kegels und der polaren Achse senkrecht nach oben lautet die LAGRANGE-Funktion

$$L = \frac{m}{2}(\dot{r}^2 + r^2\sin^2\alpha\cdot\dot{\varphi}^2) - m\,g\,r\cos\alpha\,.$$

Die Koordinate φ ist zyklisch, so daß wiederum

$$M_z = m\,r^2\sin^2\alpha\cdot\dot{\varphi}$$

konstant bleibt. Für die Energie gilt

$$E = \frac{m\,\dot{r}^2}{2} + \frac{M_z^2}{2\,m\,r^2\sin^2\alpha} + m\,g\,r\cos\alpha\,.$$

Auf dieselbe Art wie in Aufgabe 1 finden wir

$$t = \int \frac{dr}{\sqrt{\frac{2}{m}[E - U_{\text{eff}}(r)]}}\,,$$

$$\varphi = \frac{M_z}{\sin^2\alpha\,\sqrt{2\,m}}\int \frac{dr}{r^2\sqrt{E - U_{\text{eff}}(r)}}\,,$$

$$U_{\text{eff}}(r) = \frac{M_z^2}{2\,m\,r^2\sin^2\alpha} + m\,g\,r\cos\alpha\,.$$

Die Bedingung $E = U_{\text{eff}}(r)$ ist (für $M_z \neq 0$) eine kubische Gleichung in r, die zwei positive Wurzeln hat; letztere bestimmen die Lage zweier horizontaler Kreise auf der Kegeloberfläche, zwischen denen die Bahn eingeschlossen ist.

3. Integriere die Bewegungsgleichungen eines ebenen Pendels, dessen Aufhängepunkt (mit der Masse m_1) Bewegungen in horizontaler Richtung ausführen kann (s. Abb. 2).

Lösung: In der in Aufgabe 2, § 5, gefundenen LAGRANGE-Funktion ist die x-Koordinate zyklisch. Infolgedessen ist der verallgemeinerte Impuls P_x, der mit der horizontalen Komponente des Gesamtimpulses des Systems zusammenfällt, eine Erhaltungsgröße:

$$P_x = (m_1 + m_2)\, \dot{x} + m_2\, l\, \dot{\varphi} \cos \varphi = \text{const}\,. \tag{1}$$

Man kann stets annehmen, daß das System als Ganzes ruht; dann wird const $= 0$, und die Integration der Gleichung (1) liefert die Beziehung

$$(m_1 + m_2)\, x + m_2\, l \sin \varphi = \text{const}\,. \tag{2}$$

Sie bedeutet, daß sich der Schwerpunkt des Systems in horizontaler Richtung nicht bewegt. Mit (1) erhalten wir die Energie in der Form

$$E = \frac{m_2\, l^2\, \dot{\varphi}^2}{2} \left(1 - \frac{m_2}{m_1 + m_2} \cos^2 \varphi \right) - m_2\, g\, l \cos \varphi\,. \tag{3}$$

Daraus ergibt sich

$$t = l \sqrt{\frac{m_2}{2\,(m_1 + m_2)}} \int \sqrt{\frac{m_1 + m_2 \sin^2 \varphi}{E + m_2\, g\, l \cos \varphi}}\, d\varphi\,.$$

Wenn wir die Koordinaten $x_2 = x + l \sin \varphi$, $y_2 = l \cos \varphi$ des Teilchens m_2 mit Hilfe der Gleichung (2) durch φ ausdrücken, finden wir, daß die Bahn des Teilchens m_2 ein Teil der Ellipse mit der horizontalen Halbachse $\frac{l\, m_1}{m_1 + m_2}$ und der vertikalen Halbachse l ist. Für $m_1 \to \infty$ kehren wir zu dem gewöhnlichen mathematischen Pendel zurück, das auf einer Kreisbahn schwingt.

§ 15. Das KEPLER-Problem

Besonders wichtig sind die Zentralfelder, bei denen die potentielle Energie umgekehrt proportional zu r, die zugehörige Kraft also umgekehrt proportional zu r^2 ist. Hierher gehören das NEWTONsche Gravitationsfeld und das elektrostatische COULOMB-Feld; das erstere wirkt bekanntlich anziehend, während das letztere entweder anziehend oder abstoßend sein kann.

Wir betrachten zunächst das Anziehungsfeld, in dem

$$U = -\frac{\alpha}{r} \tag{15,1}$$

mit positiver Konstante α ist. Die Kurven der *effektiven* potentiellen Energie

$$U_{\text{eff}} = -\frac{\alpha}{r} + \frac{M^2}{2\, m\, r^2} \tag{15,2}$$

hat die in Abb. 10 dargestellte Form. Für $r \to 0$ geht sie gegen $+\infty$, für $r \to \infty$

geht sie von negativen Werten her gegen Null; bei $r = \frac{M^2}{\alpha m}$ hat sie ein Minimum mit dem Wert

$$(U_{\mathrm{eff}})_{\min} = -\frac{\alpha^2 m}{2 M^2}. \tag{15,3}$$

Aus der Kurve folgt sofort, daß die Bewegung des Teilchens bei $E > 0$ infinit, bei $E < 0$ finit ist.

Die Form der Bahn erhält man mit Hilfe der allgemeinen Formel (14,7). Wenn wir dort $U = -\frac{\alpha}{r}$ einsetzen und elementar integrieren, bekommen wir

$$\varphi = \arccos \frac{\frac{M}{r} - \frac{m\alpha}{M}}{\sqrt{2 m E + \frac{m^2 \alpha^2}{M^2}}} + \mathrm{const}.$$

Die Bezugsrichtungen für den Winkel φ wählen wir so, daß const $= 0$ wird. Mit den Bezeichnungen

$$p = \frac{M^2}{m\alpha}, \qquad e = \sqrt{1 + \frac{2 E M^2}{m \alpha^2}} \tag{15,4}$$

nimmt dann die Bahngleichung die Form

$$\frac{p}{r} = 1 + e \cos\varphi \tag{15,5}$$

an. Dies ist die Gleichung eines Kegelschnittes mit dem Brennpunkt im Koordinatenursprung; p heißt *Parameter*, e *Exzentrizität* der Bahn. Die Wahl der Bezugsrichtung von φ bedeutet, wie man aus (15,5) abliest, daß der Punkt mit $\varphi = 0$ der dem Zentrum nächstgelegene Punkt (das sogenannte *Perihel* der Bahn) ist.

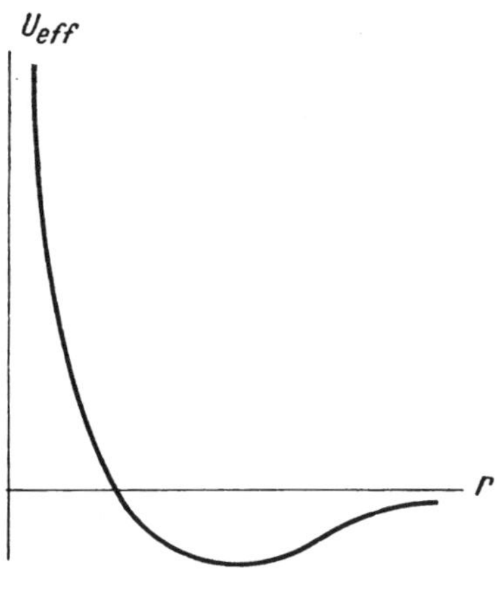

Abb. 10

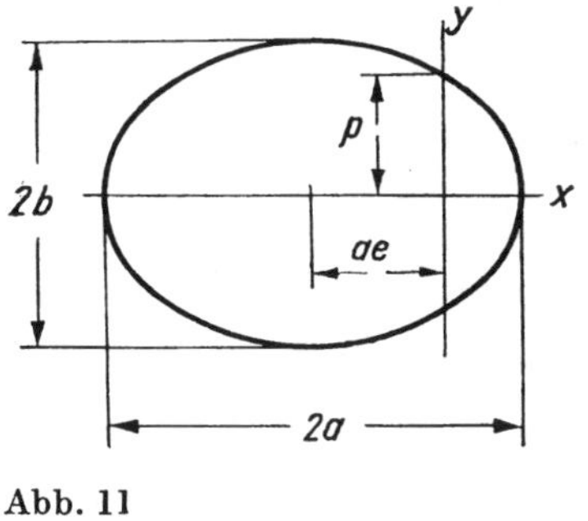

Abb. 11

In dem äquivalenten Problem zweier Körper, die nach dem Gesetz (15,1) miteinander in Wechselwirkung stehen, stellt die Bahn eines jeden Teilchens ebenfalls einen Kegelschnitt dar, und zwar mit dem Brennpunkt im gemeinsamen Schwerpunkt.

Aus (15,4) sieht man, daß bei $E < 0$ die Exzentrizität $e < 1$, die Bahn also eine Ellipse (Abb. 11) und damit finit ist, wie es dem am Anfang des Paragraphen Gesagten entspricht. Bekannte Formeln der analytischen Geometrie liefern für die große und die kleine Halbachse der Ellipse

$$a = \frac{p}{1-e^2} = \frac{\alpha}{2\,|E|}, \qquad b = \frac{p}{\sqrt{1-e^2}} = \frac{M}{\sqrt{2\,m\,|E|}}. \tag{15,6}$$

Der kleinste zulässige Wert der Energie E fällt mit (15,3) zusammen; dabei ist $e = 0$, d. h., die Ellipse geht in einen Kreis über. Es sei bemerkt, daß die große Halbachse der Ellipse nur von der Energie (nicht aber vom Drehimpuls) des Teilchens abhängt. Für den kleinsten und den größten Abstand vom Zentrum des Feldes (Brennpunkt der Ellipse) gilt

$$r_{\min} = \frac{p}{1+e} = a\,(1-e)\,, \qquad r_{\max} = \frac{p}{1-e} = a\,(1+e)\,. \tag{15,7}$$

Diese Ausdrücke (mit a und e aus (15,6) und (15,4)) hätte man selbstverständlich auch unmittelbar als Wurzeln der Gleichung $U_{\text{eff}}(r) = E$ erhalten können.

Die Umlaufzeit auf der Ellipsenbahn, d. h. die Periode T der Bewegung, berechnet man zweckmäßigerweise mit Hilfe des Drehimpulserhaltungssatzes in der Form (14,3) (Konstanz der Flächengeschwindigkeit). Integration dieser Gleichung über die Zeit von 0 bis T ergibt

$$2\,m f = T\,M\,,$$

wo f die von der Bahn umschlossene Fläche ist. Für die Ellipse gilt $f = \pi\,a\,b$, und mit Hilfe der Formel (15,6) finden wir

$$T = 2\,\pi\,a^{3/2}\sqrt{\frac{m}{\alpha}} = \pi\,\alpha\sqrt{\frac{m}{2\,|E|^3}}\,. \tag{15,8}$$

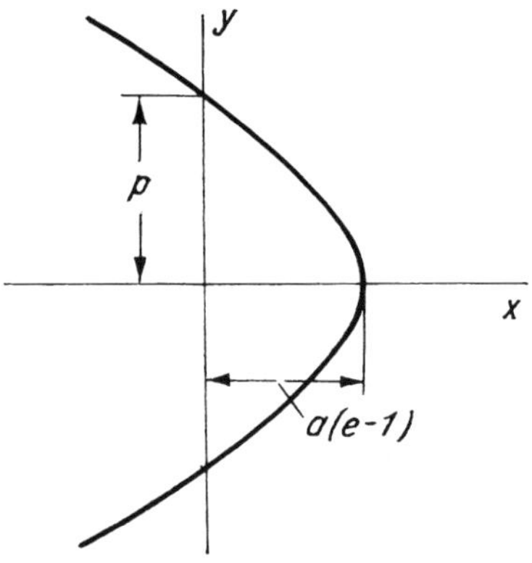

Abb. 12

Die Tatsache, daß das Quadrat der Umlaufzeit der dritten Potenz der linearen Abmessungen der Bahn proportional sein muß, ist bereits in § 10 erwähnt worden. Es sei noch bemerkt, daß die Periode nur von der Energie des Teilchens abhängt.

$E \geqq 0$ führt zu infiniter Bewegung. Für $E > 0$ folgt $e > 1$, d. h., die Bahn ist eine Hyperbel, die das Zentrum des Feldes (Brennpunkt) einschließt, wie

Abb. 12 zeigt. Als Perihelabstand ergibt sich

$$r_{\min} = \frac{p}{e+1} = a\,(e-1)\,, \tag{15,9}$$

wobei

$$a = \frac{p}{e^2-1} = \frac{\alpha}{2\,E}$$

die *Halbachse* der Hyperbel bedeutet.

Im Falle $E = 0$ ist die Exzentrizität $e = 1$, d. h., das Teilchen bewegt sich auf einer Parabel mit dem Perihelabstand $r_{\min} = p/2$. Dieser Fall ist verwirklicht, wenn das Teilchen seine Bewegung im Unendlichen mit der Geschwindigkeit Null beginnt.

Die Abhängigkeit der Koordinaten des Teilchens von der Zeit bei der Bewegung längs der Bahn kann mit Hilfe der allgemeinen Formel (14,6) gefunden werden. Bequem ist folgende Parameterdarstellung.

Wir betrachten zunächst die elliptische Bahn. Nach Einführung von a und gemäß (15,4) und (15,6) schreiben wir das Integral (14,6), das die Zeit bestimmt in der Form

$$t = \sqrt{\frac{m}{2|E|}}\int\frac{r\,dr}{\sqrt{-r^2+\frac{\alpha}{|E|}r-\frac{M^2}{2\,m|E|}}} = \sqrt{\frac{m\,a}{\alpha}}\int\frac{r\,dr}{\sqrt{a^2\,e^2-(r-a)^2}}\,.$$

Nach der Substitution

$$r - a = -a\,e\cos\xi$$

wird das Integral zu

$$t = \sqrt{\frac{m\,a^3}{\alpha}}\int(1-e\cos\xi)\,d\xi = \sqrt{\frac{m\,a^3}{\alpha}}\,(\xi - e\sin\xi) + \text{const}\,.$$

Wir wählen den Zeit-Nullpunkt so, daß const $= 0$ wird, und erhalten dann als Parameterdarstellung der Funktion $r(t)$

$$r = a\,(1-e\cos\xi)\,, \qquad t = \sqrt{\frac{m\,a^3}{\alpha}}\,(\xi - e\sin\xi) \tag{15,10}$$

(zum Zeitpunkt $t = 0$ befindet sich das Teilchen im Perihel). Durch denselben Parameter ξ kann man auch die kartesischen Koordinaten $x = r\cos\varphi$, $y = r\sin\varphi$ des Teilchens ausdrücken (die x- und y-Achse haben die Richtung der großen bzw. kleinen Halbachse der Ellipse). Mit (15,5) und (15,10) ergibt sich

$$e\,x = p - r = a\,(1-e^2) - a\,(1-e\cos\xi) = a\,e\,(\cos\xi - e)\,,$$

und y finden wir aus der Gleichung $y = \sqrt{r^2 - x^2}$. Damit wird schließlich

$$x = a\,(\cos\xi - e)\,, \qquad y = a\sqrt{1-e^2}\sin\xi\,. \tag{15,11}$$

Bei einem vollen Umlauf auf der Ellipse ändert sich der Parameter ξ von 0 bis $2\,\pi$.

Ganz analoge Rechnungen führen bei Hyperbelbahnen zu dem Resultat

$$\left.\begin{aligned} r &= a\,(e\cosh\xi - 1)\,, & t &= \sqrt{\frac{m\,a^3}{\alpha}}\,(e\sinh\xi - \xi)\,,\\ x &= a\,(e - \cosh\xi)\,, & y &= a\sqrt{e^2-1}\,\sinh\xi\,. \end{aligned}\right\} \qquad (15{,}12)$$

Der Parameter ξ durchläuft hier die Werte von $-\infty$ bis $+\infty$.

Wir wenden uns nun der Bewegung im abstoßenden Feld zu, in dem

$$U = \frac{\alpha}{r} \qquad (15{,}13)$$

ist ($\alpha > 0$). In diesem Falle nimmt die *effektive* potentielle Energie

$$U_{\mathrm{eff}} = \frac{\alpha}{r} + \frac{M^2}{2\,m\,r^2}$$

monoton von $+\infty$ bis 0 ab, wenn r sich von 0 bis ∞ ändert. Die Energie des Teilchens kann nur positiv sein, und die Bewegung ist stets infinit. Sämtliche Rechnungen für diesen Fall sind völlig analog den oben durchgeführten. Die Bahn ist eine Hyperbel:

$$\frac{p}{r} = -1 + e\cos\varphi \qquad (15{,}14)$$

(p und e sind durch Formel (15, 4) definiert). Sie führt am Zentrum des Feldes vorbei, wie Abb. 13 zeigt.

Für den Perihelabstand gilt

$$r_{\min} = \frac{p}{e-1} = a\,(e+1)\,. \qquad (15{,}15)$$

Die Zeitabhängigkeit in Parameterdarstellung vermitteln die Formeln

$$\left.\begin{aligned} r &= a\,(e\cosh\xi + 1)\,, & t &= \sqrt{\frac{m\,a^3}{\alpha}}\,(e\sinh\xi + \xi)\,,\\ x &= a\,(\cosh\xi + e)\,, & y &= a\sqrt{e^2-1}\,\sinh\xi\,. \end{aligned}\right\} \qquad (15{,}16)$$

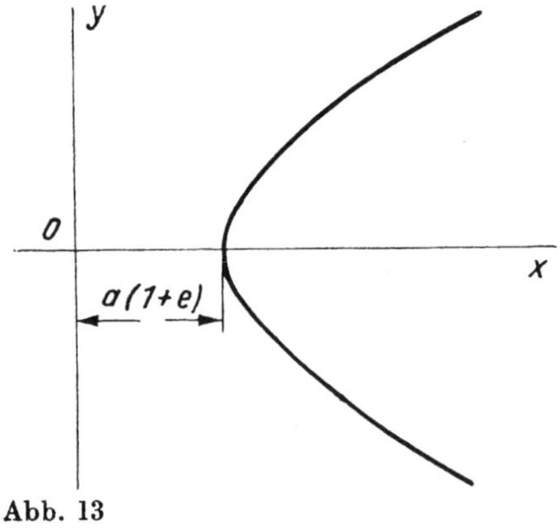

Abb. 13

Zum Abschluß des Paragraphen weisen wir darauf hin, daß bei der Bewegung im Feld $U = \alpha/r$ (mit beliebigem Vorzeichen von α) ein für dieses Feld spezifisches Bewegungsintegral existiert. Durch direkte Ausrechnung kann man leicht nachprüfen, daß

$$\boldsymbol{v} \times \boldsymbol{M} + \frac{\alpha\,\boldsymbol{r}}{r} = \mathrm{const}^{1)} \qquad (15{,}17)$$

gilt. Tatsächlich ergibt sich für die totale zeitliche Ableitung dieser Größe

$$\dot{\boldsymbol{v}} \times \boldsymbol{M} + \frac{\alpha\,\boldsymbol{v}}{r} - \frac{\alpha\,\boldsymbol{r}\,(\boldsymbol{v}\,\boldsymbol{r})}{r^3}$$

1) Diese Erhaltungsgröße wird auch LENZ-RUNGE-Vektor genannt (Anm. d. Herausg.).

oder, nach Einsetzen von $\boldsymbol{M} = m\,\boldsymbol{r} \times \boldsymbol{v}$,

$$m\,\boldsymbol{r}(\boldsymbol{v}\,\dot{\boldsymbol{v}}) - m\,\boldsymbol{v}(\boldsymbol{r}\,\dot{\boldsymbol{v}}) + \frac{\alpha\,\boldsymbol{v}}{r} - \frac{\alpha\,\boldsymbol{r}(\boldsymbol{v}\,\boldsymbol{r})}{r^3};$$

wenn wir hier gemäß den Bewegungsgleichungen $m\,\dot{\boldsymbol{v}} = \alpha\,\boldsymbol{r}/r^3$ setzen, zeigt es sich, daß dieser Ausdruck verschwindet.

Der konstante Vektor (15,17) ist längs der großen Achse vom Brennpunkt zum Perihel gerichtet, und sein Betrag ist $\alpha\,e$. Das ist leicht zu erkennen, wenn man seinen Wert im Perihel betrachtet.

Es sei betont, daß das Bewegungsintegral (15,17) — ebenso wie die Bewegungsintegrale M und E — eine eindeutige Funktion vom Zustand (Lage und Geschwindigkeit) des Teilchens ist. In § 50 werden wir sehen, daß das Vorhandensein eines solchen zusätzlichen eindeutigen Bewegungsintegrals mit der sogenannten *Entartung* der Bewegung zusammenhängt.

Aufgaben

1. Berechne die Zeitabhängigkeit der Teilchenkoordinaten bei einer Bewegung im Feld $U = -\alpha/r$ mit der Energie $E = 0$ (Parabelbahn)!

Lösung: In dem Integral

$$t = \int \frac{r\,dr}{\sqrt{\frac{2\,\alpha}{m}r - \frac{M^2}{m^2}}}$$

machen wir die Substitution

$$r = \frac{M^2}{2\,m\,\alpha}(1 + \eta^2) = \frac{p}{2}(1 + \eta^2)$$

und erhalten damit folgende Parameterdarstellung der gesuchten Abhängigkeit:

$$r = \frac{p}{2}(1 + \eta^2), \qquad t = \sqrt{\frac{m\,p^3}{\alpha}}\,\frac{\eta}{2}\left(1 + \frac{\eta^2}{3}\right),$$

$$x = \frac{p}{2}(1 - \eta^2), \qquad y = p\,\eta.$$

Der Parameter η durchläuft die Werte von $-\infty$ bis $+\infty$.

2. Integriere die Bewegungsgleichungen eines Massenpunktes im Zentralfeld $U = -\alpha/r^2$, $\alpha > 0$!

Lösung: Aus den Formeln (14,6) und (14,7) finden wir nach geeigneter Wahl des Nullpunktes von φ und t:

a) für $E > 0$, $\frac{M^2}{2\,m} > \alpha$ $\quad \frac{1}{r} = \sqrt{\frac{2\,m\,E}{M^2 - 2\,m\,\alpha}}\cos\left[\varphi\sqrt{1 - \frac{2\,m\,\alpha}{M^2}}\right]$,

b) für $E > 0$, $\frac{M^2}{2\,m} < \alpha$ $\quad \frac{1}{r} = \sqrt{\frac{2\,m\,E}{2\,m\,\alpha - M^2}}\sinh\left[\varphi\sqrt{\frac{2\,m\,\alpha}{M^2} - 1}\right]$,

c) für $E < 0$, $\frac{M^2}{2\,m} < \alpha$ $\quad \frac{1}{r} = \sqrt{\frac{2\,m\,|E|}{2\,m\,\alpha - M^2}}\cosh\left[\varphi\sqrt{\frac{2\,m\,\alpha}{M^2} - 1}\right]$.

In allen drei Fällen gilt

$$t = \frac{1}{E}\sqrt{\frac{m}{2}}\sqrt{E\,r^2 - \frac{M^2}{2\,m} + \alpha}\,.$$

In den Fällen b) und c) „fällt" das Teilchen auf einer Spiralbahn in das Zentrum, das es bei $\varphi = +\infty$ erreicht. Beginnend im Abstand r, braucht es dazu die endliche Zeit

$$\frac{1}{E}\sqrt{\frac{m}{2}}\left\{\sqrt{\alpha - \frac{M^2}{2\,m} + E\,r^2} - \sqrt{\alpha - \frac{M^2}{2m}}\right\}.$$

3. Eine Änderung der potentiellen Energie $U = -\frac{\alpha}{r}$ um die kleine Größe $\delta U(r)$ hat zur Folge, daß die Bahn bei finiter Bewegung nicht mehr geschlossen bleibt und sich das Perihel der Bahn bei jedem Umlauf um den kleinen Winkel $\delta\varphi$ verschiebt. Berechne $\delta\varphi$ für die Fälle a) $\delta U = \frac{\beta}{r^2}$, b) $\delta U = \frac{\gamma}{r^3}$!

Lösung: Wenn r die Werte von $r_{\min}$ bis $r_{\max}$ und wieder zurück bis $r_{\min}$ durchläuft, ändert sich der Winkel φ um den durch Formel (14,10) gegebenen Wert, den wir in der Form

$$\Delta\varphi = -2\,\frac{\partial}{\partial M}\int\limits_{r_{\min}}^{r_{\max}}\sqrt{2\,m\,(E-U) - \frac{M^2}{r^2}}\,dr$$

darstellen (um im folgenden scheinbar divergente Integrale zu vermeiden). Wir setzen $U = -\frac{\alpha}{r} + \delta U$ und entwickeln den Integranden nach Potenzen von δU; das Glied nullter Ordnung ergibt $2\,\pi$, das Glied erster Ordnung die gesuchte Verschiebung

$$\delta\varphi = \frac{\partial}{\partial M}\int\limits_{r_{\min}}^{r_{\max}}\frac{2\,m\,\delta U\cdot dr}{\sqrt{2\,m\left(E+\frac{\alpha}{r}\right) - \frac{M^2}{r^2}}} = \frac{\partial}{\partial M}\left(\frac{2\,m}{M}\int\limits_0^{\pi} r^2\,\delta U\,d\varphi\right); \qquad (1)$$

hierbei sind wir von der Integration über dr zur Integration über $d\varphi$ längs der Bahn der „ungestörten" Bewegung übergegangen.

Im Falle a) ist die Integration in (1) trivial und ergibt

$$\delta\varphi = -\frac{2\,\pi\,\beta\,m}{M^2} = -\frac{2\,\pi\,\beta}{\alpha\,p}$$

(p ist der Parameter der ungestörten Ellipse aus (15,4)). Im Falle b) ist $r^2\delta U = \frac{\gamma}{r}$, und mit $1/r$ aus (15,5) erhalten wir

$$\delta\varphi = -\frac{6\,\pi\,\alpha\,\gamma\,m^2}{M^4} = -\frac{6\,\pi\,\gamma}{\alpha\,p^2}\,.$$

IV ZUSAMMENSTOSS VON TEILCHEN

§ 16. Zerfall von Teilchen

Die Erhaltungssätze des Impulses und der Energie gestatten bereits, in vielen Fällen eine Reihe wichtiger Schlüsse über die Eigenschaften verschiedener mechanischer Prozesse zu ziehen. Hierbei ist der Umstand besonders wesentlich, daß diese Eigenschaften von der konkreten Art der Wechselwirkung zwischen den am Prozeß beteiligten Teilchen völlig unabhängig sind.

Wir beginnen mit dem Prozeß des *spontanen* (d. h. ohne Einwirkung äußerer Kräfte vor sich gehenden) Zerfalls eines Teilchens in zwei „Bestandteile", d. h. in zwei neue Teilchen, die sich nach dem Zerfall unabhängig voneinander bewegen.

Dieser Prozeß läßt sich am einfachsten in dem Bezugssystem beschreiben, in dem das Teilchen (vor dem Zerfall) ruht. Infolge des Erhaltungssatzes des Impulses ist die Summe der Impulse der beiden Teilchen, die sich als Ergebnis des Zerfalls bilden, ebenfalls gleich Null, d. h., die Teilchen werden mit gleichen, aber entgegengesetzt gerichteten Impulsen ausgesandt. Die Summe ihrer Beträge (wir bezeichnen letztere mit p_0) ergibt sich aus dem Erhaltungssatz der Energie

$$E_i = E_{1i} + \frac{p_0^2}{2\,m_1} + E_{2i} + \frac{p_0^2}{2\,m_2}\,;$$

hierin sind m_1 und m_2 die Massen der Teilchen, E_{1i} und E_{2i} ihre inneren Energien und E_i die innere Energie des Ausgangsteilchens (des zerfallenden Teilchens). ε sei die *Zerfallsenergie*, d. h. die Differenz

$$\varepsilon = E_i - E_{1i} - E_{2i} \tag{16,1}$$

(offenbar muß diese Größe positiv sein, damit der Zerfall überhaupt möglich ist). Dann erhalten wir

$$\varepsilon = \frac{p_0^2}{2}\left(\frac{1}{m_1} + \frac{1}{m_2}\right) = \frac{p_0^2}{2\,m} \tag{16,2}$$

und haben damit p_0 bestimmt (m ist die reduzierte Masse der beiden Teilchen); die Geschwindigkeiten der Teilchen sind $v_{10} = p_0/m_1$, $v_{20} = p_0/m_2$.

Wir gehen jetzt zu dem Bezugssystem über, in dem sich das Primärteilchen vor dem Zerfall mit der Geschwindigkeit $\boldsymbol{V}$ bewegt. Dieses Bezugssystem wird gewöhnlich *Laborsystem* (oder L-System) genannt im Gegensatz zum *Schwerpunktsystem* (oder S-System), in dem der Gesamtimpuls gleich Null ist. Wir betrachten eines der Teilchen nach dem Zerfall, $\boldsymbol{v}$ und $\boldsymbol{v}_0$ seien seine Geschwindigkeiten bezüglich des L- und S-Systems. Aus der Gleichung $\boldsymbol{v} = \boldsymbol{V} + \boldsymbol{v}_0$ oder $\boldsymbol{v} - \boldsymbol{V} = \boldsymbol{v}_0$ folgt mit $v = |\boldsymbol{v}|$; $V = |\boldsymbol{V}|$; $v_0 = |\boldsymbol{v}_0|$

$$v^2 + V^2 - 2\, v\, V \cos \Theta = v_0^2\,, \tag{16,3}$$

hierin ist Θ der Winkel, unter dem das Teilchen bezüglich der Richtung der Geschwindigkeit $\boldsymbol{V}$ ausgesandt wird. Aus dieser Gleichung ergibt sich die Abhängigkeit der Geschwindigkeit des Teilchens von seiner Richtung im L-System. Sie kann graphisch mit Hilfe eines Diagramms dargestellt werden, das in Abbildung 14 gezeigt ist. Schlägt man einen Kreis mit dem Radius v_0, so ergibt sich

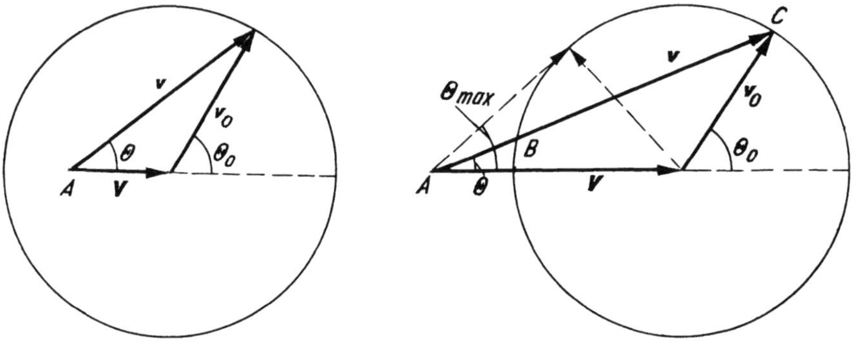

a) $V < v_0$ b) $V > v_0$

Abb. 14

die Geschwindigkeit $\boldsymbol{v}$ durch den Vektor, der vom Punkt A, welcher vom Kreismittelpunkt um die Größe V entfernt ist, zu einem beliebigen Punkt des Kreises zeigt.[1]) Den Fällen $V < v_0$ und $V > v_0$ entsprechen die Abbildungen 14a und 14b. Im ersten Fall kann das Teilchen unter einem beliebigen Winkel Θ ausgesandt werden. Im zweiten Fall dagegen kann das Teilchen nur in Vorwärtsrichtung unter einem Winkel Θ ausgesandt werden, der den Wert $\Theta_{\max}$ nicht übersteigt. Dieser maximale Wert ist durch die Gleichung

$$\sin \Theta_{\max} = \frac{v_0}{V} \tag{16,4}$$

gegeben (durch die Richtung der Tangente an den Kreis durch den Punkt A).

Für die Beziehung zwischen den Winkeln Θ und Θ_0 im L- und S-System entnimmt man aus demselben Diagramm

$$\tan \Theta = \frac{v_0 \sin \Theta_0}{v_0 \cos \Theta_0 + V}\,. \tag{16,5}$$

[1]) Genauer: Zu einem beliebigen Punkt der Oberfläche der Kugel mit dem Radius v_0 deren Querschnitt der in Abb. 14 dargestellte Kreis ist.

Durch Auflösen dieser Gleichung nach $\cos \Theta_0$ erhalten wir nach elementaren Umformungen

$$\cos \Theta_0 = -\frac{V}{v_0} \sin^2 \Theta \pm \cos \Theta \sqrt{1 - \frac{V^2}{v_0^2} \sin^2 \Theta}\,. \tag{16,6}$$

Bei $v_0 > V$ ist die Beziehung zwischen Θ_0 und Θ eindeutig, wie das in Abbildung 14a zu sehen ist. In Formel (16,6) muß man hierbei das +-Zeichen vor der Wurzel wählen (damit bei $\Theta = 0$ auch $\Theta_0 = 0$ wird). Für $v_0 < V$ dagegen ist die Beziehung zwischen Θ_0 und Θ nicht eindeutig; jedem Wert von Θ entsprechen zwei Werte Θ_0, welche den beiden Vektoren $\boldsymbol{v}_0$ zugeordnet sind, die vom Mittelpunkt des Kreises zu den Punkten B und C zeigen (in Abb. 14b ist übersichtshalber nur einer dieser beiden Vektoren eingetragen); sie unterscheiden sich durch das Vorzeichen der Wurzel in (16,6).

Bei physikalischen Anwendungen hat man es im allgemeinen nicht mit dem Zerfall eines einzelnen Teilchens, sondern mit dem vieler gleichartiger Teilchen zu tun; in diesem Falle erhebt sich die Frage nach der Verteilung der Richtungen, der Energie usw. der Zerfallsprodukte. Hierbei werden wir annehmen, daß die Primärteilchen ungeordnet, d. h. im Mittel isotrop im Raum orientiert sind.

Im S-System ist die Antwort auf diese Fragen trivial: Sämtliche Zerfallsprodukte (ein- und derselben Art) haben die gleiche Energie, und ihre Richtungsverteilung ist isotrop. Die letzte Behauptung folgt aus unserer Annahme über die ungeordnete Orientierung der Primärteilchen. Diese bedeutet nämlich, daß der Anteil der Zerfallsprodukte, die in ein Raumwinkelelement dO_0 ausgesandt werden, proportional der Größe dieses Elementes, d. h. gleich $\frac{dO_0}{4\pi}$ ist. Hieraus erhalten wir die Verteilung der Winkel Θ_0, indem wir $dO_0 = 2\pi \sin \Theta_0\, d\Theta_0$ einsetzen, zu

$$\frac{1}{2} \sin \Theta_0\, d\Theta_0\,. \tag{16,7}$$

Die Verteilung im L-System erhält man durch eine Transformation dieses Ausdrucks. Wir wollen als Beispiel die Verteilung der kinetischen Energie im L-System berechnen. Durch Quadrieren der Gleichung $\boldsymbol{v} = \boldsymbol{v}_0 + \boldsymbol{V}$ ergibt sich

$$v^2 = v_0^2 + V^2 + 2\, v_0 V \cos \Theta_0$$

und daraus

$$d \cos \Theta_0 = \frac{d(v^2)}{2\, v_0 V}\,.$$

Indem wir die kinetische Energie $T = \frac{m v^2}{2}$ einführen (wo m gleich m_1 oder m_2 ist, je nachdem, welches Zerfallsteilchen wir betrachten) und in (16,7) einsetzen, erhalten wir für die gesuchte Verteilung

$$\frac{dT}{2\, m\, v_0 V}\,. \tag{16,8}$$

Die kinetische Energie kann die Werte vom Minimalwert $T_{\min} = \frac{m}{2}(v_0 - V)^2$ bis zum Maximalwert $T_{\max} = \frac{m}{2}(v_0 + V)^2$ durchlaufen. In diesem Intervall sind die Teilchenenergien gemäß (16,8) homogen verteilt.

Beim Zerfall eines Teilchens in mehr als zwei Teile lassen die Erhaltungssätze des Impulses und der Energie selbstverständlich einen wesentlich größeren Spielraum für die Geschwindigkeiten und Richtungen der Zerfallsprodukte als beim Zerfall in zwei Teile. So haben z. B. die Energien der Zerfallsprodukte im S-System keineswegs einen eindeutig bestimmten Wert. Es existiert jedoch eine obere Grenze für die kinetische Energie, die jedes der Zerfallsprodukte mit sich forttragen kann.

Zur Bestimmung dieser Grenze wollen wir die Gesamtheit aller Zerfallsprodukte mit Ausnahme eines einzigen Teilchens (mit der Masse m_1) als *ein* System betrachten; seine „innere" Energie bezeichnen wir mit E_i'. Dann wird die kinetische Energie des Teilchens m_1 gemäß (16,1) und (16,2)

$$T_{10} = \frac{p_0^2}{2\,m_1} = \frac{M - m_1}{M}(E_i - E_{1i} - E_i')$$

(M ist die Masse des Primärteilchens). Offenbar wird T_{10} den maximal möglichen Wert annehmen, wenn E_i' so klein wie möglich ist. Dafür ist notwendig, daß sich sämtliche Zerfallsprodukte mit Ausnahme des Teilchens m_1 mit ein und derselben Geschwindigkeit bewegen; dann geht E_i' einfach in die Summe der inneren Energien über, und die Differenz $E_i - E_{1i} - E_i'$ wird gleich der Zerfallsenergie. Danach gilt

$$(T_{10})_{\max} = \frac{M - m_1}{M}\,\varepsilon\,. \tag{16,9}$$

Aufgaben

1. Ermittle die Beziehung zwischen den Winkeln Θ_1, Θ_2 (im L-System), unter denen die Zerfallsprodukte beim Zerfall in zwei Teilchen ausgesandt werden.

Lösung: Im S-System sind die Winkel, unter denen die beiden Teilchen ausgesandt werden, durch die Beziehung $\Theta_{10} = \pi - \Theta_{20}$ verknüpft. Indem wir Θ_{10} einfach mit Θ_0 bezeichnen und die Formel (16,5) auf jedes der beiden Teilchen anwenden, finden wir

$$V + v_{10}\cos\Theta_0 = v_{10}\sin\Theta_0\cot\Theta_1\,,$$

$$V - v_{20}\cos\Theta_0 = v_{20}\sin\Theta_0\cot\Theta_2\,.$$

Aus diesen beiden Gleichungen muß Θ_0 eliminiert werden. Zu diesem Zwecke bestimmen wir aus ihnen $\cos\Theta_0$ und $\sin\Theta_0$ und bilden die Summe $\cos^2\Theta_0 + \sin^2\Theta_0 = 1$. Indem wir noch $v_{10}/v_{20} = m_1/m_2$ berücksichtigen und (16,2) benutzen, erhalten wir als Ergebnis

$$\frac{m_2}{m_1}\sin^2\Theta_2 + \frac{m_1}{m_2}\sin^2\Theta_1 - 2\sin\Theta_1\sin\Theta_2\cos(\Theta_1 + \Theta_2) = \frac{2\,\varepsilon}{(m_1 + m_2)\,V^2}\sin^2(\Theta_1 + \Theta_2)\,.$$

2. Berechne die Winkelverteilung der Zerfallsprodukte im L-System.

Lösung: Für $v_0 > V$ setzen wir (16,6) mit positivem Vorzeichen der Wurzel in (16,7) ein und erhalten die gesuchte Verteilung in der Form

$$\frac{\sin \Theta \, d\Theta}{2} \left[2 \frac{V}{v_0} \cos \Theta + \frac{1 + \frac{V^2}{v_0^2} \cos 2\Theta}{\sqrt{1 - \frac{V^2}{v_0^2} \sin^2 \Theta}} \right] \qquad (0 \leqq \Theta \leqq \pi).$$

Für $v_0 < V$ muß man beide möglichen Beziehungen zwischen Θ_0 und Θ berücksichtigen. Da bei Anwachsen von Θ der eine der zugehörigen Werte von Θ_0 wächst, der andere aber abnimmt, muß man die Differenz (und nicht die Summe) der Ausdrücke für $d \cos \Theta_0$ mit den beiden Vorzeichen der Wurzel in (16,6) bilden. Das Ergebnis lautet

$$\sin \Theta \, d\Theta \frac{1 + \frac{V^2}{v_0^2} \cos 2\Theta}{\sqrt{1 - \frac{V^2}{v_0^2} \sin^2 \Theta}} \qquad (0 \leqq \Theta \leqq \Theta_{\max}).$$

3. Bestimme den Variationsbereich des Winkels Θ zwischen den Richtungen der beiden Zerfallsprodukte im L-System.

Lösung: Der Winkel Θ ist die Summe $\Theta_1 + \Theta_2$ der Winkel, die sich aus Formel (16,5) ergeben (vgl. Aufgabe 1); am einfachsten bestimmt man den Tangens dieses Winkels. Die Untersuchung der Extremalwerte des erhaltenen Ausdrucks führt zu folgenden möglichen Variationsbereichen für Θ in Abhängigkeit von der relativen Größe von V und v_{10}, v_{20} (der Eindeutigkeit halber nehmen wir stets $v_{20} > v_{10}$ an):

$$0 < \Theta < \pi, \qquad \text{wenn} \quad v_{10} < V < v_{20},$$
$$\pi - \Theta_0 < \Theta < \pi, \qquad \text{wenn} \quad V < v_{10},$$
$$0 < \Theta < \Theta_0, \qquad \text{wenn} \quad V > v_{20},$$

der Wert von Θ_0 ergibt sich dabei aus der Formel

$$\sin \Theta_0 = \frac{V(v_{10} + v_{20})}{V^2 + v_{10} v_{20}}.$$

§ 17. Elastischer Stoß

Der Stoß zwischen zwei Teilchen heißt *elastisch*, wenn er ohne Änderung ihrer inneren Zustände verläuft. Infolgedessen braucht man bei der Anwendung des Erhaltungssatzes der Energie auf einen solchen Stoß die innere Energie der Teilchen nicht zu berücksichtigen.

Die Formeln für den Stoß nehmen eine besonders einfache Form in dem Bezugssystem an, in dem der Schwerpunkt beider Teilchen ruht (S-System); wir werden, ebenso wie im vorigen Paragraphen, die Werte der Größen in diesem System durch den Index 0 bezeichnen. Die Geschwindigkeiten der Teilchen vor dem Stoß im S-System sind mit ihren Geschwindigkeiten $\boldsymbol{v}_1$ und $\boldsymbol{v}_2$ im Laborsystem durch die Beziehungen

$$\boldsymbol{v}_{10} = \frac{m_2}{m_1 + m_2}\boldsymbol{v}\,, \quad \boldsymbol{v}_{20} = -\frac{m_1}{m_1 + m_2}\boldsymbol{v}$$

verknüpft, hierin ist $\boldsymbol{v} = \boldsymbol{v}_{12}$ (vgl. (13,2)). Infolge des Impulserhaltungssatzes sind die Impulse beider Teilchen nach dem Stoß dem Betrag nach einander gleich, aber entgegengesetzt gerichtet, und infolge des Erhaltungssatzes der Energie bleiben ihre absoluten Größen erhalten. Daher besteht das Ergebnis des Stoßes im S-System in einer Drehung der Geschwindigkeitsvektoren beider Teilchen, wobei die Geschwindigkeiten entgegengesetzt gerichtet und dem Betrag nach erhalten bleiben. Wenn wir mit $\boldsymbol{n}_0$ den Einheitsvektor in Richtung der Geschwindigkeit des Teilchens m_1 nach dem Stoß bezeichnen, so werden die Geschwindigkeiten der beiden Teilchen nach dem Stoß (wir kennzeichnen sie durch einen Strich):

$$\boldsymbol{v}'_{10} = \frac{m_2}{m_1 + m_2} v\,\boldsymbol{n}_0\,, \qquad \boldsymbol{v}'_{20} = -\frac{m_1}{m_1 + m_2} v\,\boldsymbol{n}_0\,. \tag{17,1}$$

Um zum Laborsystem zurückzukehren, muß man zu diesen Geschwindigkeiten die Geschwindigkeit $\boldsymbol{V}$ des Schwerpunktes hinzufügen. Für die Geschwindigkeiten der Teilchen im L-System nach dem Stoß gilt daher

$$\left.\begin{aligned} \boldsymbol{v}'_1 &= \frac{m_2}{m_1 + m_2} v\,\boldsymbol{n}_0 + \frac{m_1\boldsymbol{v}_1 + m_2\boldsymbol{v}_2}{m_1 + m_2}\,, \\ \boldsymbol{v}'_2 &= -\frac{m_1}{m_1 + m_2} v\,\boldsymbol{n}_0 + \frac{m_1\boldsymbol{v}_1 + m_2\boldsymbol{v}_2}{m_1 + m_2}\,. \end{aligned}\right\} \tag{17,2}$$

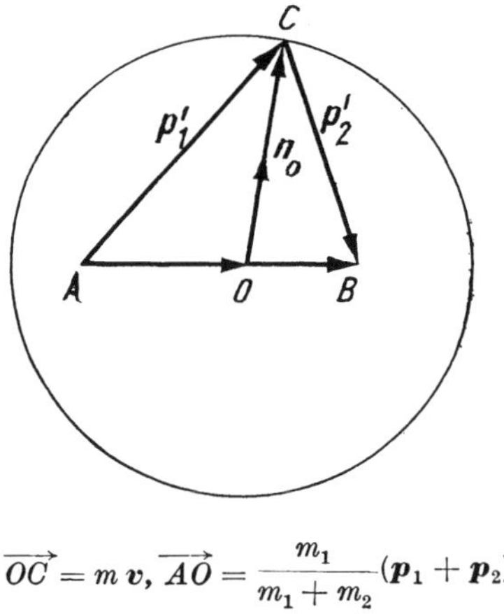

Damit sind die Aussagen erschöpft, die die Erhaltungssätze des Impulses und der Energie über den Stoß liefern. Die Richtung des Vektors $\boldsymbol{n}_0$ hängt vom Wechselwirkungsgesetz zwischen den Teilchen und ihrer relativen Lage während des Stoßes ab.

Die erhaltenen Resultate kann man geometrisch interpretieren. Hierbei ist es zweckmäßig, von den Geschwindigkeiten zu den Impulsen überzugehen. Nach Multiplikation der Gleichungen (17,2) mit m_1 bzw. m_2 erhalten wir

$$\overrightarrow{OC} = m\,\boldsymbol{v},\ \overrightarrow{AO} = \frac{m_1}{m_1 + m_2}(\boldsymbol{p}_1 + \boldsymbol{p}_2)$$

$$\overrightarrow{OB} = \frac{m_2}{m_1 + m_2}(\boldsymbol{p}_1 + \boldsymbol{p}_2)$$

Abb. 15

$$\left.\begin{aligned} \boldsymbol{p}'_1 &= m\,v\,\boldsymbol{n}_0 + \frac{m_1}{m_1 + m_2}(\boldsymbol{p}_1 + \boldsymbol{p}_2)\,, \\ \boldsymbol{p}'_2 &= -m\,v\,\boldsymbol{n}_0 + \frac{m_2}{m_1 + m_2}(\boldsymbol{p}_1 + \boldsymbol{p}_2) \end{aligned}\right\} \tag{17,3}$$

($m = m_1 m_2/(m_1 + m_2)$ ist die reduzierte Masse). Wir schlagen dann einen Kreis mit dem Radius $m v$ und führen die in Abbildung 15 gezeigte Konstruktion durch. Wenn der Einheitsvektor $\boldsymbol{n}_0$ längs $\overrightarrow{OC}$ gerichtet ist, so liefern die Vektoren $\overrightarrow{AC}$ und $\overrightarrow{CB}$ die Impulse $\boldsymbol{p}_1'$ und $\boldsymbol{p}_2'$. Bei gegebenen $\boldsymbol{p}_1$ und $\boldsymbol{p}_2$ liegen der Kreis und die Punkte A und B fest; der Punkt C kann aber jede beliebige Lage auf dem Kreis einnehmen.

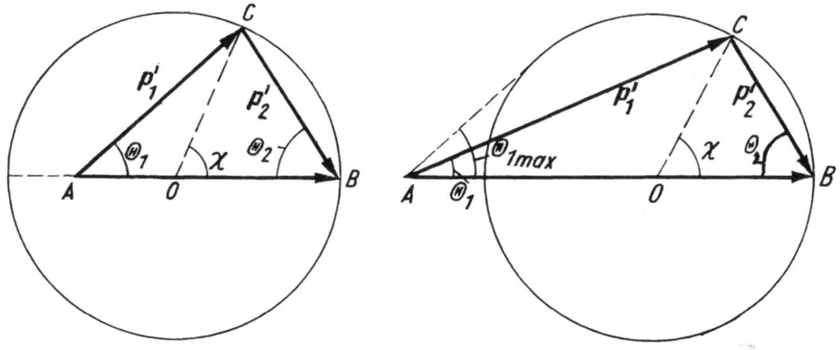

a) $m_1 < m_2$ b) $m_1 > m_2$

$\overrightarrow{AB} = \boldsymbol{p}_1$; $AO/OB = m_1/m_2$

Abb. 16

Wir wollen den Fall, daß eines der Teilchen (es sei das Teilchen m_2) vor dem Stoß ruht, genauer betrachten. In diesem Fall fällt die Länge $OB = \frac{m_2}{m_1 + m_2} p_1 = m v$ mit dem Radius zusammen, d. h., der Punkt B liegt auf dem Kreis. Der Vektor $\overrightarrow{AB}$ stellt den Impuls $\boldsymbol{p}_1$ des ersten Teilchens vor der Streuung dar; hierbei liegt der Punkt A innerhalb (wenn $m_1 < m_2$) oder außerhalb (wenn $m_1 > m_2$) des Kreises. Die entsprechenden Diagramme sind in Abbildung 16a und 16b zu sehen. Die dort mit Θ_1 und Θ_2 bezeichneten Winkel sind die Ablenkwinkel der Teilchen nach dem Stoß bezüglich der Stoßrichtung (der Richtung von $\boldsymbol{p}_1$). Der Zentriwinkel χ (er gibt die Richtung von $\boldsymbol{n}_0$ an) bedeutet den Ablenkwinkel des ersten Teilchens im Schwerpunktsystem. Aus der Abbildung liest man ab, daß die Winkel Θ_1 und Θ_2 durch den Winkel χ folgendermaßen ausgedrückt werden können:

$$\tan \Theta_1 = \frac{m_2 \sin\chi}{m_1 + m_2 \cos \chi}, \qquad \Theta_2 = \frac{\pi - \chi}{2}. \tag{17,4}$$

Wir schreiben noch die Formeln für die Beträge der Geschwindigkeiten beider Teilchen nach dem Stoß in Abhängigkeit vom Winkel χ zu

$$v_1' = \frac{\sqrt{m_1^2 + m_2^2 + 2\, m_1 m_2 \cos \chi}}{m_1 + m_2} v, \qquad v_2' = \frac{2\, m_1 v}{m_1 + m_2} \sin \frac{\chi}{2}. \tag{17,5}$$

Die Summe $\Theta_1 + \Theta_2$ ist der Winkel zwischen den Teilchen nach dem Stoß. Offenbar gilt $\Theta_1 + \Theta_2 > \frac{\pi}{2}$ bei $m_1 < m_2$ und $\Theta_1 + \Theta_2 < \frac{\pi}{2}$ bei $m_1 > m_2$.

Dem Falle, daß beide Teilchen sich nach dem Stoß auf einer Geraden[1]) bewegen (*zentraler Stoß*), entspricht $\chi = \pi$, d. h., der Punkt C liegt auf dem Durchmesser entweder links vom Punkt A (Abb. 16a; hierbei sind $\boldsymbol{p}'_1$ und $\boldsymbol{p}'_2$ entgegengesetzt gerichtet) oder zwischen A und 0 (Abb. 16b; hierbei sind $\boldsymbol{p}'_1$ und $\boldsymbol{p}'_2$ gleichgerichtet).

Die Geschwindigkeiten der Teilchen nach dem Stoß sind in diesem Fall

$$\boldsymbol{v}'_1 = \frac{m_1 - m_2}{m_1 + m_2}\boldsymbol{v}\,, \qquad \boldsymbol{v}'_2 = \frac{2m_1}{m_1 + m_2}\boldsymbol{v}\,. \tag{17,6}$$

Der Betrag von $\boldsymbol{v}'_2$ ist hierbei der maximal mögliche; infolgedessen ergibt sich für die größte Energie, die das zunächst ruhende Teilchen bei dem Stoß erhalten kann, der Ausdruck

$$E'_{2\,\max} = \frac{m_2 v'^2_{2\,\max}}{2} = \frac{4\, m_1\, m_2}{(m_1 + m_2)^2}\, E_1\,, \tag{17,7}$$

wo $E_1 = \frac{m_1 v_1^2}{2}$ die Anfangsenergie des stoßenden Teilchens bedeutet.

Bei $m_1 < m_2$ kann die Geschwindigkeit des ersten Teilchens nach dem Stoß jede beliebige Richtung haben. Bei $m_1 > m_2$ dagegen kann der Ablenkwinkel des stoßenden Teilchens einen Maximalwert nicht überschreiten; im zugehörigen Punkt C (Abb. 16b) berührt die Gerade AC den Kreis. Offenbar gilt $\sin \Theta_{1\max} = OC/OA$ oder

$$\sin \Theta_{1\,\max} = \frac{m_2}{m_1}\,. \tag{17,8}$$

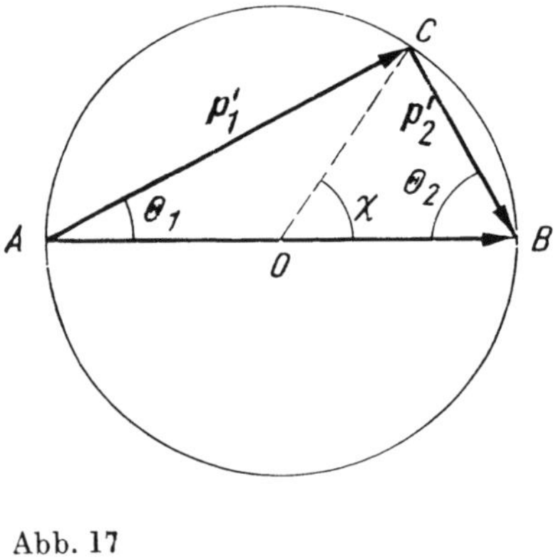

Abb. 17

Der Stoß wird besonders einfach für Teilchen gleicher Masse (von denen das eine zunächst ruht). In diesem Falle liegt nicht nur der Punkt B, sondern auch der Punkt A auf dem Kreis (Abb. 17). Hierbei gilt

$$\Theta_1 = \frac{\chi}{2}\,, \qquad \Theta_2 = \frac{\pi - \chi}{2}\,, \tag{17,9}$$

$$v'_1 = v \cos\frac{\chi}{2}\,, \qquad v'_2 = v \sin\frac{\chi}{2}\,. \tag{17,10}$$

[1]) Im Laborsystem; im Schwerpunktsystem bewegen sich beide Teilchen natürlich stets auf einer Geraden (Anm. d. Herausg.).

Es sei bemerkt, daß die Teilchen nach dem Stoß unter einem rechten Winkel auseinanderfliegen. Bei einem zentralen Stoß ($\chi = \pi$) gilt $v_1' = 0$, $v_2' = v$, $\Theta_2 = 0$, d. h., das erste (sich bewegende) Teilchen bleibt stehen, während das zweite (ursprünglich ruhende) Teilchen sich mit der Geschwindigkeit und in der Richtung des ersten bewegt.

Aufgabe

Ein Teilchen m_1 stoße auf ein ruhendes Teilchen m_2. Drücke die Geschwindigkeiten beider Teilchen nach dem Stoß durch ihre Ablenkwinkel im L-System aus.

Lösung: Aus Abbildung 16 entnimmt man $p_2' = 2 \cdot OB \cdot \cos \Theta_2$ oder

$$v_2' = 2\, v \frac{m}{m_2} \cos \Theta_2 \,.$$

Für den Impuls $p_1' = AC$ gilt die Gleichung

$$OC^2 = AO^2 + p_1'^2 - 2\, AO \cdot p_1' \cos \Theta_1$$

oder

$$\left(\frac{v_1'}{v}\right)^2 - \frac{2\, m\, v_1'}{m_2\, v} \cos \Theta_1 + \frac{m_1 - m_2}{m_1 + m_2} = 0\,.$$

Damit ergibt sich

$$\frac{v_1'}{v} = \frac{m_1}{m_1 + m_2} \cos \Theta_1 \pm \frac{1}{m_1 + m_2} \sqrt{m_2^2 - m_1^2 \sin^2 \Theta_1}$$

(bei $m_1 > m_2$ sind beide Vorzeichen vor der Wurzel zulässig, bei $m_2 > m_1$ nur das positive).

§ 18. Streuung von Teilchen

Im vorigen Paragraphen war erwähnt worden, daß zur vollständigen Bestimmung des Resultates eines Stoßes zweier Teilchen (Berechnung des Winkels χ) die Bewegungsgleichungen unter Berücksichtigung des konkreten Wechselwirkungsgesetzes zwischen den Teilchen gelöst werden müssen.

Wir werden zunächst — wie es üblich ist — das äquivalente Problem der Ablenkung eines einzigen Teilchens mit der Masse m im Feld $U(r)$ eines festen Kraftzentrums (das im Schwerpunkt der Teilchen liegt) betrachten. In § 14 war gezeigt worden, daß die Bahn eines Teilchens im Zentralfeld symmetrisch zu der Geraden verläuft, die das Zentrum mit dem ihm nächstgelegenen Bahnpunkt verbindet (OA in Abb. 18). Infolgedessen schneiden die beiden Asymptoten der Bahn die erwähnte Gerade unter dem gleichen Winkel. Wenn wir diesen mit φ_0 bezeichnen, so ergibt sich für den Winkel χ, um den das Teilchen auf seinem Flug am Zentrum vorbei abgelenkt wird, der Wert

$$\chi = |\pi - 2\, \varphi_0|\,, \tag{18,1}$$

wie aus der Abbildung zu ersehen ist. Der Winkel φ_0 berechnet sich gemäß (14,7) aus dem Integral

$$\varphi_0 = \int\limits_{r_{\min}}^{\infty} \frac{\frac{M}{r^2}\, dr}{\sqrt{2\, m\, [E - U(r)] - \frac{M^2}{r^2}}}\,, \tag{18,2}$$

wobei von dem dem Zentrum nächstgelegenen bis zu einem unendlich weit entfernten Bahnpunkt integriert wird. Wir erinnern daran, daß $r_{\min}$ eine Wurzel des Radikanden in (18,2) ist.

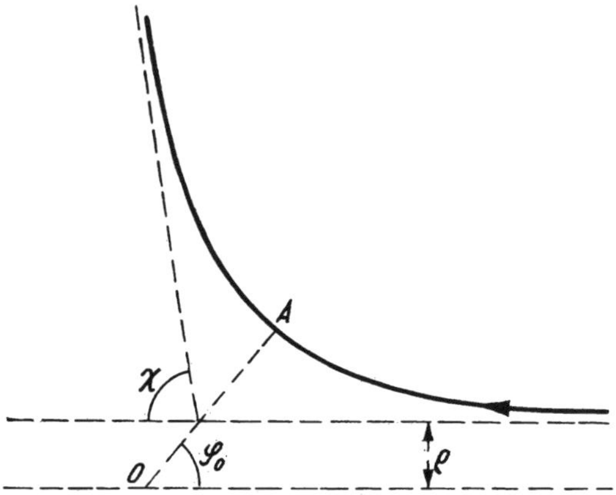

Abb. 18

Bei infiniter Bewegung, mit der wir es hier zu tun haben, ist es zweckmäßig, statt der Konstanten E und M andere einzuführen: die Geschwindigkeit v_∞ des Teilchens im Unendlichen und den sogenannten *Stoßparameter* ϱ. Letzterer stellt die Länge des Lotes dar, das vom Zentrum auf die Richtung von v_∞ gefällt wird, d. h., er ist der Abstand, in dem das Teilchen am Zentrum vorbeifliegen würde, wenn das Kraftfeld nicht vorhanden wäre (Abb. 18). Die Energie und den Drehimpuls kann man durch diese Größen folgendermaßen ausdrücken:

$$E = \frac{m\,v_\infty^2}{2}, \qquad M = m\,\varrho\,v_\infty, \tag{18,3}$$

und Formel (18,2) nimmt die Form

$$\varphi_0 = \int\limits_{r_{\min}}^{\infty} \frac{\varrho\,\dfrac{dr}{r^2}}{\sqrt{1 - \dfrac{\varrho^2}{r^2} - \dfrac{2U}{m\,v_\infty^2}}} \tag{18,4}$$

an. Daraus ergibt sich zusammen mit (18,1) der Zusammenhang zwischen χ und ϱ.

In physikalischen Anwendungen hat man es im allgemeinen nicht mit der Ablenkung eines einzigen Teilchens zu tun, sondern, wie man sagt, mit der *Streuung* eines ganzen Strahles gleichartiger Teilchen, die mit gleicher Geschwindigkeit $\boldsymbol{v}_\infty$ auf das Streuzentrum zulaufen. Verschiedene Teilchen des Strahles haben verschiedene Stoßparameter und werden dementsprechend unter verschiedenen Winkeln χ gestreut. Wir bezeichnen mit dN die Anzahl der Teilchen, die in der Zeiteinheit um Winkel gestreut werden, die in dem Intervall zwischen χ und $\chi + d\chi$ liegen. Diese Zahl selbst ist für die Charakterisierung des Streuprozesses unbequem, weil sie von der Dichte des einfallenden Strahles abhängt (ihr proportional ist). Aus diesem Grund führen wir das Verhältnis

$$d\sigma = \frac{dN}{n} \tag{18,5}$$

ein, worin n die Anzahl der Teilchen ist, die in der Zeiteinheit durch die Flächeneinheit des Strahlquerschnitts hindurchtreten (wir nehmen natürlich an, daß der Strahl über seinen gesamten Querschnitt homogen ist). Dieses Verhältnis $d\sigma$ hat die Dimension einer Fläche und heißt *Wirkungsquerschnitt der Streuung.* Er ist durch die Form des Streufeldes vollständig bestimmt und stellt eine für die Beschreibung des Streuprozesses sehr wichtige Größe dar.

Wir nehmen an, daß die Beziehung zwischen χ und ϱ eindeutig ist, das trifft zu, wenn der Streuwinkel eine monoton abnehmende Funktion des Stoßparameters ist. In diesem Falle werden nur diejenigen Teilchen in ein gegebenes Winkelintervall zwischen χ und $\chi + d\chi$ gestreut, deren Stoßparameter in einem bestimmten Intervall zwischen $\varrho(\chi)$ und $\varrho(\chi) + d\varrho(\chi)$ liegen. Die Anzahl dieser Teilchen ist gleich dem Produkt von n mit dem Flächeninhalt des Ringes zwischen den Kreisen mit den Radien ϱ und $\varrho + d\varrho$, d. h., es gilt $dN = 2\pi\varrho\, d\varrho \cdot n$. Damit wird der Wirkungsquerschnitt

$$d\sigma = 2\pi\varrho\, d\varrho\,. \tag{18,6}$$

Um die Abhängigkeit des Wirkungsquerschnitts vom Streuwinkel zu finden, genügt es, diesen Ausdruck in die Form

$$d\sigma = 2\pi\varrho(\chi)\left|\frac{d\varrho(\chi)}{d\chi}\right| d\chi \tag{18,7}$$

umzuschreiben. Hier steht dann der Betrag der Ableitung $d\rho/d\chi$, weil diese negative Werte annehmen kann (was sogar gewöhnlich der Fall ist)[1]. Oft bezieht man $d\sigma$ nicht auf das Element $d\chi$ des ebenen Winkels, sondern auf das Raumwinkelelement do. Der Raumwinkel zwischen zwei Kegeln mit den Scheitelwinkeln χ und $\chi + d\chi$ ist $do = 2\pi \sin\chi\, d\chi$. Damit erhalten wir aus (18,7)

$$d\sigma = \frac{\varrho(\chi)}{\sin\chi}\left|\frac{d\varrho}{d\chi}\right| do\,. \tag{18,8}$$

Wir kehren nun zu der in der Praxis vorliegenden Situation zurück, nämlich, daß der Teilchenstrahl nicht an einem festen Kraftfeld, sondern an anderen, zunächst ruhenden Teilchen gestreut wird. Die Formel (18,7) läßt sich auch hier verwenden; sie liefert nämlich den Wirkungsquerschnitt in Abhängigkeit vom Streuwinkel im Schwerpunktsystem. Um die Abhängigkeit des Wirkungsquer-

[1]) Wenn die Funktion $\varrho(\chi)$ mehrdeutig ist, so muß man offenbar die Summe solcher Ausdrücke für alle Zweige dieser Funktion nehmen.

schnitts vom Streuwinkel Θ im Laborsystem zu finden, muß man in (18,7) χ durch Θ gemäß Formel (17,4) ausdrücken. Hierbei ergeben sich Ausdrücke für den Wirkungsquerschnitt sowohl bezüglich des einfallenden Teilchenstrahls (χ ausgedrückt durch Θ_1) als auch bezüglich der zunächst ruhenden Teilchen (χ durch Θ_2 ausgedrückt).

Aufgaben

1. Berechne den Wirkungsquerschnitt für die Streuung von Teilchen an einer absolut harten Kugel vom Radius a (d. h. für das Wechselwirkungsgesetz: $U = \infty$ bei $r < a$ und $U = 0$ bei $r > a$).

Lösung: Da sich das Teilchen außerhalb der Kugel frei bewegt, aber nicht in sie eindringen kann, setzt sich die Bahn aus zwei Geraden zusammen, die symmetrisch zu dem Radius verlaufen, der zum Berührungspunkt des Teilchens mit der Kugel führt (Abb. 19). Aus der Abbildung folgt

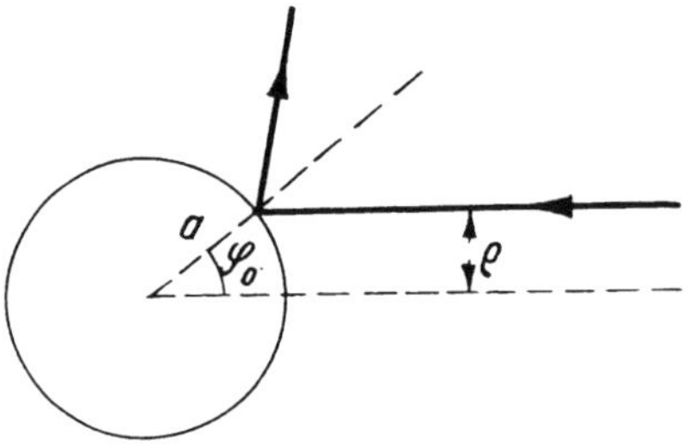

Abb. 19

$$\varrho = a \sin \varphi_0 = a \sin \frac{\pi - \chi}{2} = a \cos \frac{\chi}{2} .$$

Einsetzen in (18,7) bzw. (18,8) liefert

$$d\sigma = \frac{\pi a^2}{2} \sin \chi \, d\chi = \frac{a^2}{4} do , \tag{1}$$

d. h., im S-System ist die Streuung isotrop. Integration von $d\sigma$ über alle Winkel ergibt für den totalen Wirkungsquerschnitt den Wert $\sigma = \pi a^2$ in Übereinstimmung damit, daß die „Zielfläche“, die das Teilchen treffen muß, um überhaupt gestreut zu werden, der Querschnitt der Kugel ist.

Zum Übergang ins L-System muß man den Winkel χ durch Θ_1 gemäß (17,4) ausdrücken. Die Rechnungen sind den in Aufgabe 2, § 16, durchgeführten ganz analog (infolge der formalen Ähnlichkeit der Formeln (17,4) und (16,5)). Für $m_1 < m_2$ (m_1 ist die Masse der Teilchen, m_2 die der Kugel) erhalten wir

$$d\sigma_1 = \frac{a^2}{4} \left[2 \frac{m_1}{m_2} \cos \Theta_1 + \frac{1 + \frac{m_1^2}{m_2^2} \cos 2 \Theta_1}{\sqrt{1 - \frac{m_1^2}{m_2^2} \sin^2 \Theta_1}} \right] do_1$$

($do_1 = 2 \pi \sin \Theta_1 \, d\Theta_1$). Für $m_1 > m_2$ dagegen wird

$$d\sigma_1 = \frac{a^2}{2} \frac{1 + \frac{m_1^2}{m_2^2} \cos 2 \Theta_1}{\sqrt{1 - \frac{m_1^2}{m_2^2} \sin^2 \Theta_1}} do_1 .$$

Für $m_1 = m_2$ folgt

$$d\sigma_1 = a^2 \, |\cos \Theta_1| \, do_1 ,$$

was man auch durch direktes Einsetzen von $\chi = 2 \Theta_1$ (gemäß (17,9)) in (1) erhalten kann.

Für die zunächst ruhenden Kugeln ergibt sich stets $\chi = \pi - 2 \Theta_2$, und durch Einsetzen in (1) findet man

$$d\sigma_2 = a^2 \, |\cos \Theta_2| \, do_2 .$$

2. Drücke für denselben Fall den Wirkungsquerschnitt als Funktion der Energie ε aus, die die gestreuten Teilchen verlieren.

Lösung: Die Energie, die das Teilchen m_1 verliert, ist gleich der Energie, die das Teilchen m_2 gewinnt. Gemäß (17,5) und (17,7) ist

$$\varepsilon = E_2' = \frac{2\, m_1^2\, m_2}{(m_1 + m_2)^2}\, v_\infty^2 \sin^2 \frac{\chi}{2} = \varepsilon_{\max} \sin^2 \frac{\chi}{2},$$

woraus sich

$$d\varepsilon = \frac{1}{2}\, \varepsilon_{\max} \sin \chi\, d\chi$$

ergibt, und nach Einsetzen in Formel (1) der Aufgabe 1 erhalten wir

$$d\sigma = \pi\, a^2 \frac{d\varepsilon}{\varepsilon_{\max}}.$$

Die Verteilung der ε-Werte der gestreuten Teilchen ist homogen im gesamten ε-Intervall von Null bis $\varepsilon_{\max}$.

3. Wie hängt der Wirkungsquerschnitt von der Geschwindigkeit v_∞ der Teilchen bei Streuung im Feld $U \sim r^{-n}$ ab?

Lösung: Wenn die potentielle Energie eine homogene Funktion vom Grad $k = -n$ ist, so gilt gemäß (10,3) für ähnliche Bahnen $\varrho \sim v^{-2/n}$ oder

$$\varrho = v_\infty^{-2/n} f(\chi)$$

(die Ablenkwinkel χ sind für ähnliche Bahnen gleich). Einsetzen in (18,6) ergibt

$$d\sigma \sim v_\infty^{-4/n}\, do.$$

4. Berechne den Wirkungsquerschnitt dafür, daß ein Teilchen in das Zentrum des Feldes $U = -\frac{\alpha}{r^2}$ „fällt".

Lösung: In das Zentrum „fallen" diejenigen Teilchen, für welche die Bedingung $2\,\alpha > m\,\varrho^2\, v_\infty^2$ erfüllt ist (s. (14,11)), d. h., für die der Stoßparameter den Wert $\varrho_{\max} = \sqrt{\frac{2\,\alpha}{m\, v_\infty^2}}$ nicht überschreitet. Damit wird der gesuchte Wirkungsquerschnitt

$$\sigma = \pi\, \varrho^2_{\max} = \frac{2\,\pi\,\alpha}{m\, v_\infty^2}.$$

5. Dasselbe für das Feld $U = -\alpha/r^n$ $(n > 2,\ \alpha > 0)$.

Lösung: Die Abhängigkeit der effektiven potentiellen Energie

$$U_{\text{eff}} = \frac{m\,\varrho^2\, v_\infty^2}{2\, r^2} - \frac{\alpha}{r^n}$$

von r hat die in Abbildung 20 dargestellte Form mit dem Maximalwert

$$(U_{\text{eff}})_{\max} \equiv U_0 = \frac{(n-2)\,\alpha}{2} \left(\frac{m\,\varrho^2\, v_\infty^2}{\alpha\, n}\right)^{\frac{n}{n-2}}.$$

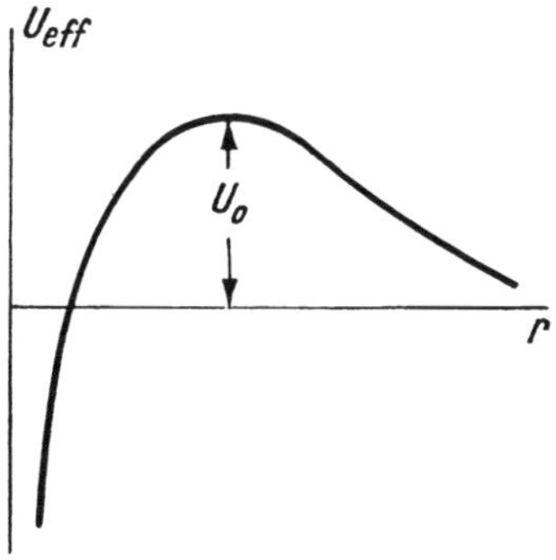

Abb. 20

In das Zentrum „fallen" diejenigen Teilchen, für die $U_0 < E$ ist. Indem wir $\varrho_{\max}$ aus der Bedingung $U_0 = E$ bestimmen, erhalten wir

$$\sigma = \pi\, n\, (n-2)^{\frac{2-n}{n}} \left(\frac{\alpha}{m\, v_\infty^2}\right)^{\frac{2}{n}}.$$

6. Berechne den Wirkungsquerschnitt dafür, daß Teilchen (der Masse m_1) auf die Oberfläche einer Kugel (mit der Masse m_2 und dem Radius R) fallen, von der sie nach dem NEWTONschen Gesetz angezogen werden.

Lösung: Die Bedingung dafür, daß die Teilchen auf die Kugel fallen, ist die Erfüllung der Ungleichung $r_{\min} < R$, wo $r_{\min}$ der dem Kugelmittelpunkt nächstgelegene Bahnpunkt des Teilchens ist. Der größte zulässige Wert von ϱ bestimmt sich aus der Gleichung $r_{\min} = R$, was zur Lösung der Gleichung $U_{\text{eff}}(R) = E$ oder

$$\frac{m_1 v_\infty^2 \varrho_{\max}^2}{2 R^2} - \frac{\alpha}{R} = \frac{m_1 v_\infty^2}{2}$$

führt, wobei $\alpha = \gamma m_1 m_2$ ist (γ bezeichnet die Gravitationskonstante) und wir $m \approx m_1$ gesetzt haben unter der Annahme, daß $m_2 \gg m_1$ gilt. Indem wir hieraus $\varrho_{\max}^2$ entnehmen, erhalten wir

$$\sigma = \pi R^2 \left(1 + \frac{2 \gamma m_2}{R v_\infty^2}\right).$$

Bei $v_\infty \to \infty$ strebt der Wirkungsquerschnitt natürlich dem geometrischen Querschnitt der Kugel zu.

7. Rekonstruiere die Form des Streufeldes $U(r)$, wenn die Abhängigkeit des Wirkungsquerschnittes vom Streuwinkel bei gegebener Energie E bekannt ist; es wird angenommen, daß $U(r)$ eine monoton abnehmende Funktion von r ist (Abstoßungsfeld), wobei $U(0) > E$, $U(\infty) = 0$ ist (O. B. FIRSSOV, 1953).

Lösung: Integration von $d\sigma$ über den Streuwinkel liefert nach der Formel

$$\int_\chi^\pi \frac{d\sigma}{d\chi} d\chi = \pi \varrho^2 \tag{1}$$

das Quadrat des Stoßparameters, so daß man die Funktion $\varrho(\chi)$ (und mit ihr auch $\chi(\varrho)$) als bekannt annehmen kann. Wir führen die Bezeichnungen

$$s = \frac{1}{r}, \qquad x = \frac{1}{\varrho^2}, \qquad w = \sqrt{1 - \frac{U}{E}} \tag{2}$$

ein. Dann schreibt sich die Formel (18,2) mit (18,1) in der Form

$$\frac{\pi - \chi(x)}{2} = \int_0^{s_0} \frac{ds}{\sqrt{x w^2 - s^2}}, \tag{3}$$

worin $s_0(x)$ eine Lösung der Gleichung $xw^2(s_0) - s_0^2 = 0$ darstellt.

Gleichung (3) ist eine Integralgleichung für die Funktion $w(s)$; man kann sie mit einer Methode lösen, die der in § 12 angewandten analog ist. Indem wir beide Seiten von (3) durch die Wurzel $\sqrt{\alpha - x}$ teilen und über dx von Null bis α integrieren, finden wir

$$\int_0^\alpha \frac{\pi - \chi(x)}{2} \frac{dx}{\sqrt{\alpha - x}} = \int_0^\alpha \int_0^{s_0(x)} \frac{ds\, dx}{\sqrt{(x w^2 - s^2)(\alpha - x)}}$$

$$= \int_0^{s_0(\alpha)} \int_{x(s_0)}^\alpha \frac{dx\, ds}{\sqrt{(x w^2 - s^2)(\alpha - x)}} = \pi \int_0^{s_0(\alpha)} \frac{ds}{w}$$

oder nach partieller Integration auf der linken Seite der Gleichung

$$\pi \sqrt{\alpha} - \int_0^{\alpha} \sqrt{\alpha - x}\, \frac{d\chi}{dx}\, dx = \pi \int_0^{s_0(\alpha)} \frac{ds}{w}.$$

Diese Beziehung differenzieren wir nach α und ersetzen $s_0(\alpha)$ einfach durch s und dementsprechend α durch s^2/w^2. Mit Differentialen geschrieben ergibt sich dann

$$-\pi\, d\left(\frac{s}{w}\right) - \frac{1}{2}\, d\left(\frac{s^2}{w^2}\right) \int_0^{s^2/w^2} \frac{\chi'(x)\, dx}{\sqrt{\frac{s^2}{w^2} - x}} = \frac{\pi}{w}\, ds$$

oder

$$-\pi\, d \ln w = d\left(\frac{s}{w}\right) \int_0^{s^2/w^2} \frac{\chi'(x)\, dx}{\sqrt{\frac{s^2}{w^2} - x}}.$$

Diese Gleichung läßt sich unmittelbar integrieren, wobei man auf der rechten Seite die Reihenfolge der Integrationen über x und s/w vertauschen muß. Wenn wir nun berücksichtigen, daß bei $s = 0$ (d. h. $r \to \infty$) $w = 1$ sein muß (d. h. $U = 0$) und zu den ursprünglichen Veränderlichen r und ϱ zurückkehren, erhalten wir als Endresultat (in zwei äquivalenten Formen)

$$w = \exp\left\{\frac{1}{\pi} \int_{rw}^{\infty} \operatorname{ar\,cosh} \frac{\varrho}{r\,w} \frac{d\chi}{d\varrho}\, d\varrho\right\} = \exp\left\{-\frac{1}{\pi} \int_{rw}^{\infty} \frac{\chi(\varrho)\, d\varrho}{\sqrt{\varrho^2 - r^2 w^2}}\right\}. \tag{4}$$

Diese Formel bestimmt in impliziter Weise die Funktion $w(r)$ (und damit auch $U(r)$) für alle $r > r_{\min}$, d. h. in dem r-Intervall, das das gestreute Teilchen mit der vorgegebenen Energie E tatsächlich durchläuft.

§ 19. Die RUTHERFORDsche Formel

Eine der wichtigsten Anwendungen der oben erhaltenen Formeln ist die Streuung geladener Teilchen im COULOMB-Feld.

Wenn wir in (18,4) $U = \frac{\alpha}{r}$ setzen und elementar integrieren, erhalten wir

$$\varphi_0 = \arccos \frac{\frac{\alpha}{m\, v_\infty^2\, \varrho}}{\sqrt{1 + \left(\frac{\alpha}{m\, v_\infty^2\, \varrho}\right)^2}},$$

daraus ergibt sich

$$\varrho^2 = \frac{\alpha^2}{m^2\, v_\infty^4} \tan^2 \varphi_0$$

oder nach Einführung von $\varphi_0 = \frac{\pi - \chi}{2}$ gemäß (18,1)

$$\varrho^2 = \frac{\alpha^2}{m^2 v_\infty^4} \cot^2 \frac{\chi}{2} . \tag{19,1}$$

Differentiation dieses Ausdruckes nach χ und Einsetzen in (18,7) oder (18,8) liefert

$$d\sigma = \pi \left(\frac{\alpha}{m v_\infty^2} \right)^2 \frac{\cos \frac{\chi}{2}}{\sin^3 \frac{\chi}{2}} d\chi \tag{19,2}$$

bzw.

$$d\sigma = \left(\frac{\alpha}{2 m v_\infty^2} \right)^2 \frac{do}{\sin^4 \frac{\chi}{2}} . \tag{19,3}$$

Dies ist die sogenannte RUTHERFORD-*Formel*. Es sei erwähnt, daß der Wirkungsquerschnitt nicht vom Vorzeichen von α abhängt, so daß das erhaltene Resultat sowohl für abstoßende als auch für anziehende COULOMB-Felder gilt.

Formel (19,3) liefert den Wirkungsquerschnitt in dem Bezugssystem, in dem der Schwerpunkt der zusammenstoßenden Teilchen ruht. Die Transformation ins Laborsystem wird mit Hilfe der Formeln (17,4) durchgeführt. Für die zunächst ruhenden Teilchen ergibt Einsetzen von $\chi = \pi - 2\,\Theta_2$ in (19,2)

$$d\sigma_2 = 2\pi \left(\frac{\alpha}{m v_\infty^2} \right)^2 \frac{\sin \Theta_2}{\cos^3 \Theta_2} d\Theta_2 = \left(\frac{\alpha}{m v_\infty^2} \right)^2 \frac{do_2}{\cos^3 \Theta_2} . \tag{19,4}$$

Für die einfallenden Teilchen führt die Transformation im allgemeinen Fall zu äußerst umständlichen Formeln. Wir erwähnen daher nur zwei spezielle Fälle.

Wenn die Masse m_2 des streuenden Teilchens groß ist im Vergleich zur Masse m_1 des gestreuten Teilchens, so ist $\chi \approx \Theta_1$ und $m \approx m_1$, so daß sich

$$d\sigma_1 = \left(\frac{\alpha}{4 E_1} \right)^2 \frac{do_1}{\sin^4 \frac{\Theta_1}{2}} \tag{19,5}$$

ergibt, worin $E_1 = m_1 v_\infty^2/2$ die Energie des einfallenden Teilchens ist.

Wenn die Massen beider Teilchen gleich sind ($m_1 = m_2$, $m = m_1/2$), so wird $\chi = 2\,\Theta_1$ nach (17,9), und durch Einsetzen in (19,2) entsteht

$$d\sigma_1 = 2\pi \left(\frac{\alpha}{E_1} \right)^2 \frac{\cos \Theta_1}{\sin^3 \Theta_1} d\Theta_1 = \left(\frac{\alpha}{E_1} \right)^2 \frac{\cos \Theta_1}{\sin^4 \Theta_1} do_1 . \tag{19,6}$$

Wenn nicht nur die Massen beider Teilchen gleich, sondern diese Teilchen überhaupt identisch sind, so hat es keinen Sinn, nach der Streuung die zunächst bewegten von den zunächst ruhenden Teilchen zu unterscheiden. Der Gesamtwirkungsquerschnitt für alle Teilchen ergibt sich dann durch Summation von $d\sigma_1$ und $d\sigma_2$ und nach Ersetzen von Θ_1 und Θ_2 durch den gemeinsamen Wert Θ zu

$$d\sigma = \left(\frac{\alpha}{E_1}\right)^2 \left(\frac{1}{\sin^4 \Theta} + \frac{1}{\cos^4 \Theta}\right) \cos \Theta \, do \, . \tag{19,7}$$

Wir kehren nun wieder zu der allgemeinen Formel (19,2) zurück und berechnen mit ihrer Hilfe die Verteilung der gestreuten Teilchen in bezug auf die beim Stoß abgegebene Energie. Bei beliebigem Verhältnis zwischen den Massen des gestreuten Teilchens (m_1) und des streuenden Teilchens (m_2) gilt für die Geschwindigkeit, die letzteres erhält, als Funktion des Streuwinkels im S-System die Formel (17,5), also

$$v_2' = \frac{2\,m_1}{m_1 + m_2}\, v_\infty \sin \frac{\chi}{2} \, .$$

Daraus folgt für die Energie, die das Teilchen m_2 erhält und die das Teilchen m_1 also verliert, der Wert

$$\varepsilon = \frac{m_2\, v_2'^2}{2} = \frac{2m^2}{m_2}\, v_\infty^2 \sin^2 \frac{\chi}{2} \, .$$

Wenn wir hiernach $\sin \frac{\chi}{2}$ durch ε ausdrücken und in (19,2) einsetzen, erhalten wir

$$d\sigma = 2\,\pi\, \frac{\alpha^2}{m_2\, v_\infty^2}\, \frac{d\varepsilon}{\varepsilon^2} \, . \tag{19,8}$$

Diese Formel beantwortet die gestellte Frage: Sie bestimmt den Wirkungsquerschnitt als Funktion des Energieverlustes ε; letzterer nimmt hierbei sämtliche Werte von Null bis $\varepsilon_{\max} = 2\,m^2 \frac{v_\infty^2}{m_2}$ an.

Aufgaben

1. Berechne den Wirkungsquerschnitt für die Streuung im Feld $U = \frac{\alpha}{r^2}$ $(\alpha > 0)$.

Lösung: Der Ablenkwinkel ist

$$\chi = \pi \left[1 - \frac{1}{\sqrt{1 + \frac{2\,\alpha}{m\,\varrho^2\, v_\infty^2}}}\right],$$

der Wirkungsquerschnitt

$$d\sigma = \frac{2\,\pi^2\,\alpha}{m\, v_\infty^2}\, \frac{\pi - \chi}{\chi^2\,(2\,\pi - \chi)^2}\, \frac{do}{\sin \chi} \, .$$

2. Berechne den Wirkungsquerschnitt für Streuung an einer sphärischen *Potentialmulde* vom Radius a und der „Tiefe“ U_0 (d. h. an dem Feld $U = 0$ für $r > a$, $U = -\,U_0$ für $r < a$).

Lösung: Die geradlinige Bahn des Teilchens wird beim Eintritt in das Feld und ebenso beim Austritt „gebrochen“. Nach der Aufgabe in § 7 sind der Einfallswinkel α und der Brechungswinkel β (Abb. 21) durch die Beziehung

$$\frac{\sin\alpha}{\sin\beta} = n\,, \qquad n = \sqrt{1 + \frac{2\,U_0}{m\,v_\infty^2}}$$

verknüpft. Der Ablenkwinkel ist $\chi = 2\,(\alpha - \beta)$. Damit ergibt sich

$$\frac{\sin(\alpha - \chi/2)}{\sin\alpha} = \cos\frac{\chi}{2} - \cot\alpha\sin\frac{\chi}{2} = \frac{1}{n}\,.$$

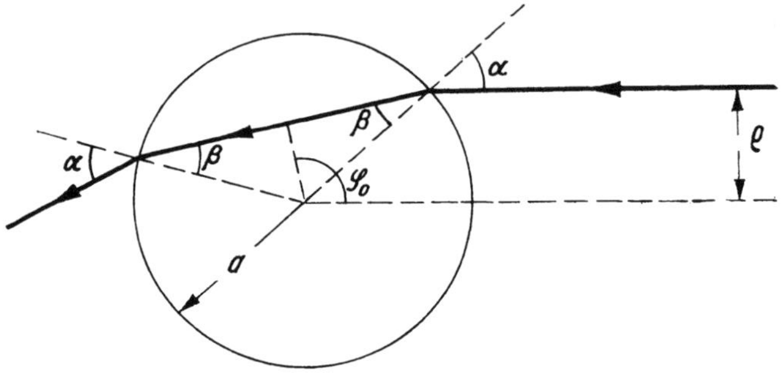

Abb. 21

Indem wir α aus dieser Gleichung und aus der aus der Abbildung ersichtlichen Beziehung

$$a\sin\alpha = \varrho$$

eliminieren, erhalten wir den Zusammenhang zwischen ϱ und χ in der Form

$$\varrho^2 = a^2\,\frac{n^2\sin^2\dfrac{\chi}{2}}{n^2 + 1 - 2\,n\cos\dfrac{\chi}{2}}\,.$$

Durch Differenzieren dieser Gleichung ergibt sich schließlich der Wirkungsquerschnitt

$$d\sigma = \frac{a^2\,n^2}{4\cos\dfrac{\chi}{2}}\,\frac{\left(n\cos\dfrac{\chi}{2} - 1\right)\left(n - \cos\dfrac{\chi}{2}\right)}{\left(1 + n^2 - 2\,n\cos\dfrac{\chi}{2}\right)^2}\,do\,.$$

Der Winkel χ nimmt die Werte von Null (für $\varrho = 0$) bis zum Wert $\chi_{\max}$ (für $\varrho = a$) an, der sich aus der Gleichung

$$\cos\frac{\chi_{\max}}{2} = \frac{1}{n}$$

bestimmt.

Der totale Wirkungsquerschnitt, den man durch Integration von $d\sigma$ über alle Winkel innerhalb des Kegels $\chi < \chi_{\max}$ erhält, ist selbstverständlich gleich dem geometrischen Querschnitt $\pi\,a^2$.

§ 20. Streuung unter kleinen Winkeln

Die Berechnung des Wirkungsquerschnittes vereinfacht sich wesentlich, wenn man nur solche Stöße betrachtet, die mit großen Stoßparametern verlaufen, wo das Feld U schwach ist, so daß die Ablenkwinkel dementsprechend klein sind. In diesem Fall kann man die Berechnung sofort im Laborsystem durchführen, ohne das Schwerpunktsystem einzuführen.

Als x-Achse wählen wir die Richtung des einfallenden Teilchens (Masse m_1), als xy-Ebene die Streuebene. Wenn wir mit $\boldsymbol{p}_1'$ den Impuls des Teilchens nach der Streuung bezeichnen, erhalten wir offenbar die Formel

$$\sin \Theta_1 = \frac{p_{1y}'}{p_1'}.$$

Für kleine Ablenkwinkel kann man näherungsweise $\sin \Theta_1$ durch Θ_1 und im Nenner p_1' durch den Anfangsimpuls $p_1 = m_1 v_\infty$ ersetzen. Das gibt

$$\Theta_1 \approx \frac{p_{1y}'}{m_1 v_\infty}. \tag{20,1}$$

Wegen $\dot{p}_y = F_y$ wird weiterhin der Gesamtzuwachs des Impulses in y-Richtung gleich

$$p_{1y}' = \int_{-\infty}^{\infty} F_y \, dt. \tag{20,2}$$

Hierin ist die Kraft

$$F_y = -\frac{\partial U}{\partial y} = -\frac{dU}{dr}\frac{\partial r}{\partial y} = -\frac{dU}{dr}\frac{y}{r}.$$

Da das Integral (20,2) bereits die kleine Größe U enthält, kann man bei seiner Ausrechnung in derselben Näherung annehmen, daß das Teilchen überhaupt nicht von seiner ursprünglichen Bahn abgelenkt wird, d. h., daß es sich geradlinig (längs der Geraden $y = \varrho$) und gleichförmig (mit der Geschwindigkeit v_∞) bewegt. Dementsprechend setzen wir in (20,2)

$$F_y = -\frac{dU}{dr}\frac{\varrho}{r}, \qquad dt = \frac{dx}{v_\infty}$$

und erhalten

$$p_{1y}' = -\frac{\varrho}{v_\infty}\int_{-\infty}^{\infty} \frac{dU}{dr}\frac{dx}{r}.$$

Schließlich gehen wir von der Integration über dx zur Integration über dr über. Da für die geradlinige Bahn $r^2 = x^2 + \varrho^2$ ist, so durchläuft r bei Änderung der x-Koordinate von $-\infty$ bis $+\infty$ die Werte von ∞ bis ϱ und sodann wieder bis ∞. Damit geht das Integral über dx in das mit 2 multiplizierte Integral über

dr von ϱ bis ∞ über, wobei dx durch

$$dx = \frac{r\,dr}{\sqrt{r^2 - \varrho^2}}$$

auszudrücken ist.

Für den Streuwinkel (20,1) erhalten wir damit schließlich[1])

$$\Theta_1 = -\frac{2\varrho}{m_1 v_\infty^2} \int\limits_\varrho^\infty \frac{dU}{dr} \frac{dr}{\sqrt{r^2 - \varrho^2}}, \tag{20,3}$$

wodurch die gesuchte Abhängigkeit des Winkels Θ_1 von ϱ bei kleinen Ablenkungen bestimmt wird. Der Wirkungsquerschnitt der Streuung (im L-System) ergibt sich aus der Formel (18,8) mit Θ_1 statt χ, wobei man $\sin \Theta_1$ auch hier durch Θ_1 ersetzen kann:

$$d\sigma = \left|\frac{d\varrho}{d\Theta_1}\right| \frac{\varrho(\Theta_1)}{\Theta_1}\, do_1\,. \tag{20,4}$$

Aufgaben

1. Berechne die Formel (20,3) aus Formel (18,4).

Lösung: Um im folgenden scheinbar divergente Integrale zu vermeiden, stellen wir Formel (18,4) in der Form

$$\varphi_0 = -\frac{\partial}{\partial \varrho} \int\limits_{r_{\min}}^R \sqrt{1 - \frac{\varrho^2}{r^2} - \frac{2\,U}{m\,v_\infty^2}}\, dr$$

dar. Als obere Grenze nehmen wir eine große endliche Größe R, die wir dann gegen Unendlich gehen lassen. Da U eine kleine Größe ist, können wir die Wurzel nach Potenzen von U entwickeln; wenn wir noch $r_{\min}$ näherungsweise durch ϱ ersetzen, folgt

$$\varphi_0 = \int\limits_\varrho^R \frac{\varrho\,dr}{r^2\sqrt{1 - \frac{\varrho^2}{r^2}}} + \frac{\partial}{\partial\varrho} \int\limits_\varrho^\infty \frac{U(r)\,dr}{m\,v_\infty^2 \sqrt{1 - \frac{\varrho^2}{r^2}}}\,.$$

Nach dem Übergang zur Grenze $R \to \infty$ ergibt das erste Integral $\pi/2$. Das zweite integrieren wir partiell und erhalten damit den Ausdruck

$$\chi = \pi - 2\,\varphi_0 = 2\frac{\partial}{\partial\varrho} \int\limits_\varrho^\infty \frac{\sqrt{r^2 - \varrho^2}}{m\,v_\infty^2} \frac{dU}{dr}\, dr = -\frac{2\,\varrho}{m\,v_\infty^2} \int\limits_\varrho^\infty \frac{dU}{dr} \frac{dr}{\sqrt{r^2 - \varrho^2}},$$

der der Formel (20,3) äquivalent ist.

---

[1]) Wenn man dieselbe Ableitung im S-System durchführt, so erhält man für χ den gleichen Ausdruck mit m statt m_1 in Übereinstimmung damit, daß die kleinen Winkel Θ_1 und χ gemäß (17,4) durch die Beziehung

$$\Theta_1 = \frac{m_2}{m_1 + m_2}\chi$$

verknüpft sind.

2. Berechne den Wirkungsquerschnitt für die Streuung um kleine Winkel im Feld $U = \alpha/r^n$ ($n > 0$).

Lösung: Gemäß (20,3) gilt

$$\Theta_1 = \frac{2\varrho\alpha n}{m_1 v_\infty^2} \int\limits_\varrho^\infty \frac{dr}{r^{n+1}\sqrt{r^2-\varrho^2}} \,.$$

Nach der Substitution $\varrho^2/r^2 = u$ wird das Integral eine EULERsche B-Funktion. Wenn wir diese durch Γ-Funktionen ausdrücken, entsteht

$$\Theta_1 = \frac{2\alpha\sqrt{\pi}}{m_1 v_\infty^2 \varrho^n} \frac{\Gamma\left(\frac{n+1}{2}\right)}{\Gamma\left(\frac{n}{2}\right)} \,.$$

Wenn wir hieraus ϱ als Funktion von Θ_1 entnehmen und in (20,4) einsetzen, erhalten wir

$$d\sigma = \frac{1}{n}\left[\frac{2\sqrt{\pi}\,\Gamma\left(\frac{n+1}{2}\right)}{\Gamma\left(\frac{n}{2}\right)} \frac{\alpha}{m_1 v_\infty^2}\right]^{2/n} \Theta_1^{-2\left(1+\frac{1}{n}\right)} do_1 \,.$$

V KLEINE SCHWINGUNGEN

§ 21. Freie eindimensionale Schwingungen

Ein sehr verbreiteter Bewegungstyp mechanischer Systeme sind die sogenannten *kleinen Schwingungen*, die ein System um einen stabilen Gleichgewichtszustand herum ausführt. Wir beginnen die Betrachtung solcher Bewegungen mit dem einfachsten Fall, daß nämlich das System nur einen einzigen Freiheitsgrad besitzt.

Im stabilen Gleichgewicht hat das System eine Lage, in der die potentielle Energie $U(q)$ ein Minimum besitzt; eine Auslenkung aus dieser Lage führt zum Auftreten einer Kraft $-dU/dq$, die das System in die Ausgangslage zurückzieht. Wir bezeichnen den zum Minimum von U gehörenden Wert der verallgemeinerten Koordinaten q mit q_0. Bei kleinen Ablenkungen aus der Gleichgewichtslage genügt es, bei der Entwicklung der Differenz $U(q) - U(q_0)$ nach Potenzen von $q - q_0$ nur das erste nicht verschwindende Glied zu berücksichtigen. Das ist im allgemeinen das Glied zweiter Ordnung

$$U(q) - U(q_0) \cong \frac{k}{2}(q - q_0)^2\,,$$

k ist ein positiver Koeffizient (und gleich der zweiten Ableitung $U''(q)$ an der Stelle $q = q_0$). Im folgenden normieren wir die potentielle Energie derart, daß $U(q_0) = 0$ wird, und führen die Bezeichnung

$$x = q - q_0 \tag{21,1}$$

für die Auslenkung der Koordinate von ihrem Gleichgewichtswert ein. Damit wird

$$U(x) = \frac{k\,x^2}{2}\,. \tag{21,2}$$

Die kinetische Energie des Systems mit einem Freiheitsgrad hat im allgemeinen Fall die Form

$$\frac{1}{2}\,a(q)\,\dot{q}^2 = \frac{1}{2}\,a(q)\,\dot{x}^2\,.$$

In der betrachteten Näherung genügt es, die Funktion $a(q)$ einfach durch ihren Wert an der Stelle $q = q_0$ zu ersetzen. Wenn wir der Kürze halber die Bezeichnung[1])

$$a(q_0) = m$$

[1]) Es sei jedoch betont, daß die Größe m nur dann mit der Masse zusammenfällt, wenn x die kartesische Koordinate des Teilchens ist!

einführen, erhalten wir schließlich für die LAGRANGE-Funktion eines Systems, das eindimensionale kleine Schwingungen ausführt,[1]) den Ausdruck

$$L = \frac{m\dot{x}^2}{2} - \frac{kx^2}{2}. \tag{21,3}$$

Die dieser Funktion entsprechende Bewegungsgleichung lautet

$$m\ddot{x} + kx = 0 \tag{21,4}$$

oder

$$\ddot{x} + \omega^2 x = 0\,, \tag{21,5}$$

wo die Bezeichnung

$$\omega = \sqrt{\frac{k}{m}} \tag{21,6}$$

verwendet worden ist. Die lineare Differentialgleichung (21,5) hat die beiden unabhängigen Lösungen $\cos \omega t$ und $\sin \omega t$, so daß die allgemeine Lösung

$$x = c_1 \cos \omega t + c_2 \sin \omega t \tag{21,7}$$

heißt. Dieser Ausdruck kann auch in der Form

$$x = a \cos(\omega t + \alpha) \tag{21,8}$$

geschrieben werden. Da $\cos(\omega t + \alpha) = \cos \omega t \, \cos \alpha - \sin \omega t \sin \alpha$ ist, so zeigt der Vergleich mit (21,7), daß die freien Konstanten a und α mit den Konstanten c_1 und c_2 durch die Beziehung

$$a = \sqrt{c_1^2 + c_2^2}\,, \qquad \tan\alpha = -\frac{c_2}{c_1} \tag{21,9}$$

verknüpft sind.

Das bedeutet, daß das System harmonische Schwingungen um die Gleichgewichtslage herum ausführt. Der Koeffizient a vor dem periodischen Faktor in (21,8) heißt *Amplitude* und das Argument des Kosinus *Phase* der Schwingung; α ist die Anfangsphase; sie hängt offenbar von der Wahl des Zeitnullpunktes ab. Die Größe ω heißt *Kreisfrequenz* der Schwingung; in der theoretischen Physik wird sie übrigens gewöhnlich einfach mit *Frequenz* bezeichnet, was wir im folgenden auch tun werden.

Die Frequenz ist das fundamentale Charakteristikum von Schwingungen; sie hängt nicht von den Anfangsbedingungen der Bewegung ab, sondern ist nach Formel (21,6) vollständig durch die mechanische Eigenschaft des Systems bestimmt. Es sei aber betont, daß diese Eigenschaft der Frequenz an die Voraussetzung gebunden ist, daß die Schwingungen kleine Amplitude haben, sie geht verloren beim Übergang zu höheren Näherungen. In mathematischer Hinsicht hängt diese Eigenschaft mit der quadratischen Abhängigkeit der potentiellen Energie von der Koordinate zusammen.[2])

---

[1]) Ein solches System wird oft eindimensionaler *Oszillator* genannt.

[2]) Infolgedessen geht sie verloren, wenn die Funktion $U(x)$ an der Stelle $x = 0$ ein Minimum höherer Ordnung hat, d. h. $U \sim x^n$, $n > 2$ (s. Aufgabe 2a, § 11).

Die Energie eines Systems, das kleine Schwingungen ausführt, ist

$$E = \frac{m\dot{x}^2}{2} + \frac{k\,x^2}{2} = \frac{m}{2}(\dot{x}^2 + \omega^2 x^2)$$

oder nach Einsetzen von (21,8)

$$E = \frac{1}{2} m\,\omega^2 a^2 \,. \tag{21,10}$$

Sie ist dem Quadrat der Schwingungsamplitude proportional.

Oft erweist es sich als zweckmäßig, die Abhängigkeit der Koordinate des schwingenden Systems von der Zeit als Realteil des komplexen Ausdruckes

$$x = \operatorname{Re}\{A e^{i\omega t}\} \tag{21,11}$$

darzustellen, worin A eine komplexe Konstante ist; wenn wir sie in der Form

$$A = a\,e^{i\alpha} \tag{21,12}$$

schreiben, so kehren wir zu dem Ausdruck (21,8) zurück. Die Konstante A heißt *komplexe Amplitude*; ihr Betrag ist gleich der gewöhnlichen Amplitude, ihr Argument gleich der Anfangsphase.

Der Umgang mit Exponentialfaktoren ist in mathematischer Hinsicht einfacher als der mit trigonometrischen Faktoren, da Differentiation ihre Form nicht ändert. Solange man nur lineare Operationen durchführt (Addition, Multiplikation mit einem konstanten Koeffizienten, Differentiation, Integration), kann man das Zeichen Re (Realteil von) fortlassen und erst im Endresultat berücksichtigen.[1])

Aufgaben

1. Drücke die Amplitude und Anfangsphase von Schwingungen durch die Anfangswerte der Koordinate x_0 und der Geschwindigkeit v_0 aus.

Lösung:

$$a = \sqrt{x_0^2 + \frac{v_0^2}{\omega^2}}\,, \qquad \tan\alpha = -\frac{v_0}{\omega\,x_0}\,.$$

2. Bestimme das Verhältnis der Frequenzen ω und ω' der Schwingungen zweier zweiatomiger Moleküle, die aus Atomen verschiedener Isotope bestehen; die Massen der Atome sind m_1, m_2 bzw. m_1', m_2'.

Lösung: Da die Wechselwirkung zwischen den Atomen der Isotope die gleiche ist, gilt $k = k'$. Als Koeffizienten m in den kinetischen Energien der Moleküle sind hier ihre reduzierten Massen zu nehmen. Aus (21,6) finden wir damit

$$\frac{\omega'}{\omega} = \sqrt{\frac{m_1 m_2 (m_1' + m_2')}{m_1' m_2' (m_1 + m_2)}}\,.$$

---

[1]) Bei nichtlinearen Operationen, z. B. beim Quadrieren, geht das nicht, da für komplexe Zahlen A im allgemeinen $Re(A^2) \neq (Re\,A)^2$ ist.

3. Bestimme die Schwingungsfrequenz eines Punktes mit der Masse m, der sich längs einer Geraden bewegen kann und an einer Feder hängt, deren anderes Ende im Punkt A (Abb. 22) befestigt ist; der Punkt A befindet sich im Abstand l von der Geraden. Wenn die Feder die Länge l hat, tritt an ihr die Kraft F auf.

Lösung: Die potentielle Energie der Feder ist (bis auf kleine Größen höherer Ordnung) gleich dem Produkt aus der Kraft F und der Längenänderung δl der Feder. Für $x \ll l$ gilt

$$\delta l = \sqrt{l^2 + x^2} - l \approx \frac{x^2}{2\,l},$$

so daß $U = F\,x^2/2\,l$ wird. Da die kinetische Energie gleich $m\,\dot{x}^2/2$ ist, ergibt sich

$$\omega = \sqrt{\frac{F}{m\,l}}.$$

4. Wie Aufgabe 3, wobei sich der Punkt m aber auf einem Kreis mit dem Radius r bewegt (Abb. 23).

Lösung: In diesem Fall ist die Längenänderung der Feder für ($\varphi \ll 1$)[1]

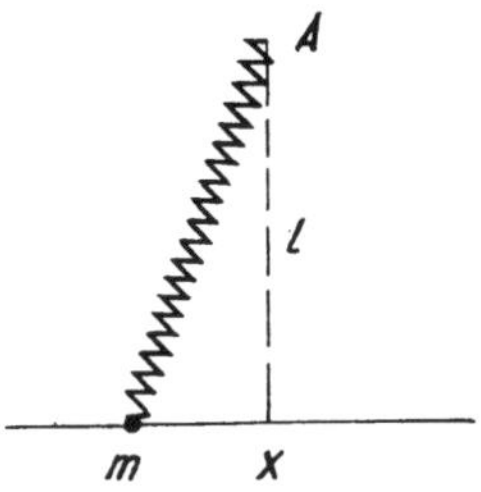

Abb. 22

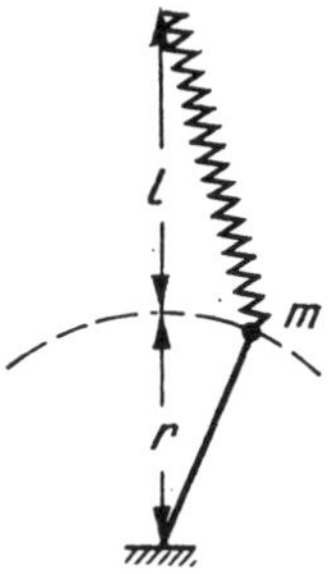

Abb. 23

$$\delta l = \sqrt{r^2 + (l + r)^2 - 2\,r\,(l + r)\cos\varphi} - l \approx \frac{r\,(l + r)}{2\,l}\,\varphi^2,$$

und für die kinetische Energie gilt $T = \frac{1}{2}\,m\,r^2\,\dot{\varphi}^2$. Damit ergibt sich als Frequenz

$$\omega = \sqrt{\frac{F\,(r + l)}{r\,l\,m}}$$

5. Bestimme die Schwingungsfrequenz des in Abb. 2 dargestellten Pendels, dessen Aufhängepunkt (mit der Masse m_1) Bewegungen in horizontaler Richtung ausführen kann.

Lösung: Für $\varphi \ll 1$ finden wir aus der in Aufgabe 3, § 14, erhaltenen Formel

$$T = \frac{m_1\,m_2\,l^2}{2\,(m_1 + m_2)}\,\dot{\varphi}^2, \qquad U = \frac{m_2\,g\,l}{2}\,\varphi^2.$$

Daraus ergibt sich

$$\omega = \sqrt{\frac{g\,(m_1 + m_2)}{m_1\,l}}.$$

6. Welche Form muß eine Kurve haben, damit die Periode einer Schwingung längs dieser Kurve im Schwerefeld nicht von der Amplitude abhängt?

Lösung: Die gestellte Bedingung wird von einer Kurve erfüllt, die gewährleistet, daß bei der Bewegung die potentielle Energie des Teilchens $U = k\,s^2/2$ wird, wo s die vom Gleichgewichtspunkt aus gerechnete Bogenlänge darstellt; denn dann hat die kinetische Energie den Wert $T = m\,\dot{s}^2/2$ (m ist die Masse des Teilchens), und die Frequenz der Schwingung, $\omega = \sqrt{k/m}$, hängt nicht vom Anfangswert von s ab.

Im Schwerefeld gilt aber $U = m\,g\,y$, worin y die vertikale Koordinate ist. Damit erhalten wir $k\,s^2/2 = m\,g\,y$ oder

$$y = \frac{\omega^2}{2\,g}\,s^2.$$

---

[1]) Der Scheitel von φ liegt im Kreismittelpunkt (Anm. d. Herausg.).

Andererseits ist $ds^2 = dx^2 + dy^2$, woraus sich

$$x = \int \sqrt{\left(\frac{ds}{dy}\right)^2 - 1}\, dy = \int \sqrt{\frac{g}{2\,\omega^2\, y} - 1}\, dy$$

ergibt. Die Integration führt man zweckmäßigerweise nach der Substitution

$$y = \frac{g}{4\,\omega^2}(1 - \cos \xi)$$

durch. Dann erhält man

$$x = \frac{g}{4\,\omega^2}(\xi + \sin \xi)\,.$$

Diese beiden Gleichungen bestimmen in Parameterdarstellung die gesuchte Kurve; es handelt sich um eine Zykloide.

§ 22. Erzwungene Schwingungen

Wir gehen nun zur Betrachtung von Schwingungen eines Systems über, auf das ein äußeres veränderliches Feld wirkt. Derartige Schwingungen heißen *erzwungene* Schwingungen im Unterschied zu den im vorhergehenden Paragraphen untersuchten sogenannten *freien* Schwingungen. Da die Amplitude weiterhin als klein vorausgesetzt wird, muß das äußere Feld genügend schwach sein, damit es nicht zu große x-Auslenkungen hervorruft.

In diesem Fall besitzt das System neben der eigenen potentiellen Energie $\frac{1}{2} k\, x^2$ noch die potentielle Energie $U_e(x, t)$, die von der Wirkung des äußeren Feldes herrührt. Wenn wir dieses Zusatzglied in eine Reihe nach Potenzen der kleinen Größe x entwickeln, erhalten wir

$$U_e(x, t) \cong U(0, t) + x \left.\frac{\partial U_e}{\partial x}\right|_{x=0}.$$

Das erste Glied hängt nur von der Zeit ab und kann deswegen in der Lagrange-Funktion fortgelassen werden (als totale zeitliche Ableitung irgendeiner anderen Funktion der Zeit). Im zweiten Glied ist $-\partial U_e/\partial x$ die äußere „Kraft", die auf das System in der Gleichgewichtslage wirkt und eine vorgegebene Funktion der Zeit ist; wir bezeichnen sie mit $F(t)$. Damit erscheint in der potentiellen Energie das Glied $-x\,F(t)$, so daß die Lagrange-Funktion des Systems lautet:

$$L = \frac{m\,\dot{x}^2}{2} - \frac{k\,x^2}{2} + x\,F(t)\,. \tag{22,1}$$

Die entsprechende Bewegungsgleichung ist

$$m\,\ddot{x} + k\,x = F(t)$$

oder

$$\ddot{x} + \omega^2\,x = \frac{1}{m} F(t)\,, \tag{22,2}$$

wo wir wiederum die Frequenz ω der freien Schwingungen eingeführt haben.

Bekanntlich erhält man die allgemeine Lösung einer inhomogenen linearen Differentialgleichung mit konstanten Koeffizienten als Summe zweier Ausdrücke: $x = x_0 + x_1$, wo x_0 die allgemeine Lösung der homogenen Gleichung und x_1 eine partikuläre Lösung der inhomogenen Gleichung bedeuten. In unserem Fall stellt x_0 die im vorhergehenden Paragraphen untersuchte freie Schwingung dar.

Wir betrachten nun einen Fall von besonderem Interesse, wo nämlich die äußere Kraft ebenfalls eine einfache periodische Funktion der Zeit mit der Frequenz γ ist:

$$F(t) = f \cos(\gamma t + \beta) . \tag{22,3}$$

Wir suchen eine partikuläre Lösung der Gleichung (22,2) in der Form $x_1 = b \cos(\gamma t + \beta)$, also mit dem gleichen periodischen Faktor. Einsetzen in die Differentialgleichung ergibt $b = f/m(\omega^2 - \gamma^2)$; Hinzufügen der Lösung der homogenen Gleichung liefert die allgemeine Lösung in der Gestalt

$$x = a \cos(\omega t + \alpha) + \frac{f}{m(\omega^2 - \gamma^2)} \cos(\gamma t + \beta) . \tag{22,4}$$

Die freien Konstanten a und α bestimmen sich aus den Anfangsbedingungen.

Das bedeutet, daß das System unter der Wirkung äußerer periodischer Kräfte eine Bewegung ausführt, die sich aus zwei Schwingungen zusammensetzt: aus einer Schwingung mit der Eigenfrequenz ω des Systems und aus einer Schwingung mit der Frequenz γ der äußeren Kraft.

Die Lösung (22,4) gilt nicht im Fall der sogenannten *Resonanz*, d. h., wenn die Frequenz der äußeren Kraft mit der Eigenfrequenz des Systems zusammenfällt. Um die allgemeine Lösung der Bewegungsgleichung in diesem Fall zu finden, schreiben wir den Ausdruck (22,4) mit entsprechenden neuen Bezeichnungen der Konstanten in der Form

$$x = a \cos(\omega t + \alpha) + \frac{f}{m(\omega^2 - \gamma^2)} [\cos(\gamma t + \beta) - \cos(\omega t + \beta)] .$$

Für $\gamma \to \omega$ liefert das zweite Glied eine Unbestimmtheit der Art 0/0, und durch Anwendung der L'HOSPITALschen Regel erhalten wir

$$x = a \cos(\omega t + \alpha) + \frac{f}{2 m \omega} t \sin(\omega t + \beta) . \tag{22,5}$$

Das bedeutet, daß im Fall der Resonanz die Schwingungsamplitude linear mit der Zeit wächst (solange sie nicht so groß wird, daß man die gesamte dargelegte Theorie nicht mehr anwenden kann).

Wir wollen noch klären, wie kleine Schwingungen in der Nähe der Resonanz aussehen, wenn also $\gamma = \omega + \varepsilon$ mit kleinem ε gilt. In komplexer Schreibweise lautet die allgemeine Lösung

$$x = A e^{i \omega t} + B e^{i(\omega + \varepsilon) t} = (A + B e^{i \varepsilon t}) e^{i \omega t} . \tag{22,6}$$

Da sich die Größe $A + B\,e^{i\varepsilon t}$ während einer Periode $2\pi/\omega$ des Faktors $e^{i\omega t}$ wenig ändert, können wir die Bewegung in der Nähe der Resonanz als kleine Schwingungen mit veränderlicher Amplitude betrachten.[1])

Wenn wir diese Amplitude mit C bezeichnen, erhalten wir

$$C = |A + B\,e^{i\varepsilon t}| \,.$$

Wir drücken nun A bzw. B durch $a\,e^{i\alpha}$ bzw. $b\,e^{i\beta}$ aus und finden

$$C^2 = a^2 + b^2 + 2\,a\,b\cos(\varepsilon\,t + \beta - \alpha)\,. \tag{22,7}$$

Die Amplitude schwankt demnach periodisch mit der Frequenz ε zwischen den beiden Grenzen

$$|a - b| \leqq C \leqq a + b\,.$$

Diese Erscheinung heißt *Schwebung.*

Die Bewegungsgleichung (22,2) kann auch bei beliebiger äußerer Kraft $F(t)$ in allgemeiner Form integriert werden. Das ist leicht auszuführen, wenn man die Gleichung zunächst in der Form

$$\frac{d}{dt}(\dot{x} + i\,\omega\,x) - i\,\omega\,(\dot{x} + i\,\omega\,x) = \frac{1}{m}\,F(t)$$

oder

$$\frac{d\xi}{dt} - i\,\omega\,\xi = \frac{1}{m}\,F(t) \tag{22,8}$$

schreibt, wo die komplexe Größe

$$\xi = \dot{x} + i\,\omega\,x \tag{22,9}$$

eingeführt worden ist. Die Gleichung (22,8) ist nicht mehr von zweiter, sondern nur noch von erster Ordnung. Ohne die rechte Seite wäre die Lösung $\xi = A\,e^{i\omega t}$ mit konstantem A. Nach allgemeinen Regeln suchen wir eine Lösung der inhomogenen Gleichung in der Form $\xi = A(t)\,e^{i\omega t}$ und erhalten für die Funktion $A(t)$ die Gleichung

$$\dot{A}(t) = \frac{1}{m}\,F(t)\,e^{-i\omega t}\,.$$

Ihre Integration ergibt die Lösung der Gleichung (22,9) in der Form

$$\xi = e^{i\omega t}\left\{\int_0^t \frac{1}{m}\,F(t)\,e^{-i\omega t}\,dt + \xi_0\right\}, \tag{22,10}$$

hierin ist die Integrationskonstante ξ_0 so gewählt, daß sie den Wert von ξ im Zeitpunkt $t = 0$ darstellt. Das ist die gesuchte allgemeine Lösung; die Funktion $x(t)$ ergibt sich als Imaginärteil des Ausdrucks (22,10) (geteilt durch ω).[2])

Die Energie eines Systems, das erzwungene Schwingungen ausführt, bleibt selbstverständlich nicht erhalten; dem System wird durch die äußere Kraft

---

[1]) Ebenfalls ändert sich das „konstante" Glied in der Phase der Schwingung.

[2]) Dabei muß die Kraft $F(t)$ natürlich in reeller Form geschrieben werden.

Energie zugeführt. Wir wollen die Gesamtenergie bestimmen, die dem System während der ganzen Zeit zufließt, in der die Kraft wirkt (von $-\infty$ bis $+\infty$), wobei wir annehmen, daß die Anfangsenergie gleich Null ist. Aus Formel (22,10) (mit der unteren Integrationsgrenze $-\infty$ statt Null und mit $\xi(-\infty) = 0$) ergibt sich für $t \to \infty$

$$|\xi(\infty)|^2 = \frac{1}{m^2} \left| \int_{-\infty}^{\infty} F(t)\, e^{-i\omega t}\, dt \right|^2 .$$

Andererseits ist die Energie des Systems

$$E = \frac{m}{2}(\dot{x}^2 + \omega^2 x^2) = \frac{m}{2} |\xi|^2 . \tag{22,11}$$

Wenn wir hier $|\xi(\infty)|^2$ einsetzen, erhalten wir für die gesuchte zugeführte Energie

$$E = \frac{1}{2\,m} \left| \int_{-\infty}^{\infty} F(t)\, e^{-i\omega t}\, dt \right|^2 . \tag{22,12}$$

Sie ist demnach bestimmt durch das Absolutquadrat der zur Eigenfrequenz des Systems gehörenden Fourier-Komponente der Kraft $F(t)$.

Wenn die äußere Kraft nur während eines kurzen Zeitintervalls (das klein ist im Vergleich zu $1/\omega$) wirkt, kann man $e^{-i\omega t} \cong 1$ setzen und erhält

$$E = \frac{1}{2\,m} \left(\int_{-\infty}^{\infty} F(t)\, dt \right)^2 .$$

Dieses Resultat ist von vornherein klar. Es drückt die Tatsache aus, daß eine kurzzeitig wirkende Kraft dem System den Impuls $\int F\, dt$ zuführt, ohne in dieser Zeit eine merkliche Auslenkung hervorzurufen.

Aufgaben

1. Berechne die erzwungenen Schwingungen eines Systems unter dem Einfluß einer äußeren Kraft $F(t)$, wenn das System zur Zeit $t = 0$ in der Gleichgewichtslage ruht ($x = 0$, $\dot{x} = 0$), für die Fälle

a) $F = \text{const} = F_0$.

Lösung: $x = \dfrac{F_0}{m\,\omega^2}(1 - \cos\omega t)$; die Wirkung einer konstanten Kraft besteht in einer Verschiebung der Gleichgewichtslage, um die herum die Schwingung verläuft.

b) $F = a\,t$.

Lösung: $x = \dfrac{a}{m\,\omega^3}(\omega t - \sin\omega t)$.

c) $F = F_0\, e^{-\alpha t}$.

Lösung: $x = \dfrac{F_0}{m(\omega^2 + \alpha^2)} \left(e^{-\alpha t} - \cos\omega t + \dfrac{\alpha}{\omega} \sin\omega t \right)$.

d) $F = F_0\, e^{-\alpha t} \cos \beta t$.
Lösung:

$$x = \frac{F_0}{m\,[(\omega^2 + \alpha^2 - \beta^2)^2 + 4\,\alpha^2\,\beta^2]} \Big\{ -(\omega^2 + \alpha^2 - \beta^2) \cos \omega t$$

$$+ \frac{\alpha}{\omega} (\omega^2 + \alpha^2 + \beta^2) \sin \omega t + e^{-\alpha t} [(\omega^2 + \alpha^2 - \beta^2) \cos \beta t - 2\,\alpha\,\beta \sin \beta t] \Big\}$$

(bei der Lösung ist es zweckmäßig, die Kraft in der komplexen Form $F = F_0\, e^{(-\alpha t + i\beta)t}$ zu schreiben).

2. Bestimme die Schwingungsamplitude eines Systems nach Einwirkung einer äußeren Kraft, die sich nach dem Gesetz $F = 0$ für $t < 0$, $F = F_0\, t/T$ für $0 < t < T$, $F = F_0$ für $t > T$ ändert (Abb. 24); bis zum Zeitpunkt $t = 0$ ruht das System in der Gleichgewichtslage.

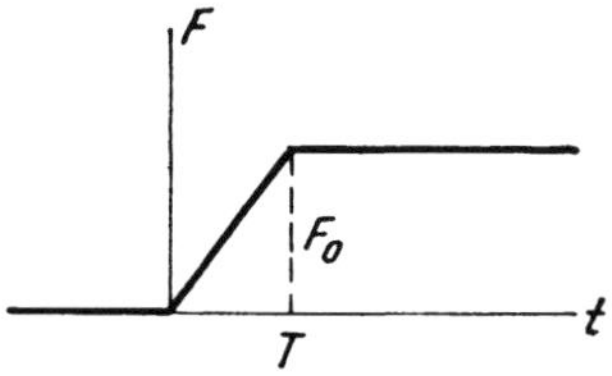

Abb. 24

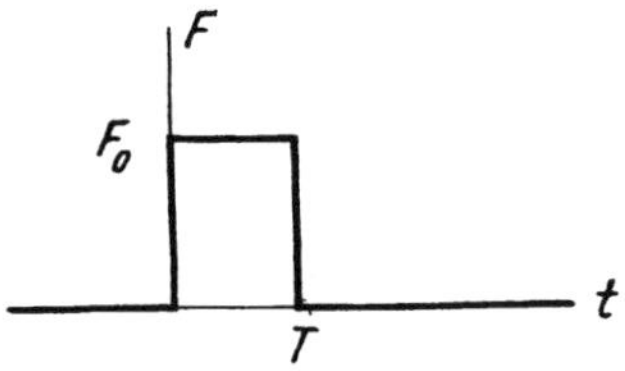

Abb. 25

Lösung: Während des Zeitintervalls $0 < t < T$ haben die Schwingungen, die den Anfangsbedingungen genügen, die Form

$$x = \frac{F_0}{m\,T\,\omega^3} (\omega t - \sin \omega t)\,.$$

Für $t > T$ suchen wir eine Lösung der Form

$$x = c_1 \cos \omega (t - T) + c_1 \sin \omega (t - T) + \frac{F_0}{m\,\omega^2}\,.$$

Aus der Stetigkeitsbedingung für x und $\dot{x}$ an der Stelle $t = T$ finden wir

$$c_1 = -\frac{F_0}{m\,T\,\omega^3} \sin \omega T\,, \qquad c_2 = \frac{F_0}{m\,T\,\omega^3} (1 - \cos \omega T)\,.$$

Hierbei ist die Amplitude der Schwingungen

$$a = \sqrt{c_2^2 + c_1^2} = \frac{2\,F_0}{m\,T\,\omega^3} \sin \frac{\omega T}{2}\,.$$

Wir bemerken, daß die Amplitude um so kleiner ist, je langsamer die Kraft F_0 „eingeschaltet" wird (d. h., je größer T ist).

3. Dasselbe für den Fall einer konstanten Kraft F_0, die während einer begrenzten Zeit T wirkt (Abb. 25).

Lösung: Man kann das Resultat auf dieselbe Weise wie in Aufgabe 2 finden; es ist jedoch noch einfacher, die Formel (22,10) zu benutzen. Für $t > T$ erhalten wir freie Schwingungen um die Lage $x = 0$; dabei ist

$$\xi = \frac{F_0}{m} e^{i\omega t} \int_0^T e^{-i\omega t}\, dt = \frac{F_0}{i\,\omega\,m} (1 - e^{-i\omega T})\, e^{i\omega t}\,,$$

das Absolutquadrat von ξ liefert aber die Amplitude gemäß der Formel $|\xi|^2 = a^2 \omega^2$. Als Resultat finden wir

$$a = \frac{2 F_0}{m \omega^2} \sin \frac{\omega T}{2}.$$

4. Dasselbe für den Fall, daß die Kraft $F = F_0 t/T$ in der Zeit von Null bis T wirkt (Abb. 26).

Lösung: Auf demselben Wege erhält man hier

$$a = \frac{F_0}{T m \omega^3} \sqrt{\omega^2 T^2 - 2 \omega T \sin \omega T + 2(1 - \cos \omega T)}.$$

5. Dasselbe für den Fall, daß sich die Kraft in der Zeit von Null bis $T = 2\pi/\omega$ nach dem Gesetz $F = F_0 \sin \omega t$ ändert (Abb. 27).

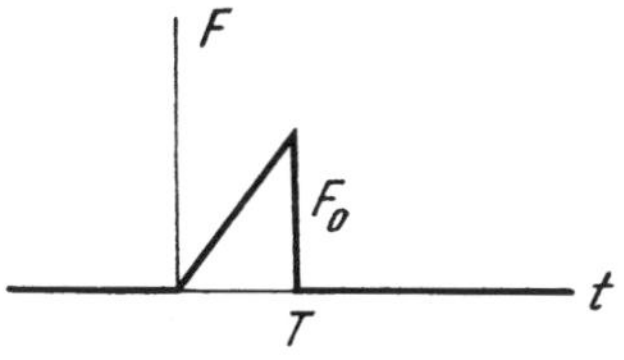

Abb. 26

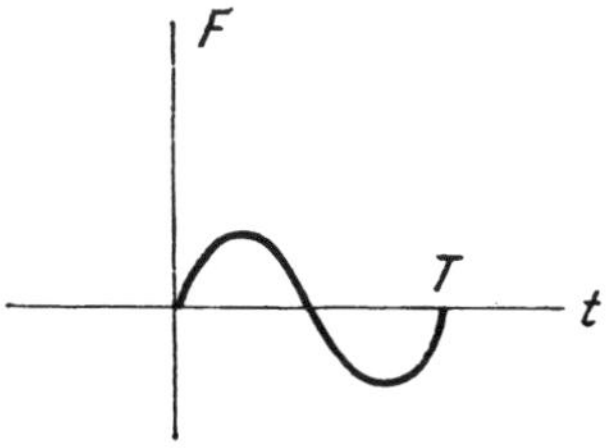

Abb. 27

Lösung: Einsetzen von

$$F(t) = F_0 \sin \omega t = \frac{F_0}{2 i} (e^{i \omega t} - e^{-i \omega t})$$

in (22,10) und Integration von 0 bis T ergibt

$$a = \frac{F_0 \pi}{m \omega^2}.$$

§ 23. Schwingungen von Systemen mit mehreren Freiheitsgraden

Die Theorie der freien Schwingungen von Systemen mit mehreren (s) Freiheitsgraden baut sich ganz analog zu der Theorie auf, die wir in § 21 für eindimensionale Schwingungen betrachtet haben. Angenommen, die potentielle Energie U des Systems habe als Funktion der verallgemeinerten Koordinaten q_i ($i = 1, 2, \ldots, s$) ein Minimum an der Stelle $q_i = q_{i0}$. Wenn wir die kleinen Verschiebungen

$$x_i = q_i - q_{i0} \tag{23,1}$$

einführen und U nach ihnen mit einer Genauigkeit bis zu Gliedern zweiter Ordnung entwickeln, erhalten wir die positiv definite quadratische Form

$$U = \frac{1}{2} \sum_{i,k} k_{ik} x_i x_k \tag{23,2}$$

für die potentielle Energie, die wir wiederum von ihrem Minimalwert an rechnen. Da die Koeffizienten k_{ik} und k_{ki} mit ein und derselben Größe $x_i \cdot x_k$ multipliziert in die Gleichung (23,2) eingehen, so ist klar, daß man sie stets symmetrisch in ihren Indizes ansehen kann:

$$k_{ik} = k_{ki}\,.$$

In der kinetischen Energie, die im allgemeinen Fall die Form

$$\frac{1}{2}\sum_{i,k} a_{ik}(q)\,\dot{q}_i\,\dot{q}_k$$

hat (s. (5,5)), setzen wir in den Koeffizienten $q_i = q_{i0}$ und bezeichnen die Konstanten $a_{ik}(q_0)$ mit m_{ik}. Damit ergibt sich für die kinetische Energie die positiv definite quadratische Form

$$\frac{1}{2}\sum_{i,k} m_{ik}\,\dot{x}_i\,\dot{x}_k\,. \tag{23,3}$$

Die Koeffizienten m_{ik} kann man ebenfalls stets als symmetrisch in ihren Indizes annehmen, d. h.

$$m_{ik} = m_{ki}\,.$$

Damit lautet die LAGRANGE-Funktion eines Systems, das freie kleine Schwingungen ausführt,

$$L = \frac{1}{2}\sum_{i,k}(m_{ik}\,\dot{x}_i\,\dot{x}_k - k_{ik}\,x_i\,x_k)\,. \tag{23,4}$$

Wir stellen nunmehr die Bewegungsgleichungen auf. Zur Bestimmung der in sie eingehenden Ableitungen schreiben wir das totale Differential der LAGRANGE-Funktion auf:

$$dL = \frac{1}{2}\sum_{i,k}(m_{ik}\,\dot{x}_i\,d\dot{x}_k + m_{ik}\,\dot{x}_k\,d\dot{x}_i - k_{ik}\,x_i\,dx_k - k_{ik}\,x_k\,dx_i)\,.$$

Da der Wert der Summe selbstverständlich nicht von der Bezeichnung der Summationsindizes abhängt, vertauschen wir im ersten und dritten Glied in der Klammer i und k; wegen der Symmetrie der Koeffizienten m_{ik} und k_{ik} erhalten wir

$$dL = \sum_{i,k}(m_{ik}\,\dot{x}_k\,d\dot{x}_i - k_{ik}\,x_k\,dx_i)\,.$$

Daraus folgt

$$\frac{\partial L}{\partial \dot{x}_i} = \sum_k m_{ik}\,\dot{x}_k\,, \qquad \frac{\partial L}{\partial x_i} = -\sum_k k_{ik}\,x_k\,.$$

Damit lauten die LAGRANGE-Gleichungen

$$\sum_k m_{ik}\,\ddot{x}_k + \sum_k k_{ik}\,x_k = 0\,. \tag{23,5}$$

Sie bilden ein System von s ($i = 1, 2, \ldots, s$) linearen homogenen Differentialgleichungen mit konstanten Koeffizienten.

Nach allgemeinen Regeln suchen wir zur Lösung dieser Gleichungen s unbekannte Funktionen $x_k(t)$ der Form

$$x_k = A_k\,e^{i\omega t}\,, \tag{23,6}$$

worin A_k irgendwelche zunächst unbestimmte Konstanten sind. Wenn wir (23,6) in das System (23,5) einsetzen, erhalten wir nach Kürzung von $e^{i\omega t}$ ein System von linearen homogenen algebraischen Gleichungen, denen die Konstanten A_k genügen müssen:

$$\sum_k (-\omega^2 m_{ik} + k_{ik}) A_k = 0 . \tag{23,7}$$

Damit dieses System von Null verschiedene Lösungen hat, muß seine Determinante verschwinden, d. h.

$$|k_{ik} - \omega^2 m_{ik}| = 0 . \tag{23,8}$$

Die Gleichung (23,8) — die sogenannte *charakteristische* Gleichung — ist eine Gleichung vom Grad s in ω^2. Sie hat im allgemeinen Fall s verschiedene positive Wurzeln ω_α^2, $\alpha = 1, 2, \ldots, s$ (in speziellen Fällen können einige dieser Wurzeln zusammenfallen). Die hierdurch definierten Größen ω_α heißen *Eigenfrequenzen* des Systems.

Aus physikalischen Überlegungen ist klar, daß die Wurzeln der Gleichung (23,8) reell und positiv sein müssen. Wenn nämlich ω einen Imaginärteil hätte, so bedeutete das für die zeitliche Abhängigkeit der Koordinaten x_k in (23,6) (und damit auch für die zeitliche Abhängigkeit der Geschwindigkeiten $\dot{x}_k$) ein exponentielles Abklingen oder Anwachsen des Zeitfaktors. Die Anwesenheit eines solchen Faktors ist in unserem Fall aber unzulässig, da er zu einer zeitlichen Änderung der Gesamtenergie $E = U + T$ des Systems führen würde, was dem Energieerhaltungssatz widerspräche.

Man kann sich davon auch auf rein mathematischem Weg überzeugen. Wenn wir die Gleichung (23,7) mit A_i^* multiplizieren und dann über i summieren, erhalten wir

$$\sum_{i,k} (-\omega^2 m_{ik} + k_{ik}) A_i^* A_k = 0$$

und daraus

$$\omega^2 = \frac{\sum_{i,k} k_{ik} A_i^* A_k}{\sum_{i,k} m_{ik} A_i^* A_k} .$$

Die quadratischen Formen im Zähler und im Nenner dieses Ausdrucks sind reell, weil die Koeffizienten k_{ik} und m_{ik} reell und symmetrisch sind:

$$\left(\sum_{i,k} k_{ik} A_i^* A_k\right)^* = \sum_{i,k} k_{ik} A_i A_k^* = \sum_{i,k} k_{ki} A_i A_k^* = \sum_{i,k} k_{ik} A_k A_i^* .$$

Sie sind auch wesentlich positiv, so daß dies auch für die ω^2 gilt.[1])

[1]) Die Tatsache, daß die quadratische Form mit den Koeffizienten k_{ik} positiv definit ist, folgt für reelle Verschiebungen aus ihrer Definition in (23,2). Wenn wir aber die komplexen Größen A_k in der Form $a_k + i\, b_k$ schreiben, erhalten wir (wiederum infolge der Symmetrie der k_{ik})

$$\sum_{i,k} k_{ik} A_i^* A_k = \sum_{i,k} k_{ik} (a_i - i\, b_i)(a_k + i\, b_k) = \sum_{i,k} k_{ik} a_i a_k + \sum_{i,k} k_{ik} b_i b_k ;$$

das ist aber eine Summe von zwei positiv definiten Formen.

Nachdem die Frequenzen ω_α gefunden sind, setzt man sie in Gleichung (23,7) ein und kann die zugehörigen Werte der Koeffizienten A_k bestimmen. Wenn die Wurzeln ω_α der charakteristischen Gleichung alle verschieden sind, werden die Koeffizienten A_k bekanntlich den Unterdeterminanten (vom Grad $s - 1$) der Determinante (23,8) proportional, wobei in letzterer ω durch die entsprechenden Werte ω_α zu ersetzen ist; wir bezeichnen diese Unterdeterminanten mit $\Delta_{k\alpha}$. Eine partikuläre Lösung des Differentialgleichungssystem (23,5) hat folglich die Form

$$x_k = \Delta_{k\alpha}\, C_\alpha\, e^{i\,\omega_\alpha t}\,,$$

worin C_α eine beliebige (komplexe) Konstante ist.

Die Summe aller s partikulären Lösungen liefert die allgemeine Lösung. Nach Übergang zum Realteil schreiben wir sie in der Form

$$x_k = \operatorname{Re}\left\{\sum_{\alpha=1}^{s} \Delta_{k\alpha}\, C_\alpha\, e^{i\,\omega_\alpha t}\right\} \equiv \sum_\alpha \Delta_{k\alpha}\, \Theta_\alpha\,, \tag{23,9}$$

wobei wir die Bezeichnung

$$\Theta_\alpha = \operatorname{Re}\{C_\alpha\, e^{i\,\omega_\alpha t}\} \tag{23,10}$$

eingeführt haben.

Das bedeutet, daß die zeitliche Änderung jeder Koordinate des Systems eine Überlagerung von s einfachen periodischen Schwingungen $\Theta_1, \Theta_2, \ldots, \Theta_s$ mit beliebigen Amplituden und Phasen, jedoch mit ganz bestimmten Frequenzen darstellt.

Die Frage liegt nahe, ob es nicht möglich ist, verallgemeinerte Koordinaten auf solche Weise zu wählen, daß jede von ihnen nur e i n e einfache Schwingung ausführt. Die Form der allgemeinen Lösung (23,9) gibt selbst schon den Weg zur Lösung dieser Aufgabe an.

Wenn wir nämlich die s Beziehungen (23,9) als ein System von Gleichungen mit s Unbekannten Θ_α ansehen, so können wir durch Auflösen dieses Systems die Größen $\Theta_1, \Theta_2, \ldots, \Theta_s$ durch die Koordinaten $x_1, x_2, \ldots, x_s$ ausdrücken. Infolgedessen kann man die Größen Θ_α als neue verallgemeinerte Koordinaten ansehen. Diese Koordinaten heißen *Normal-* (oder *Haupt-*)Koordinaten, und die einfachen periodischen Schwingungen, die sie ausführen, heißen Normalschwingungen des Systems.

Die Normalkoordinaten Θ_α genügen den Gleichungen

$$\ddot{\Theta}_\alpha + \omega_\alpha^2\, \Theta_\alpha = 0\,, \tag{23,11}$$

wie aus ihrer Definition hervorgeht. In Normalkoordinaten zerfallen die Bewegungsgleichungen also in s voneinander unabhängige Gleichungen. Die Beschleunigung zu jeder Normalkoordinate hängt nur vom Wert eben dieser Koordinate ab, und zur vollständigen Bestimmung ihrer zeitlichen Abhängigkeit genügt es, wenn man ihren Anfangswert und den Anfangswert der ihr entsprechenden Geschwindigkeit kennt. Mit anderen Worten, die Normalkoordinaten eines Systems sind vollkommen unabhängig voneinander.

Aus dem Gesagten folgt, daß die in Normalkoordinaten ausgedrückte LAGRANGE-Funktion in eine Summe von Ausdrücken zerfällt, von denen jeder einer eindimensionalen Schwingung mit einer der Frequenzen ω_α entspricht, d. h., sie hat die Form

$$L = \sum_\alpha \frac{m_\alpha}{2} (\dot{\Theta}_\alpha^2 - \omega_\alpha^2 \Theta_\alpha^2) , \tag{23,12}$$

wo m_α positive Konstanten sind. In mathematischer Hinsicht bedeutet das, daß durch die Transformation (23,9) beide quadratischen Formen — die kinetische Energie (23,3) und die potentielle Energie (23,2) — gleichzeitig auf Diagonalform gebracht werden.

Gewöhnlich wählt man die Normalkoordinaten so, daß die Koeffizienten bei den Quadraten der Geschwindigkeiten in der LAGRANGE-Funktion gleich $^1/_2$ werden. Dafür genügt es, die Normalkoordinaten (wir bezeichnen sie nunmehr mit Q_α) durch die Gleichungen

$$Q_\alpha = \sqrt{m_\alpha}\, \Theta_\alpha \tag{23,13}$$

zu definieren. Dann wird

$$L = \frac{1}{2} \sum_\alpha (\dot{Q}_\alpha^2 - \omega_\alpha^2 Q_\alpha^2) .$$

Alle bisherigen Darlegungen ändern sich nur wenig, wenn sich unter den Lösungen der charakteristischen Gleichung mehrfache Wurzeln befinden. Die allgemeine Form (23,9), (23,10) der Bewegungsgleichungen bleibt dieselbe (mit derselben Anzahl s von Gliedern), nur mit dem Unterschied, daß diejenigen Koeffizienten $\Delta_{k\alpha}$, die mehrfachen Frequenzen entsprechen, nun nicht mehr Unterdeterminanten (vom Grad $s-1$) der Determinanten (23,8) sind; diese verschwinden hier bekanntlich.[1])

Jeder mehrfachen (oder, wie man sagt, *entarteten*) Frequenz entsprechen soviel verschiedene Normalkoordinaten, wie der Grad der Entartung angibt; die Wahl dieser Normalkoordinaten (mit gleichem ω_α) ist aber nicht eindeutig; denn sie gehen in die kinetische und potentielle Energie als Summen $\sum \dot{Q}_\alpha^2$ und $\sum Q_\alpha^2$ ein, die sich auf gleiche Weise transformieren, und können daher einer beliebigen linearen, die Quadratsumme invariant lassenden Transformation unterworfen werden.

Die Normalkoordinaten für dreidimensionale Schwingungen eines Massenpunktes, der sich in einem konstanten äußeren Feld befindet, sind sehr leicht anzugeben. Wenn wir den Nullpunkt des kartesischen Koordinatensystems in

---

[1]) Daß in der allgemeinen Lösung keine Glieder auftreten dürfen, die außer den exponentiellen Faktoren noch Potenzen der Zeit enthalten, folgt aus denselben physikalischen Überlegungen, welche die Existenz komplexer „Frequenzen“ ausschließen: Die Anwesenheit solcher Glieder würde dem Erhaltungssatz der Energie widersprechen.

das Minimum der potentiellen Energie $U(x, y, z)$ legen, wird diese eine quadratische Form der Variablen x, y, z, und die kinetische Energie

$$T = \frac{m}{2}(\dot{x}^2 + \dot{y}^2 + \dot{z}^2)$$

(m ist die Masse des Teilchens) hängt nicht von der Wahl der Richtungen der Koordinatenachsen ab. Man braucht also nur die potentielle Energie durch Drehung der Achsen auf Diagonalform zu bringen. Danach erhält man

$$L = \frac{m}{2}(\dot{x}^2 + \dot{y}^2 + \dot{z}^2) - \frac{1}{2}(k_1 x^2 + k_2 y^2 + k_3 z^2)\,, \tag{23,14}$$

und die Schwingungen längs der x-, y- und z-Achse sind Hauptschwingungen mit den Frequenzen

$$\omega_1 = \sqrt{\frac{k_1}{m}}\,, \qquad \omega_2 = \sqrt{\frac{k_2}{m}}\,, \qquad \omega_3 = \sqrt{\frac{k_3}{m}}\,.$$

Im Fall eines zentralsymmetrischen Feldes ($k_1 = k_2 = k_3 = k$, $U = k\,r^2/2$) fallen diese Frequenzen zusammen (s. Aufgabe 3).

Die Benutzung von Normalkoordinaten macht es möglich, das Problem erzwungener Schwingungen eines Systems mit mehreren Freiheitsgraden auf das Problem eindimensionaler erzwungener Schwingungen zurückzuführen. Mit Einschluß veränderlicher äußerer Kräfte lautet die LAGRANGE-Funktion des Systems

$$L = L_0 + \sum_k F_k(t)\, x_k\,, \tag{23,15}$$

wo L_0 die LAGRANGE-Funktion der freien Schwingungen ist. Wenn wir die Koordinaten x_k durch Normalkoordinaten ersetzen, erhalten wir

$$L = \frac{1}{2}\sum_\alpha (\dot{Q}_\alpha^2 - \omega_\alpha^2 Q_\alpha^2) + \sum_\alpha f_\alpha(t)\, Q_\alpha\,, \tag{23,16}$$

wo die Bezeichnung

$$f_\alpha(t) = \sum_k F_k(t)\,\frac{\Delta_{k\alpha}}{\sqrt{m_\alpha}}$$

eingeführt worden ist. Dementsprechend werden die Bewegungsgleichungen

$$\ddot{Q}_\alpha + \omega_\alpha^2 Q_\alpha = f_\alpha(t) \tag{23,17}$$

jeweils nur eine unbekannte Funktion $Q_\alpha(t)$ enthalten.

Aufgaben

1. Berechne die Schwingungen eines Systems mit zwei Freiheitsgraden, wenn die LAGRANGE-Funktion

$$L = \frac{1}{2}(\dot{x}^2 + \dot{y}^2) - \frac{\omega_0^2}{2}(x^2 + y^2) + \alpha\, x\, y$$

lautet (zwei gleiche eindimensionale Systeme mit der Eigenfrequenz ω_0, die durch die Wechselwirkung $-\alpha\, x\, y$ miteinander gekoppelt sind).

Lösung: Die Bewegungsgleichungen lauten

$$\ddot{x} + \omega_0^2 x = \alpha y , \qquad \ddot{y} + \omega_0^2 y = \alpha x .$$

Einsetzen von (23,6) ergibt

$$A_x (\omega_0^2 - \omega^2) = \alpha A_y , \qquad A_y (\omega_0^2 - \omega^2) = \alpha A_x . \tag{1}$$

Die charakteristische Gleichung ist $(\omega_0^2 - \omega^2)^2 = \alpha^2$, woraus

$$\omega_1^2 = \omega_0^2 - \alpha , \qquad \omega_2^2 = \omega_0^2 + \alpha$$

folgt. Für $\omega = \omega_1$ liefern die Gleichungen (1) $A_x = A_y$, für $\omega = \omega_2$ dagegen $A_x = -A_y$. Damit wird

$$x = \frac{1}{\sqrt{2}} (Q_1 + Q_2) , \qquad y = \frac{1}{\sqrt{2}} (Q_1 - Q_2)$$

(die Koeffizienten $1/\sqrt{2}$ entsprechen der im Text erwähnten Normierung der Normalkoordinaten).

Für $\alpha \ll \omega_0^2$ (schwache Kopplung) erhalten wir

$$\omega_1 \cong \omega_0 - \frac{\alpha}{2\omega_0} , \qquad \omega_2 \cong \omega_0 + \frac{\alpha}{2\omega_0} .$$

Die Änderung von x und y besteht in diesem Fall aus einer Überlagerung von zwei Schwingungen, deren Frequenzen sich nur wenig voneinander unterscheiden, d. h., die Schwingung hat Schwebungscharakter mit der Schwebungsfrequenz $\omega_2 - \omega_1 = \alpha/\omega_0$ (s. § 22). Hierbei durchläuft die Amplitude der Koordinate y ein Minimum, wenn die Amplitude der Koordinate x ein Maximum hat, und umgekehrt.

2. Berechne die kleinen Schwingungen eines ebenen Doppelpendels (Abb. 1, S. 14).

Lösung: Für kleine Schwingungen ($\varphi_1 \ll 1$, $\varphi_2 \ll 1$) lautet die in Aufgabe 1, § 5, gefundene Lagrange-Funktion

$$L = \frac{m_1 + m_2}{2} l_1^2 \dot{\varphi}_1^2 + \frac{m_2}{2} l_2^2 \dot{\varphi}_2^2 + m_2 l_1 l_2 \dot{\varphi}_1 \dot{\varphi}_2 - \frac{m_1 + m_2}{2} g l_1 \varphi_1^2 - \frac{m_2}{2} g l_2 \varphi_2^2 .$$

Die Bewegungsgleichungen sind

$$(m_1 + m_2) l_1 \ddot{\varphi}_1 + m_2 l_2 \ddot{\varphi}_2 + (m_1 + m_2) g \varphi_1 = 0 ,$$
$$l_1 \ddot{\varphi}_1 + l_2 \ddot{\varphi}_2 + g \varphi_2 = 0 .$$

Nach Einsetzen von (23,6) ergibt sich

$$A_1 (m_1 + m_2)(g - l_1 \omega^2) - A_2 \omega^2 m_2 l_2 = 0 ,$$
$$- A_1 l_1 \omega^2 + A_2 (g - l_2 \omega^2) = 0 .$$

Die Wurzeln der charakteristischen Gleichung heißen

$$\omega_{1,2}^2 = \frac{g}{2 m_1 l_1 l_2} \{(m_1 + m_2)(l_1 + l_2)$$
$$\pm \sqrt{(m_1 + m_2)[(m_1 + m_2)(l_1 + l_2)^2 - 4 m_1 l_1 l_2]}\} .$$

Für $m_1 \to \infty$ streben die Frequenzen den Grenzwerten $\sqrt{g/l_1}$ und $\sqrt{g/l_2}$ zu, die den unabhängigen Schwingungen zweier Pendel entsprechen.

3. Bestimme die Bahn eines Teilchens im Zentralfeld $U = k r^2/2$ (sogenannter *räumlicher Oszillator*).

Lösung: Die Bewegung verläuft, wie in jedem Zentralfeld, in einer Ebene, welche wir als xy-Ebene wählen. Die Änderung jeder der Koordinaten x, y stellt eine einfache Schwingung mit der gemeinsamen Frequenz $\omega = \sqrt{k/m}$ dar:

$$x = a \cos(\omega t + \alpha), \qquad y = b \cos(\omega t + \beta)$$

oder

$$x = a \cos \varphi, \qquad y = b \cos(\varphi + \delta) = b \cos \delta \cos \varphi - b \sin \delta \sin \varphi$$

mit $\varphi = \omega t + \alpha$, $\delta = \beta - \alpha$. Wenn wir hieraus $\cos \varphi$ und $\sin \varphi$ bestimmen und die Summe ihrer Quadrate bilden, erhalten wir die Bahngleichung

$$\frac{x^2}{a^2} + \frac{y^2}{b^2} - \frac{2\,x\,y}{a\,b} \cos \delta = \sin^2 \delta .$$

Dies ist eine Ellipse mit dem Mittelpunkt im Koordinatenursprung.[1]) Für $\delta = 0$ oder π entartet die Bahn jeweils zu einer geraden Strecke.

§ 24. Schwingungen von Molekülen

Wenn wir es mit einem System von Teilchen zu tun haben, die miteinander in Wechselwirkung stehen, sich aber nicht in einem äußeren Feld befinden, so haben nicht alle Freiheitsgrade Schwingungscharakter. Ein typisches Beispiel solcher Systeme sind Moleküle. Außer den Bewegungen, die Schwingungen der Atome um ihre Gleichgewichtslage im Molekül darstellen, kann das Molekül als Ganzes fortschreitende und drehende Bewegungen ausführen.

Der Translation und im allgemeinen auch der Rotation entsprechen je drei Freiheitsgrade, so daß von den $3\,n$ Freiheitsgraden eines n-atomigen Moleküls im ganzen $3\,n - 6$ für Schwingungen übrigbleiben. Eine Ausnahme bilden Moleküle, in denen alle Atome auf einer Geraden liegen. Da es keinen Sinn hat, von Rotation um diese Gerade zu sprechen, so existieren in diesem Fall nur zwei Rotationsfreiheitsgrade und dementsprechend $3\,n - 5$ Schwingungsfreiheitsgrade.

Bei der Lösung des mechanischen Problems der Molekülschwingungen ist es zweckmäßig, von vornherein die Freiheitsgrade der Translation und der Rotation aus der Betrachtung auszuschließen.

Um die Translation zu eliminieren, muß man den Gesamtimpuls des Moleküls zu Null annehmen. Diese Bedingung bedeutet, daß der Schwerpunkt des Moleküls ruht, seine drei Koordinaten also konstant sind. Wenn wir $\boldsymbol{r}_a = \boldsymbol{r}_{a0} + \boldsymbol{u}_a$ setzen (wo $\boldsymbol{r}_{a0}$ der Radiusvektor des festen Gleichgewichtspunktes des a-ten Atoms und $\boldsymbol{u}_a$ seine Auslenkung aus dieser Lage sind), können wir die Bedingung

$$\sum_a m_a \boldsymbol{r}_a = \text{const} \equiv \sum_a m_a \boldsymbol{r}_{a0}$$

in der Form

$$\sum_a m_a \boldsymbol{u}_a = 0 \tag{24,1}$$

darstellen.

---

[1]) Die Tatsache, daß die Bewegung in einem Feld mit der potentiellen Energie $U = k\,r^2/2$ auf einer geschlossenen Bahn verläuft, wurde bereits in § 14 erwähnt.

Um die Rotation des Moleküls auszuschließen, muß man den Gesamtdrehimpuls zu Null machen. Der Drehimpuls ist im allgemeinen nicht die totale zeitliche Ableitung irgendeiner Koordinatenfunktion, durch deren Nullsetzen man ihn zum Verschwinden bringen könnte. Jedoch stellt der Fall der kleinen Schwingungen gerade eine Ausnahme dar. Wenn wir wiederum $\boldsymbol{r}_a = \boldsymbol{r}_{a0} + \boldsymbol{u}_a$ setzen und kleine Größen zweiter Ordnung in $\boldsymbol{u}_a$ vernachlässigen, erhalten wir für den Drehimpuls des Moleküls

$$\boldsymbol{M} = \sum_a m_a \boldsymbol{r}_a \times \boldsymbol{v}_a \cong \sum_a m_a \boldsymbol{r}_{a0} \times \dot{\boldsymbol{u}}_a = \frac{d}{dt} \sum_a m_a \boldsymbol{r}_{a0} \times \boldsymbol{u}_a .$$

Die Bedingung für sein Verschwinden kann man also folgendermaßen schreiben:

$$\sum_a m_a \boldsymbol{r}_{a0} \times \boldsymbol{u}_a = 0 \tag{24,2}$$

(der Koordinatenanfangspunkt kann hierbei beliebig gewählt werden).

Die Normalschwingungen eines Moleküls können nach der Art der Bewegung der Atome auf Grund von Überlegungen klassifiziert werden, die mit der Symmetrie der Verteilung der Atome im Molekül (in der Gleichgewichtslage) zusammenhängen. Hierfür existiert eine allgemeine Methode, welche die Gruppentheorie benutzt; sie ist in einem anderen Band dieses Werkes dargestellt (siehe III, § 100). Hier wollen wir nur einige elementare Beispiele betrachten.

Wenn alle n Atome eines Moleküls in einer Ebene liegen, so kann man Normalschwingungen, bei denen die Atome in dieser Ebene bleiben, und solche, bei denen die Atome diese Ebene verlassen, unterscheiden. Die auf jede der beiden Arten entfallende Anzahl ist leicht zu bestimmen. Da für die Bewegung in der Ebene im ganzen $2n$ Freiheitsgrade existieren, darunter zwei der Translation und einer der Rotation, so ist die Anzahl der Normalschwingungen, bei denen die Atome in der Ebene bleiben, gleich $2n - 3$. Bei den übrigen $(3n - 6) - (2n - 3) = n - 3$ Schwingungsfreiheitsgraden verlassen die Atome die Ebene.

Im Fall eines linearen Moleküls kann man Längsschwingungen, die die geradlinige Form erhalten, und Schwingungen, bei denen die Atome die Gerade verlassen, unterscheiden. Da für die Bewegung von n Teilchen auf einer Linie n Freiheitsgrade existieren, von denen einer der Translation entspricht, so ist die Anzahl der Schwingungen, bei denen die Atome auf der Geraden bleiben, gleich $n - 1$. Da die Gesamtzahl der Schwingungsfreiheitsgrade eines linearen Moleküls gleich $3n - 5$ ist, gibt es $2n - 4$ Schwingungsfreiheitsgrade, bei denen die Atome die Gerade verlassen. Diesen Schwingungen entsprechen jedoch nur $n - 2$ verschiedene Frequenzen; denn jede dieser Schwingungen kann auf zwei unabhängige Weisen verwirklicht werden, nämlich in zwei senkrecht aufeinander stehenden Ebenen (die durch die Molekülachse gehen), und aus Symmetrieüberlegungen folgt, daß jedes Paar dieser Normalschwingungen die gleiche Frequenz hat.

Aufgaben[1])

1. Bestimme die Schwingungsfrequenzen eines linearen dreiatomigen symmetrischen Moleküls ABA (Abb. 28). Es wird angenommen, daß die potentielle Energie des Moleküls nur von den Abständen $A-B$ und $B-A$ und vom Winkel ABA abhängt.

Lösung: Die Längsverschiebungen x_1, x_2, x_3 der Atome sind wegen (24,1) durch die Beziehung

$$m_A(x_1 + x_3) + m_B x_2 = 0$$

verknüpft. Mit ihrer Hilfe eliminieren wir x_2 aus der LAGRANGE-Funktion der Längsbewegung des Moleküls,

$$L = \frac{m_A}{2}(\dot{x}_1^2 + \dot{x}_3^2) + \frac{m_B}{2}\dot{x}_2^2 - \frac{k_1}{2}[(x_1 - x_2)^2 + (x_3 - x_2)^2],$$

führen dann die neuen Koordinaten

$$Q_a = x_1 + x_3, \qquad Q_s = x_1 - x_3$$

ein und erhalten als Resultat

$$L = \frac{m_A \mu}{4\, m_B}\dot{Q}_a^2 + \frac{m_A}{4}\dot{Q}_s^2 - \frac{k_1 \mu^2}{4\, m_B^2} Q_a^2 - \frac{k_1}{4} Q_s^2$$

($\mu = 2\, m_A + m_B$ ist die Masse des Moleküls). Hieraus sieht man, daß Q_a und Q_s Normalkoordinaten sind (bis auf die Normierung). Die Koordinate Q_a entspricht einer zum Molekülmittelpunkt antisymmetrischen Schwingung ($x_1 = x_3$; Abb. 28a) mit der Frequenz

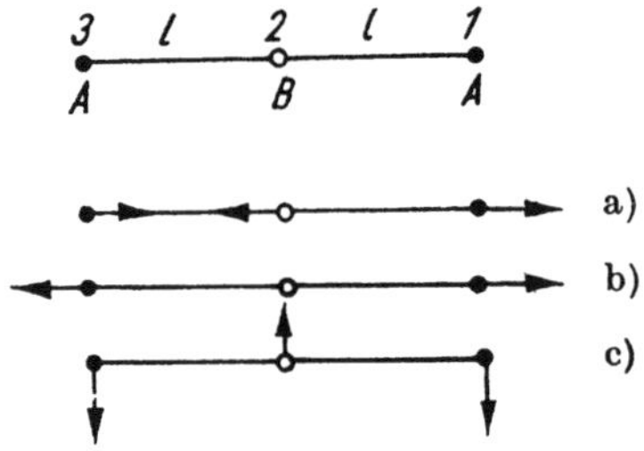

Abb. 28

$$\omega_a = \sqrt{\frac{k_1 \mu}{m_A m_B}},$$

die Koordinate Q_s einer symmetrischen Schwingung ($x_1 = -x_3$; Abb. 28b) mit der Frequenz

$$\omega_{s1} = \sqrt{\frac{k_1}{m_A}}.$$

Die transversalen Verschiebungen y_1, y_2, y_3 der Atome sind wegen (24,1) und (24,2) durch die Beziehungen

$$m_A(y_1 + y_3) + m_B y_2 = 0, \qquad y_1 = y_3$$

verknüpft (symmetrische Biegeschwingung; Abb. 28c). Die potentielle Energie der Biegung des Moleküls hat die Form $k_2 l^2 \delta^2/2$, wo δ die Abweichung des Winkels ABA vom Wert π ist, die von der Verschiebung gemäß

$$\delta = \frac{1}{l}[(y_1 - y_2) + (y_3 - y_2)]$$

---

[1]) Berechnungen von Schwingungen komplizierter Moleküle sind in folgenden Büchern zu finden: M. W. WOLKENSTEIN, M. A. JELJASCHEWITSCH, B. I. STEPANOW, Molekülschwingungen. Staatsverlag für technische Literatur, 1949. G. HERZBERG, Molecular Spectra and Molecular Structure, Vol. I, II, III, Krieger Publ. Comp., Malabar, 1991.

abhängt. Wenn wir alle Verschiebungen y_1, y_2, y_3 durch δ ausdrücken, erhalten wir die LAGRANGE-Funktion der transversalen Schwingung in der Form

$$L = \frac{m_A}{2}(\dot{y}_1^2 + \dot{y}_3^2) + \frac{m_B}{2}\dot{y}_2^2 - \frac{k_2 l^2}{2}\delta^2 = \frac{m_A m_B}{4\mu} l^2 \dot{\delta}^2 - \frac{k_2 l^2}{2}\delta^2$$

und daraus die Frequenz

$$\omega_{s\,2} = \sqrt{\frac{2 k_2 \mu}{m_A m_B}}.$$

2. Dasselbe für ein Molekül ABA von dreieckiger Form (Abb. 29).

Lösung: Wegen (24,1) und (24,2) bestehen zwischen den Komponenten der Verschiebungen $\boldsymbol{u}$ der Atome in X- und Y-Richtung (Abb. 29) die Beziehungen

$$m_A(x_1 + x_3) + m_B x_2 = 0\,,$$
$$m_A(y_1 + y_3) + m_B y_2 = 0\,,$$
$$\sin\alpha\,(y_1 - y_3) - \cos\alpha\,(x_1 + x_3) = 0\,.$$

Die Änderungen δl_1 und δl_2 der Abstände $A-B$ und $B-A$ ergeben sich durch Projektion der Vektoren $\boldsymbol{u}_1 - \boldsymbol{u}_2$ und $\boldsymbol{u}_3 - \boldsymbol{u}_2$ auf die Richtungen der Linien AB und BA zu

$$\delta l_1 = (x_1 - x_2)\sin\alpha + (y_1 - y_2)\cos\alpha\,,$$
$$\delta l_2 = -(x_3 - x_2)\sin\alpha + (y_3 - y_2)\cos\alpha\,.$$

Die Änderung des Winkels ABA ergibt sich durch Projektion derselben Vektoren auf die Richtungen, die senkrecht auf den Strecken AB und BA stehen, zu

$$\delta = \frac{1}{l}[(x_1 - x_2)\cos\alpha - (y_1 - y_2)\sin\alpha]$$
$$+ \frac{1}{l}[-(x_3 - x_2)\cos\alpha - (y_3 - y_2)\sin\alpha]\,.$$

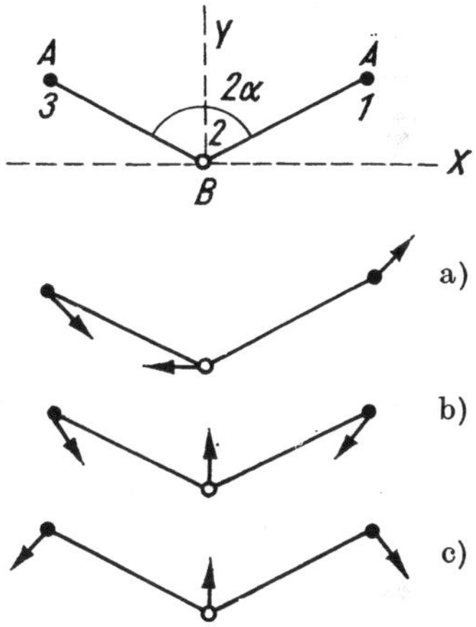

Abb. 29

Die LAGRANGE-Funktion des Moleküls lautet

$$L = \frac{m_A}{2}(\dot{\boldsymbol{u}}_1^2 + \dot{\boldsymbol{u}}_3^2) + \frac{m_B}{2}\dot{\boldsymbol{u}}_2^2 - \frac{k_1}{2}(\delta l_1^2 + \delta l_2^2) - \frac{k_2 l^2}{2}\delta^2.$$

Mit den neuen Koordinaten

$$Q_a = x_1 + x_3\,, \qquad q_{s1} = x_1 - x_3\,, \qquad q_{s2} = y_1 + y_3$$

heißen die Komponenten der Vektoren $\boldsymbol{u}$

$$x_1 = \frac{1}{2}(Q_a + q_{s1})\,, \qquad x_3 = \frac{1}{2}(Q_a - q_{s1})\,, \qquad x_2 = -\frac{m_A}{m_B}Q_a\,,$$
$$y_1 = \frac{1}{2}(q_{s2} + Q_a\cot\alpha), \qquad y_3 = \frac{1}{2}(q_{s2} - Q_a\cot\alpha)\,, \qquad y_2 = -\frac{m_A}{m_B}q_{s2}\,,$$

und für die LAGRANGE-Funktion erhalten wir nach einiger Rechnung

$$L = \frac{m_A}{4}\left(\frac{2 m_A}{m_B} + \frac{1}{\sin^2\alpha}\right)\dot{Q}_a^2 + \frac{m_A}{4}\dot{q}_{s1}^2 + \frac{m_A\mu}{4 m_B}\dot{q}_{s2}^2$$
$$- Q_a^2\frac{k_1}{4}\left(\frac{2 m_A}{m_B} + \frac{1}{\sin^2\alpha}\right)\left(1 + \frac{2 m_A}{m_B}\sin^2\alpha\right)$$
$$- \frac{q_{s1}^2}{4}(k_1\sin^2\alpha + 2 k_2\cos^2\alpha) - q_{s2}^2\frac{\mu^2}{4 m_B^2}(k_1\cos^2\alpha + 2 k_2\sin^2\alpha)$$
$$+ q_{s1}\,q_{s2}\frac{\mu}{2 m_B}(2 k_2 - k_1)\sin\alpha\cos\alpha\,.$$

Hieraus geht hervor, daß die Koordinate Q_a einer Normalschwingung mit der Frequenz

$$\omega_a^2 = \frac{k_1}{m_A}\left(1 + \frac{2\,m_A}{m_B}\sin^2\alpha\right)$$

entspricht, die antisymmetrisch zur Y-Achse ist ($x_1 = x_3$, $y_1 = -y_3$; Abb. 29a).

Die beiden Koordinaten q_{s1}, q_{s2} entsprechen zwei Schwingungen, die symmetrisch zur Y-Achse sind ($x_1 = -x_3$, $y_1 = y_3$; Abb. 29b und c) und deren Frequenzen ω_{s1}, ω_{s2} sich als Wurzeln der in ω^2 quadratischen charakteristischen Gleichung

$$\omega^4 - \omega^2\left[\frac{k_1}{m_A}\left(1 + \frac{2\,m_A}{m_B}\cos^2\alpha\right) + \frac{2\,k_2}{m_A}\left(1 + \frac{2\,m_A}{m_B}\sin^2\alpha\right)\right] + \frac{2\,\mu\,k_1\,k_2}{m_B\,m_A^2} = 0$$

ergeben.

Für $2\,\alpha = \pi$ fallen alle diese Frequenzen mit den in Aufgabe 1 gefundenen zusammen.

3. Dasselbe für ein lineares nichtsymmetrisches Molekül ABC (Abb. 30).

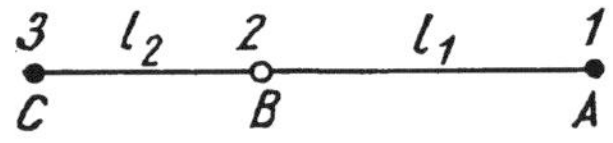

Abb. 30

Lösung: Die Längsverschiebungen (x) und die Querverschiebungen (y) der Atome sind durch die Beziehungen

$$m_A\,x_1 + m_B\,x_2 + m_C\,x_3 = 0\,,$$
$$m_A\,y_1 + m_B\,y_2 + m_C\,y_3 = 0\,,$$
$$m_A\,l_1\,y_1 = m_C\,l_2\,y_3$$

miteinander verknüpft. Die potentielle Energie der Dehnung und Biegung schreiben wir in der Form

$$\frac{k_1}{2}(\delta l_1)^2 + \frac{k_1'}{2}(\delta l_2)^2 + \frac{k_2\,l^2}{2}\delta^2$$

($2l = l_1 + l_2$). Analoge Rechnungen wie in Aufgabe 1 liefern den Wert

$$\omega_t^2 = \frac{k_2\,l^2}{l_1^2\,l_2^2}\left(\frac{l_1^2}{m_C} + \frac{l_2^2}{m_A} + \frac{4\,l^2}{m_B}\right)$$

für die Frequenz der transversalen Schwingung und ferner die in ω^2 quadratische Gleichung

$$\omega^4 - \omega^2\left[k_1\left(\frac{1}{m_A} + \frac{1}{m_B}\right) + k_1'\left(\frac{1}{m_B} + \frac{1}{m_C}\right)\right] + \frac{\mu\,k_1\,k_1'}{m_A\,m_B\,m_C} = 0$$

für die Frequenzen ω_{l1}, ω_{l2} der beiden longitudinalen Schwingungen.

§ 25. Gedämpfte Schwingungen

Bisher haben wir stets angenommen, daß die Bewegung der Körper im leeren Raum vor sich geht oder daß der Einfluß des Mediums auf die Bewegung zu vernachlässigen ist. In Wirklichkeit setzt das Medium der Bewegung des Körpers einen Widerstand entgegen, der sie zu verlangsamen sucht. Die Energie des sich bewegenden Körpers geht hierbei letzten Endes in Wärme über; man sagt, sie dissipiert. Der Bewegungsprozeß ist unter diesen Bedingungen schon kein rein mechanischer Vorgang mehr, und seine Betrachtung fordert die Berücksichtigung der Bewegung des Mediums selbst und des inneren Wärmezustandes sowohl des Mediums als auch des Körpers. Beispielsweise kann man im allgemeinen nicht mehr behaupten, daß die Beschleungiung eines bewegten Körpers nur von seinen Koordinaten und von der Geschwindigkeit in einem gegebenen Zeitpunkt abhängt; d. h., Bewegungsgleichungen in einem Sinne, den sie in der Mechanik haben, existieren nicht. Damit ist das Problem der Bewegung eines Körpers im Medium bereits kein mechanisches Problem mehr.

Es gibt jedoch eine bestimmte Kategorie von Fällen, in denen sich die Bewegung in einem Medium näherungsweise mit Hilfe mechanischer Bewegungsgleichungen beschreiben läßt, indem in diese Gleichungen gewisse Zusatzglieder eingeführt werden. Hierher gehören Schwingungen mit Frequenzen, die klein sind im Vergleich zu den Frequenzen, die die inneren dissipativen Prozesse im Medium charakterisieren. Bei Erfüllung dieser Bedingung kann man annehmen, daß auf den Körper eine *Reibungskraft* wirkt, die (für ein gegebenes homogenes Medium) nur von der Geschwindigkeit des Körpers abhängt.

Wenn darüber hinaus diese Geschwindigkeit genügend klein ist, so kann man die Reibungskraft nach Potenzen der Geschwindigkeit entwickeln. Das Glied nullter Ordnung der Entwicklung ist gleich Null, da auf den ruhenden Körper überhaupt keine Reibungskraft wirkt, und das erste nicht verschwindende Glied ist proportional der Geschwindigkeit. Damit kann man die verallgemeinerte Reibungskraft f_R, die auf ein System wirkt, das eindimensionale kleine Schwingungen mit der verallgemeinerten Koordinate x ausführt, in der Form

$$f_R = -\alpha \dot{x}$$

schreiben, wo α ein positiver Koeffizient ist; das Minuszeichen zeigt, daß die Kraft in der zur Geschwindigkeit entgegengesetzten Richtung wirkt. Wenn wir diese Kraft auf der rechten Seite der Bewegungsgleichung hinzufügen, erhalten wir (vgl. (21,4))

$$m \ddot{x} = -k x - \alpha \dot{x} . \qquad (25,1)$$

Wir teilen durch m und führen die Bezeichnungen

$$\frac{k}{m} = \omega_0^2 , \qquad \frac{\alpha}{m} = 2\lambda \qquad (25,2)$$

ein. ω_0 ist die Frequenz der freien Schwingungen des Systems ohne Reibung. Die Größe λ heißt *Dämpfungskonstante* (oder *Dämpfungsfaktor*).

Auf diese Weise erhalten wir die Gleichung

$$\ddot{x} + 2\lambda \dot{x} + \omega_0^2 x = 0 . \qquad (25,3)$$

Nach den allgemeinen Regeln für die Lösung linearer Differentialgleichungen mit konstanten Koeffizienten setzen wir $x = e^{rt}$ und finden für r die charakteristische Gleichung

$$r^2 + 2\lambda r + \omega_0^2 = 0 ,$$

woraus sich

$$r_{1,2} = -\lambda \pm \sqrt{\lambda^2 - \omega_0^2}$$

ergibt. Die allgemeine Lösung der Gleichung (23,5) lautet

$$x = c_1\, e^{r_1 t} + c_2\, e^{r_2 t}\,.$$

Hier müssen zwei Fälle unterschieden werden.

Für $\lambda < \omega_0$ erhalten wir zwei konjugiert komplexe Werte für r. Die allgemeine Lösung der Bewegungsgleichung kann in diesem Fall als

$$x = \operatorname{Re}\left\{A \exp\left(-\lambda t + i\sqrt{\omega_0^2 - \lambda^2}\, t\right)\right\}$$

geschrieben werden, wo A eine beliebige komplexe Konstante ist, oder in der äquivalenten Form

$$x = a\, e^{-\lambda t} \cos(\omega t + \alpha)\,, \qquad \omega = \sqrt{\omega_0^2 - \lambda^2}\,, \tag{25,4}$$

mit reellen Konstanten a und α. Die durch diese Formeln dargestellte Bewegung ist eine sogenannte *gedämpfte Schwingung*. Man kann sie als harmonische Schwingung mit exponentiell abnehmender Amplitude ansehen. Die Geschwindigkeit der Amplitudenabnahme wird durch den Exponenten λ bestimmt, die „Frequenz" ω der Schwingungen ist kleiner als die Frequenz der freien Schwingungen ohne Reibung; im Fall $\lambda \ll \omega_0$ wird die Differenz zwischen ω und ω_0 eine kleine Größe zweiter Ordnung. Eine Verkleinerung der Frequenz durch die Reibung war vorauszusehen, da die Reibung die Bewegung hemmt.

Für $\lambda \ll \omega_0$ ändert sich die Amplitude der gedämpften Schwingung während einer Periode $2\pi/\omega$ kaum. In diesem Fall hat es Sinn, die (über eine Periode) gemittelten Werte der Quadrate der Koordinate und der Geschwindigkeit zu betrachten und bei der Mittelung die Änderung des Faktors $e^{-\lambda t}$ zu vernachlässigen. Diese mittleren Quadrate sind offensichtlich proportional zu $e^{-2\lambda t}$. Das bedeutet, daß auch die Energie des Systems im Mittel nach dem Gesetz

$$\overline{E} = E_0\, e^{-2\lambda t} \tag{25,5}$$

abnimmt, wo E_0 den Anfangswert der Energie bedeutet.

Wir nehmen nun $\lambda > \omega_0$ an. Dann sind beide Werte von r reell und negativ. Die allgemeine Lösung lautet hier

$$x = c_1\, e^{-\left(\lambda - \sqrt{\lambda^2 - \omega_0^2}\right) t} + c_2\, e^{-\left(\lambda + \sqrt{\lambda^2 - \omega_0^2}\right) t}\,. \tag{25,6}$$

Man sieht, daß in diesem Fall, der bei genügend großer Reibung auftritt, die Bewegung in einer Abnahme von $|x|$ besteht, d. h. in einer asymptotischen (bei $t \to \infty$) Annäherung an die Gleichgewichtslage ohne Schwingungen. Dieser Bewegungstyp heißt *aperiodische Bewegung*.

In dem speziellen Fall $\lambda = \omega_0$ schließlich hat die charakteristische Gleichung nur eine (doppelte) Wurzel $r = -\lambda$. Die allgemeine Lösung der Differentialgleichung hat in diesem Fall bekanntlich die Form

$$x = (c_1 + c_2 t)\, e^{-\lambda t}\,. \tag{25,7}$$

Das ist ein Sonderfall der aperiodischen Bewegung. Die Bewegung kann keinen Schwingungscharakter mehr haben.

Für ein System mit vielen Freiheitsgraden sind die verallgemeinerten Reibungskräfte, die den verallgemeinerten Koordinaten x_i entsprechen, lineare Funktionen der Geschwindigkeiten:

$$f_{iR} = -\sum_k \alpha_{ik}\dot{x}_k . \tag{25,8}$$

Aus rein mechanischen Überlegungen kann man nichts aussagen über die Symmetrieeigenschaften der Koeffizienten α_{ik} bezüglich ihrer Indizes i und k. Mit den Methoden der statistischen Physik läßt sich jedoch zeigen, daß stets

$$\alpha_{ik} = \alpha_{ki} \tag{25,9}$$

gilt (siehe V, § 121). Damit kann man die Ausdrücke (25,8) als Ableitungen

$$f_{iR} = -\frac{\partial F}{\partial \dot{x}_i} \tag{25,10}$$

der quadratischen Form

$$F = \frac{1}{2}\sum_{i,k}\alpha_{ik}\dot{x}_i\dot{x}_k \tag{25,11}$$

schreiben; letztere heißt *Dissipationsfunktion.*

Die Kräfte (25,10) müssen den rechten Seiten der LAGRANGE-Gleichungen hinzugefügt werden:

$$\frac{d}{dt}\frac{\partial L}{\partial \dot{x}_i} = \frac{\partial L}{\partial x_i} - \frac{\partial F}{\partial \dot{x}_i}. \tag{25,12}$$

Die Dissipationsfunktion selbst hat einen wichtigen physikalischen Sinn: Sie bestimmt die Intensität der Energiedissipation im System. Davon kann man sich leicht überzeugen, indem man die zeitliche Ableitung der mechanischen Energie des Systems berechnet:

$$\frac{dE}{dt} = \frac{d}{dt}\left(\sum_i \dot{x}_i\frac{\partial L}{\partial \dot{x}_i} - L\right) = \sum_i \dot{x}_i\left(\frac{d}{dt}\frac{\partial L}{\partial \dot{x}_i} - \frac{\partial L}{\partial x_i}\right) = -\sum_i \dot{x}_i\frac{\partial F}{\partial \dot{x}_i}.$$

Da F eine quadratische Funktion der Geschwindigkeiten ist, so wird nach dem EULERschen Theorem für homogene Funktionen die Summe auf der rechten Seite gleich $2F$, also

$$\frac{dE}{dt} = -2F, \tag{25,13}$$

d. h., die Änderungsgeschwindigkeit der Energie des Systems ergibt sich als das Doppelte der Dissipationsfunktion. Da dissipative Vorgänge zu einer Verringerung der Energie führen, muß stets $F > 0$ sein, d. h., die quadratische Form (25,11) ist wesentlich positiv.

Die Bewegungsgleichungen für kleine Schwingungen bei Anwesenheit von Reibung ergeben sich durch Hinzufügen der Kräfte (25,8) auf den rechten Seiten der Gleichungen (23,5) zu

$$\sum_k m_{ik} \ddot{x}_k + \sum_k k_{ik} x_k = -\sum_k \alpha_{ik} \dot{x}_k . \tag{25,14}$$

Wenn wir in diesen Gleichungen

$$x_k = A_k e^{rt}$$

setzen, erhalten wir nach Kürzen von e^{rt} ein System linearer algebraischer Gleichungen für die Konstanten A_k, nämlich

$$\sum_k (m_{ik} r^2 + \alpha_{ik} r + k_{ik}) A_k = 0 . \tag{25,15}$$

Durch Nullsetzen der Determinante dieses Systems finden wir für die charakteristische Gleichung, die die Werte von r bestimmt, den Ausdruck

$$|m_{ik} r^2 + \alpha_{ik} r + k_{ik}| = 0 . \tag{25,16}$$

Dies ist eine Gleichung vom Grad $2\,s$ in r. Sämtliche Koeffizienten sind reell, die Wurzeln also entweder reell oder paarweise konjugiert komplex. Dabei sind die reellen Wurzeln unbedingt negativ und die komplexen haben einen negativen Realteil. Andernfalls würden die Koordinaten und Geschwindigkeiten und mit ihnen die Energie des Systems exponentiell mit der Zeit anwachsen, während doch die Anwesenheit dissipativer Kräfte zu einer Verringerung der Energie führen muß.

§ 26. Erzwungene Schwingungen bei Anwesenheit von Reibung

Die Untersuchung erzwungener Schwingungen bei Anwesenheit von Reibung läßt sich ganz analog wie bei den Schwingungen ohne Reibung (§ 22) durchführen. Im einzelnen wollen wir hier auf den besonders interessanten Fall einer periodischen äußeren Kraft eingehen.

Wenn wir auf der rechten Seite der Gleichung (25,1) die äußere Kraft $f \cos \gamma t$ hinzufügen und durch m teilen, erhalten wir die Bewegungsgleichung

$$\ddot{x} + 2\lambda \dot{x} + \omega_0^2 x = \frac{f}{m} \cos \gamma t . \tag{26,1}$$

Die Lösung dieser Gleichung sucht man zweckmäßigerweise in komplexer Form, deswegen schreiben wir auf der rechten Seite $e^{i\gamma t}$ statt $\cos \gamma t$:

$$\ddot{x} + 2\lambda \dot{x} + \omega_0^2 x = \frac{f}{m} e^{i\gamma t} .$$

Der Ansatz $x = B\, e^{i\gamma t}$ für eine partikuläre Lösung führt zu

$$B = \frac{f}{m(\omega_0^2 - \gamma^2 + 2\,i\lambda\gamma)} . \tag{26,2}$$

Wenn wir B in der Form $b\, e^{i\delta}$ darstellen, erhalten wir für b und δ

$$b = \frac{f}{m\sqrt{(\omega_0^2 - \gamma^2)^2 + 4\lambda^2\gamma^2}}, \qquad \tan\delta = \frac{2\lambda\gamma}{\gamma^2 - \omega_0^2}. \tag{26,3}$$

Indem wir schließlich den Realteil des Ausdruckes $B\, e^{i\gamma t} = b\, e^{i(\gamma t + \delta)}$ abtrennen, was eine partikuläre Lösung der Gleichung (26,1) liefert, und die allgemeine Lösung der homogenen Gleichung (die wir der Eindeutigkeit halber für den Fall $\omega_0 > \lambda$ anschreiben) hinzufügen, entsteht

$$x = a\, e^{-\lambda t} \cos(\omega t + \alpha) + b \cos(\gamma t + \delta). \tag{26,4}$$

Der erste Summand nimmt exponentiell mit der Zeit ab, so daß nach genügend langer Zeit nur noch das Glied

$$x = b \cos(\gamma t + \delta) \tag{26,5}$$

übrigbleibt.

Der Ausdruck (26,3) für die Amplitude b der erzwungenen Schwingung nimmt zwar bei Annäherung der Frequenz γ an ω_0 zu, wird aber nicht unendlich, wie das bei der Resonanz ohne Reibung der Fall war. Bei gegebener Amplitude f der Kraft erreicht die Schwingungsamplitude ihren Maximalwert bei der Frequenz $\gamma = \sqrt{\omega_0^2 - 2\lambda^2}$; für $\lambda \ll \omega_0$ unterscheidet sich diese Größe von ω_0 nur um eine kleine Größe zweiter Ordnung.

Wir betrachten nun das Gebiet in der Nähe der Resonanz, setzen $\gamma = \omega_0 + \varepsilon$, wo ε eine kleine Größe ist, und nehmen $\lambda \ll \omega_0$ an. Dann kann man in (26,2) näherungsweise

$$\gamma^2 - \omega_0^2 = (\gamma + \omega_0)(\gamma - \omega_0) \approx 2\omega_0\varepsilon, \qquad 2i\lambda\gamma \approx 2i\lambda\omega_0$$

schreiben, so daß sich

$$B = -\frac{f}{2m(\varepsilon - i\lambda)\omega_0} \tag{26,6}$$

oder

$$b = \frac{f}{2m\omega_0\sqrt{\varepsilon^2 + \lambda^2}}, \qquad \tan\delta = \frac{\lambda}{\varepsilon} \tag{26,7}$$

ergibt.

Wir weisen auf die charakteristische Form der Abhängigkeit der Phasendifferenz δ zwischen der Schwingung und der äußeren Kraft von der Frequenz γ der Kraft hin. δ ist stets negativ, d. h., die Schwingung ist gegen die äußere Kraft „verzögert". In großer Entfernung von der Resonanz strebt δ auf der Seite $\gamma < \omega_0$ dem Wert Null, auf der Seite $\gamma > \omega_0$ dem Wert $-\pi$ zu. Die Änderung von δ von Null bis $-\pi$ findet in einem engen Frequenzbereich (der Breite $\sim\lambda$) in der Umgebung von ω_0 statt; an der Stelle $\gamma = \omega_0$ nimmt die Phasendifferenz den Wert $-\frac{\pi}{2}$ an. In diesem Zusammenhang sei erwähnt, daß bei Abwesenheit von Reibung die Änderung der Phase der erzwungenen

Schwingung um den Wert π sprungartig an der Stelle $\gamma = \omega_0$ vor sich geht (das zweite Glied in (22,4) ändert sein Vorzeichen); die Berücksichtigung der Reibung glättet diesen Sprung.

Im eingeschwungenen Zustand (26,5) bleibt die Energie eines Systems, das erzwungene Schwingungen ausführt, unverändert. Das System absorbiert allerdings ununterbrochen Energie (aus der Quelle der äußeren Kraft), die infolge der Reibung dissipiert. Bezeichnen wir mit $I(\gamma)$ die im Mittel in der Zeiteinheit absorbierte Energiemenge als Funktion der Frequenz der äußeren Kraft, so erhalten wir nach (25,13)

$$I(\gamma) = 2\,\overline{F}\,,$$

wo $\overline{F}$ der (über eine Schwingungsperiode) gemittelte Wert der Dissipationsfunktion ist. Für eindimensionale Bewegung führt der Ausdruck (25,11) für die Dissipationsfunktion zu $F = \alpha\,\dot{x}^2/2 = \lambda\, m\, \dot{x}^2$. Durch Einsetzen von (26,5) ergibt sich

$$F = \lambda\, m\, b^2\, \gamma^2 \sin^2(\gamma\, t + \delta)\,.$$

Das Zeitmittel des Quadrates des Sinus ist gleich 1/2, so daß gilt

$$I(\gamma) = \lambda\, m\, b^2\, \gamma^2\,. \tag{26,8}$$

Wenn wir die Schwingungsamplitude aus (26,7) einsetzen, erhalten wir in der Nähe der Resonanz

$$I(\varepsilon) = \frac{f^2}{4\,m}\,\frac{\lambda}{\varepsilon^2 + \lambda^2}\,. \tag{26,9}$$

Eine solche Art der Abhängigkeit der Absorption von der Frequenz bezeichnet man als *Dispersion*. Der Wert von $|\varepsilon|$, bei dem sich die Größe $I(\varepsilon)$ auf die Hälfte des Maximalwertes bei $\varepsilon = 0$ verringert, heißt halbe Halbwertsbreite der Resonanzkurve (Abb. 31). Aus Formel (26,9) ist ersichtlich, daß diese Breite in unserem Fall mit der Dämpfungskonstanten λ zusammenfällt. Die Höhe des Maximums

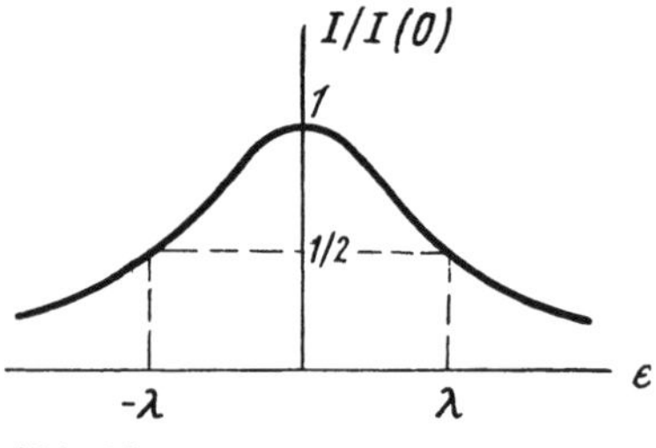

Abb. 31

$$I(0) = \frac{f^2}{4\,m\,\lambda}$$

ist umgekehrt proportional zu λ. Das bedeutet, daß bei Verkleinerung der Dämpfungskonstanten die Resonanzkurve schmaler und höher, ihr Maximum also schärfer wird. Die Fläche der Resonanzkurve bleibt dabei unverändert.

Diese Fläche ergibt sich aus dem Integral

$$\int_0^\infty I(\gamma)\, d\gamma = \int_{-\omega_0}^{\infty} I(\varepsilon)\, d\varepsilon\,.$$

Da $I(\varepsilon)$ bei Vergrößerung von $|\varepsilon|$ schnell abnimmt, so daß das Gebiet großer Werte von $|\varepsilon|$ unwesentlich ist, kann man bei der Integration $I(\varepsilon)$ in der Form

(26,9) schreiben und die untere Integrationsgrenze durch $-\infty$ ersetzen. Dann folgt

$$\int\limits_{-\infty}^{\infty} I(\varepsilon)\, d\varepsilon = \frac{f^2 \lambda}{4\,m} \int\limits_{-\infty}^{\infty} \frac{d\varepsilon}{\varepsilon^2 + \lambda^2} = \frac{\pi f^2}{4\,m}\,. \tag{26,10}$$

Aufgabe

Bestimme die erzwungenen Schwingungen bei Anwesenheit von Reibung unter der Wirkung der äußeren Kraft $f = f_0\, e^{\alpha t} \cos \gamma\, t$.

Lösung: Wir lösen die Bewegungsgleichung in komplexer Form

$$\ddot{x} + 2\,\lambda\,\dot{x} + \omega_0^2\,x = \frac{f_0}{m}\, e^{\alpha t + i \gamma t}$$

und trennen den Realteil der Lösung ab. Als Resultat erhalten wir die erzwungene Schwingung

$$x = b\, e^{\alpha t} \cos(\gamma\, t + \delta)$$

mit

$$b = \frac{f_0}{m \sqrt{(\omega_0^2 + \alpha^2 - \gamma^2 + 2\,\alpha\,\lambda)^2 + 4\,\gamma^2\,(\alpha + \lambda)^2}}\,,$$

$$\tan \delta = -\,\frac{2\,\gamma\,(\alpha + \lambda)}{\omega_0^2 - \gamma^2 + \alpha^2 + 2\,\alpha\,\lambda}\,.$$

§ 27. Parametrische Resonanz

Es gibt nichtabgeschlossene Schwingungssysteme, bei denen die äußere Einwirkung in einer zeitlichen Änderung ihrer Parameter besteht.[1])

Die Parameter eines eindimensionalen Systems sind die Koeffizienten m und k in der Lagrange-Funktion (21,3); wenn sie von der Zeit abhängen, lautet die Bewegungsgleichung

$$\frac{d}{dt}(m\,\dot{x}) + k\,x = 0\,. \tag{27,1}$$

Nach Einführung einer neuen unabhängigen Veränderlichen τ statt t durch $d\tau = dt/m(t)$ wird daraus

$$\frac{d^2x}{d\tau^2} + m\,k\,x = 0\,.$$

Es genügt daher und bedeutet keine Einschränkung der Allgemeinheit, die Bewegungsgleichung in der Form

$$\frac{d^2x}{dt^2} + \omega^2(t)\,x = 0 \tag{27,2}$$

anzunehmen, die sich aus (27,1) für $m = \text{const}$ ergeben würde.

---

1) Ein einfaches Beispiel eines solchen Systems ist ein Pendel, dessen Aufhängepunkt eine vorgegebene periodische Bewegung in vertikaler Richtung ausführt (s. Aufgabe 3).

Die Funktion $\omega(t)$ ergibt sich aus den Bedingungen der Aufgabe; wir setzen sie als periodische Funktion mit der Frequenz γ (und der Periode $T = 2\pi/\gamma$) voraus, d. h.

$$\omega(t+T) = \omega(t) .$$

Damit wird die ganze Gleichung (27,2) invariant gegenüber der Transformation $t \to t + T$. Hieraus folgt, daß mit $x(t)$ auch $x(t+T)$ eine Lösung der Gleichung ist. Mit anderen Worten: Wenn $x_1(t)$ und $x_2(t)$ zwei unabhängige Lösungen der Gleichung (27,2) sind, so drücken sie sich nach der Transformation $t \to t + T$ linear durcheinander aus. Hierbei kann man x_1 und x_2 so wählen, daß ihre Änderung beim Ersetzen von t durch $t + T$ auf eine Multiplikation mit einem konstanten Faktor hinausläuft:

$$x_1(t+T) = \mu_1 x_1(t) , \qquad x_2(t+T) = \mu_2 x_2(t)$$ [1].

Die allgemeinste Form einer Funktion mit diesen Eigenschaften ist

$$x_1(t) = \mu_1^{t/T}\, \Pi_1(t) , \qquad x_2(t) = \mu_2^{t/T}\, \Pi_2(t) , \tag{27,3}$$

wo $\Pi_1(t)$, $\Pi_2(t)$ rein periodische Funktionen der Zeit (mit der Periode T) sind.

Die Konstanten μ_1 und μ_2 in diesen Funktionen müssen durch bestimmte Beziehungen miteinander verknüpft sein. Tatsächlich erhält man nach Multiplikation der Gleichungen

$$\ddot{x}_1 + \omega^2(t)\, x_1 = 0 , \qquad \ddot{x}_2 + \omega^2(t)\, x_2 = 0$$

mit x_2 bzw. x_1 und Subtraktion

$$\ddot{x}_1 x_2 - x_1 \ddot{x}_2 = \frac{d}{dt}(\dot{x}_1 x_2 - x_1 \dot{x}_2) = 0$$

oder

$$\dot{x}_1 x_2 - x_1 \dot{x}_2 = \text{const} . \tag{27,4}$$

Bei Änderung des Arguments t um T erscheint aber im Fall beliebiger Funktionen $x_1(t)$ und $x_2(t)$ der Form (27,3) auf der linken Seite dieser Gleichung der Faktor $\mu_1 \cdot \mu_2$. Infolgedessen kann die Gleichung (27,4) nur für

$$\mu_1 \mu_2 = 1 \tag{27,5}$$

erfüllt sein.

Weitere Schlüsse über die Konstanten μ_1, μ_2 kann man ziehen, wenn man beachtet, daß die Koeffizienten der Gleichung (27,2) reell sind. Wenn $x(t)$ eine Lösung dieser Gleichung ist, so genügt auch die konjugiert komplexe Funktion $x^*(t)$ derselben Gleichung. Daraus folgt, daß das Konstantenpaar μ_1, μ_2 mit dem Konstantenpaar μ_1^*, μ_2^* zusammenfallen muß, d. h., entweder gilt $\mu_1 = \mu_2^*$, oder μ_1 und μ_2 müssen reell sein. Im ersten Fall erhält man aus (27,5) $\mu_1 = 1/\mu_1^*$, d. h. $|\mu_1|^2 = |\mu_2|^2 = 1$; die Konstanten μ_1 und μ_2 sind vom Betrag Eins.

---

[1]) Diese Wahl ist äquivalent der Diagonalisierung der Matrix der linearen Transformation was $x_i(t+T) = \Sigma_k M_{ik} x_k(t)$, was die Lösung der entsprechenden quadratischen Säkulargleichungen voraussetzt. Wir nehmen hier an, daß die Lösungen dieser Gleichung voneinander verschieden sind.

Im zweiten Fall haben die beiden unabhängigen Lösungen der Gleichung (27,2) die Form

$$x_1(t) = \mu^{t/T}\, \Pi_1(t)\,, \qquad x_2(t) = \mu^{-t/T}\, \Pi_2(t)\,, \tag{27,6}$$

worin die Zahl $\mu \neq 1$ ist und positiv oder negativ sein kann. Die eine dieser Funktionen (die erste bzw. zweite bei $|\mu| > 1$ bzw. $|\mu| < 1$) steigt mit der Zeit exponentiell an. Das bedeutet, daß der Ruhezustand des Systems (in der Gleichgewichtslage ist $x = 0$) instabil ist: Es genügt eine beliebig kleine Auslenkung aus diesem Zustand, um eine zeitlich schnell anwachsende Verschiebung x hervorzurufen. Diese Erscheinung heißt *parametrische Resonanz.*

Auf folgenden Umstand sei besonders hingewiesen: Wenn x und $\dot{x}$ zu Anfang streng gleich Null sind, so bleiben sie dies für alle späteren Zeiten. Das steht im Gegensatz zur gewöhnlichen Resonanz (§ 22), bei der die Verschiebung auch dann mit der Zeit anwächst (proportional zu t), wenn die Anfangswerte verschwinden.

Wir fragen nun nach den Bedingungen für das Auftreten parametrischer Resonanz in dem wichtigen Fall, wo die Funktion $\omega(t)$ sich wenig von einer konstanten Größe ω_0 unterscheidet und eine einfache periodische Funktion darstellt:

$$\omega^2(t) = \omega_0^2\,(1 + h \cos \gamma\, t)\,, \tag{27,7}$$

wo die Konstante $h \ll 1$ ist (wir nehmen h als positiv an, was man stets durch entsprechende Wahl des Zeitnullpunktes erreichen kann). Wie wir im folgenden sehen werden, tritt die parametrische Resonanz dann am stärksten auf, wenn die Frequenz der Funktion $\omega(t)$ etwa gleich der doppelten Frequenz ω_0 ist. Aus diesem Grund setzen wir

$$\gamma = 2\,\omega_0 + \varepsilon$$

mit $\varepsilon \ll \omega_0$.

Die Lösung der Bewegungsgleichung[1])

$$\ddot{x} + \omega_0^2\,[1 + h \cos(2\,\omega_0 + \varepsilon)\,t]\,x = 0 \tag{27,8}$$

suchen wir in der Form

$$x = a(t) \cos\left(\omega_0 + \frac{\varepsilon}{2}\right)t + b(t) \sin\left(\omega_0 + \frac{\varepsilon}{2}\right)t\,, \tag{27,9}$$

wo $a(t)$ und $b(t)$ zeitlich langsam veränderliche Funktionen sind (im Vergleich zu den Faktoren cos und sin). Das stellt natürlich keine exakte Lösung dar. Letztere enthält auch Glieder mit Frequenzen, die sich von $\omega_0 + \varepsilon/2$ um ein ganzzahliges Vielfaches von $(2\,\omega_0 + \varepsilon)$ unterscheiden; diese Glieder sind jedoch kleine Größen von höherer Ordnung in h, und in erster Näherung kann man sie vernachlässigen (s. Aufgabe 1).

---

[1]) Gleichungen dieser Form (mit beliebigem γ und h) werden in der mathematischen Physik Mathieusche Differentialgleichungen genannt.

Wir setzen (27,9) in (27,8) ein und berücksichtigen bei der Ausrechnung nur die Glieder erster Ordnung in ε. Hierbei nehmen wir $\dot{a} \sim \varepsilon a$ und $\dot{b} \sim \varepsilon b$ an (die Richtigkeit dieser Annahme unter Resonanzbedingungen wird durch das Resultat bestätigt). Wenn man die Produkte der trigonometrischen Faktoren in Summen zerlegt, z. B.

$$\cos\left(\omega_0 + \frac{\varepsilon}{2}\right)t \cdot \cos(2\,\omega_0 + \varepsilon)\,t$$

$$= \frac{1}{2}\cos\left(3\,\omega_0 + \frac{3\,\varepsilon}{2}\right)t + \frac{1}{2}\cos\left(\omega_0 + \frac{\varepsilon}{2}\right)t$$

usw., und nach dem oben Gesagten die Glieder mit den Frequenzen $3\,(\omega_0 + \varepsilon/2)$ wegläßt, entsteht

$$-\left(2\,\dot{a} + b\,\varepsilon + \frac{h\,\omega_0}{2}\,b\right)\omega_0 \sin\left(\omega_0 + \frac{\varepsilon}{2}\right)t$$

$$+\left(2\,\dot{b} - a\,\varepsilon + \frac{h\,\omega_0}{2}\,a\right)\omega_0 \cos\left(\omega_0 + \frac{\varepsilon}{2}\right)t = 0\,.$$

Diese Gleichung ist nur dann erfüllt, wenn die Koeffizienten beim Sinus und beim Kosinus gleichzeitig verschwinden. Damit erhalten wir ein System von zwei linearen Differentialgleichungen für die Funktionen $a(t)$ und $b(t)$. Nach den allgemeinen Regeln suchen wir eine Lösung, die proportional zu e^{st} ist. Das gibt

$$s\,a + \frac{1}{2}\left(\varepsilon + \frac{h\,\omega_0}{2}\right)b = 0\,,$$

$$\frac{1}{2}\left(\varepsilon - \frac{h\,\omega_0}{2}\right)a - s\,b = 0\,.$$

Damit diese beiden algebraischen Gleichungen nichttriviale Lösungen besitzen, muß gelten

$$s^2 = \frac{1}{4}\left[\left(\frac{h\,\omega_0}{2}\right)^2 - \varepsilon^2\right]. \qquad (27,10)$$

Die Bedingung für das Auftreten parametrischer Resonanz besteht darin, daß s reell sein muß (d. h. $s^2 > 0$).[1]) Demnach findet Resonanz in dem Intervall

$$-\frac{h\,\omega_0}{2} < \varepsilon < \frac{h\,\omega_0}{2} \qquad (27,11)$$

um die Frequenz $2\,\omega_0$ statt.[2]) Die Breite dieses Intervalls ist proportional zu h, und von derselben Größenordnung sind die hierbei auftretenden Werte des für die Zunahme der Schwingungen maßgeblichen Exponenten s.

---

[1]) Die Konstante μ in (27,6) ist mit s durch die Beziehung $\mu = -e^{s\pi/\omega_0}$ verknüpft (bei Ersetzen von t durch $t + 2\,\pi/2\,\omega_0$ ändern der Kosinus und der Sinus in (27,9) das Vorzeichen).

[2]) Wenn man sich nur für die Grenzen des Resonanzgebietes und nicht für die Werte von s in seinem Inneren interessiert, so lassen sich die Rechnungen vereinfachen, indem man berücksichtigt, daß an diesen Grenzen $s = 0$ wird, die Koeffizienten a und b in (27,9) also Konstante sind; dann ergeben sich unmittelbar die Werte $\varepsilon = \pm h\,\omega_0/2$, wie in (27,11).

Parametrische Resonanz findet auch dann statt, wenn die Frequenz γ, mit der sich der Parameter des Systems ändert, in der Nähe von $2\,\omega_0/n$ liegt, wo n eine beliebige ganze Zahl ist. Die Breite der Resonanzgebiete (d. h. der instabilen Gebiete) nimmt mit Anwachsen von n schnell ab, und zwar wie h^n (s. Aufgabe 2). Dasselbe gilt für die Werte des Exponenten s.

Auch bei Anwesenheit schwacher Reibung im System tritt parametrische Resonanz auf; das instabile Gebiet ist hierbei jedoch etwas eingeengt. Wie wir in § 25 sahen, führt die Reibung zu einer Dämpfung der Schwingungsamplitude in der Form $e^{-\lambda t}$. Aus diesem Grund verläuft die Verstärkung der Schwingungen bei parametrischer Resonanz wie $e^{(s-\lambda)t}$ (mit positivem s, das sich aus der Lösung des Problems ohne Reibung ergibt), und die Grenze des instabilen Gebietes bestimmt sich aus der Gleichung $s - \lambda = 0$. Unter Benutzung von s aus (27,10) erhalten wir für das Resonanzgebiet statt (27,11) die Ungleichung

$$-\sqrt{\left(\frac{h\,\omega_0}{2}\right)^2 - 4\lambda^2} < \varepsilon < \sqrt{\left(\frac{h\,\omega_0}{2}\right)^2 - 4\lambda^2}\,. \qquad (27,12)$$

Es sei darauf hingewiesen, daß hierbei die Resonanz nicht bei beliebig kleinen Amplituden h möglich ist, sondern nur oberhalb einer bestimmten *Schwelle* h_k, für die im Fall (27,12) gilt

$$h_k = \frac{4\,\lambda}{\omega_0}\,.$$

Man kann zeigen, daß für Resonanzen in der Nähe der Frequenzen $2\,\omega_0/n$ der Wert der Schwelle h_k proportional zu $\lambda^{1/n}$ ist, also mit zunehmendem n wächst.

Aufgabe

1. Bestimme die Grenzen des instabilen Gebietes bei Resonanz in der Nähe von $\gamma = 2\,\omega_0$ mit einer Genauigkeit bis zu Gliedern der Ordnung h^2.

Lösung: Wir suchen die Lösung der Gleichung (27,8) in der Form

$$x = a_0 \cos\left(\omega_0 + \frac{\varepsilon}{2}\right)t + b_0 \sin\left(\omega_0 + \frac{\varepsilon}{2}\right)t$$
$$+ a_1 \cos 3\left(\omega_0 + \frac{\varepsilon}{2}\right)t + b_1 \sin 3\left(\omega_0 + \frac{\varepsilon}{2}\right)t\,,$$

indem wir um eine Ordnung in h höher als in (27,9) gehen. Da wir uns nur für die Grenzen des instabilen Gebietes interessieren, nehmen wir die Koeffizienten a_0, b_0, a_1 und b_1 als konstant an (nach der Bemerkung in der Fußnote 2 auf Seite 100). Beim Einsetzen in Gleichung (27,8) zerlegen wir die Produkte der trigonometrischen Funktionen in Summen und lassen dabei die Glieder mit den Frequenzen $5\left(\omega_0 + \frac{\varepsilon}{2}\right)$ fort, welche nur in noch höheren Näherungen nötig wären. Das liefert

$$\left[-a_0\left(\omega_0\varepsilon+\frac{\varepsilon^2}{4}\right)+\frac{h\,\omega_0^2}{2}a_0+\frac{h\,\omega_0^2}{2}a_1\right]\cos\left(\omega_0+\frac{\varepsilon}{2}\right)t$$
$$+\left[-b_0\left(\omega_0\varepsilon+\frac{\varepsilon^2}{4}\right)-\frac{h\,\omega_0^2}{2}b_0+\frac{h\,\omega_0^2}{2}b_1\right]\sin\left(\omega_0+\frac{\varepsilon}{2}\right)t$$
$$+\left[\frac{h\,\omega_0^2}{2}a_0-8\,\omega_0^2 a_1\right]\cos 3\left(\omega_0+\frac{\varepsilon}{2}\right)t$$
$$+\left[\frac{h\,\omega_0^2}{2}b_0-8\,\omega_0^2 b_1\right]\sin 3\left(\omega_0+\frac{\varepsilon}{2}\right)t=0\,.$$

In den Gliedern mit der Frequenz $\omega_0+\varepsilon/2$ sind kleine Größen erster und zweiter Ordnung, in den Gliedern mit der Frequenz $3\,(\omega_0+\varepsilon/2)$ Größen erster Ordnung beibehalten worden. Jeder der Ausdrücke in eckigen Klammern muß verschwinden. Nullsetzen der beiden letzten Klammern gibt

$$a_1=\frac{h}{16}a_0\,,\qquad b_1=\frac{h}{16}b_0\,,$$

wonach die beiden ersten

$$\omega_0\,\varepsilon\pm\frac{h\,\omega_0^2}{2}+\frac{\varepsilon^2}{4}-\frac{h^2\,\omega_0^2}{32}=0$$

liefern.

Wir lösen diese Gleichung mit einer Genauigkeit bis zu Gliedern der Ordnung h^2 und erhalten für die Grenzen die gesuchten Werte

$$\varepsilon=\pm\frac{h\,\omega_0}{2}-\frac{1}{32}h^2\,\omega_0\,.$$

2. Bestimme die Grenzen des instabilen Gebietes bei Resonanz in der Nähe von $\gamma=\omega_0$. Lösung: Wir schreiben $\gamma=\omega_0+\varepsilon$ und erhalten die Bewegungsgleichungen

$$\ddot{x}+\omega_0^2\,[1+h\cos(\omega_0+\varepsilon)\,t]\,x=0\,.$$

Wir beachten, daß für die gesuchten Werte der Grenzen $\varepsilon\sim h^2$ gilt und suchen die Lösung in der Form

$$x=a_0\cos(\omega_0+\varepsilon)\,t+b_0\sin(\omega_0+\varepsilon)\,t$$
$$+a_1\cos 2\,(\omega_0+\varepsilon)\,t+b_1\sin 2\,(\omega_0+\varepsilon)\,t+c_1\,,$$

wobei wir von Anfang an nur Glieder erster und zweiter Ordnung berücksichtigen. Für die Bestimmung der Grenzen des instabilen Gebietes nehmen wir wiederum die Koeffizienten als konstant an und erhalten

$$\left[-2\,\omega_0\,\varepsilon\,a_0+\frac{h\,\omega_0^2}{2}a_1+h\,\omega_0^2\,c_1\right]\cos(\omega_0+\varepsilon)\,t$$
$$+\left[-2\,\omega_0\,\varepsilon\,b_0+\frac{h\,\omega_0^2}{2}b_1\right]\sin(\omega_0+\varepsilon)\,t$$
$$+\left[-3\,\omega_0^2\,a_1+\frac{h\,\omega_0^2}{2}a_0\right]\cos 2\,(\omega_0+\varepsilon)\,t$$
$$+\left[-3\,\omega_0^2\,b_1+\frac{h\,\omega_0^2}{2}b_0\right]\sin 2\,(\omega_0+\varepsilon)\,t+\left[c_1\,\omega_0^2+\frac{h\,\omega_0^2}{2}a_0\right]=0.$$

Damit finden wir

$$a_1=\frac{h}{6}a_0\,,\qquad b_1=\frac{h}{6}b_0\,,\qquad c_1=-\frac{h}{2}a_0$$

und für die Grenzen des instabilen Gebietes schließlich

$$\varepsilon = -\frac{5}{24} h^2 \omega_0 , \qquad \varepsilon = \frac{1}{24} h^2 \omega_0 .$$

3. Bestimme die Bedingungen für das Auftreten parametrischer Resonanz bei kleinen Schwingungen eines ebenen Pendels, dessen Aufhängepunkt vertikale Schwingungen ausführt.

Lösung: Aus der in Aufgabe 3c, § 5, gefundenen LAGRANGE-Funktion ergibt sich für kleine Schwingungen ($\varphi \ll 1$) die Bewegungsgleichung

$$\ddot{\varphi} + \omega_0^2 \left(1 + 4 \frac{a}{l} \cos\,(2\,\omega_0 + \varepsilon)\, t\right) \varphi = 0$$

($\omega_0^2 = g/l$). Hieraus ist ersichtlich, daß das Verhältnis $4\,a/l$ die Rolle des im Text eingeführten Parameters h spielt. Die Bedingung (27,11) z. B. nimmt die Form an:

$$|\varepsilon| < \frac{2\,a\sqrt{g}}{l^{3/2}} .$$

§ 28. Anharmonische Schwingungen

Die gesamte oben dargelegte Theorie der kleinen Schwingungen beruht auf der Entwicklung der potentiellen und kinetischen Energie des Systems nach Potenzen der Koordinaten und Geschwindigkeiten unter Berücksichtigung allein der Glieder zweiter Ordnung; das führt zu linearen Bewegungsgleichungen, weshalb man in dieser Näherung von linearen Schwingungen spricht. Obwohl das Abbrechen der Entwicklung bei genügend kleinen Schwingungsamplituden durchaus gerechtfertigt ist, führt die Berücksichtigung höherer Näherungen (der sogenannten *Anharmonizität* oder *Nichtlinearität* der Schwingungen) doch zum Auftreten gewisser, zwar schwach ausgeprägter, aber qualitativ neuer Besonderheiten der Bewegung.

Wir entwickeln jetzt die LAGRANGE-Funktion bis zu Gliedern dritter Ordnung. In der potentiellen Energie treten hierbei Glieder dritter Ordnung in den Koordinaten x_i auf und in der kinetischen Energie Glieder, welche Produkte der Geschwindigkeiten und der Koordinaten in der Form $\dot{x}_i \dot{x}_k x_l$ enthalten; dieser Unterschied zu dem früheren Ausdruck (23,3) folgt daraus, daß in der Entwicklung der Funktionen $a_{ik}(q)$ Glieder ersten Grades in x beibehalten werden. Damit erhält die LAGRANGE-Funktion die Gestalt

$$L = \frac{1}{2} \sum_{i,k} (m_{ik} \dot{x}_i \dot{x}_k - k_{ik} x_i x_k) + \frac{1}{2} \sum_{i,k,l} n_{ikl} \dot{x}_i \dot{x}_k x_l - \frac{1}{3} \sum_{i,k,l} l_{ikl} x_i x_k x_l , \tag{28,1}$$

wo n_{ikl}, l_{ikl} neue konstante Koeffizienten sind. Wenn wir statt der beliebigen Koordinaten x_i Normalkoordinaten (linearer Näherung) Q_α einführen, so gehen infolge der Linearität der Transformation die dritte und vierte Summe in (28,1) in analoge Summen über, in denen statt der Koordinaten x_i und Geschwindigkeiten $\dot{x}_i$ die Q_α und $\dot{Q}_\alpha$ stehen. Wenn wir die Koeffizienten in diesen Summen mit $\lambda_{\alpha\beta\gamma}$ und $\mu_{\alpha\beta\gamma}$ bezeichnen, erhalten wir als LAGRANGE-Funktion

$$L = \frac{1}{2} \sum_{\alpha} (\dot{Q}_\alpha^2 - \omega_\alpha^2 Q_\alpha^2) + \frac{1}{2} \sum_{\alpha,\beta,\gamma} \lambda_{\alpha\beta\gamma} \dot{Q}_\alpha \dot{Q}_\beta Q_\gamma - \frac{1}{3} \sum_{\alpha,\beta,\gamma} \mu_{\alpha\beta\gamma} Q_\alpha Q_\beta Q_\gamma .$$

Wir wollen nicht die aus dieser LAGRANGE-Funktion folgenden Bewegungsgleichungen vollständig anschreiben. Wesentlich ist, daß sie die Form

$$\ddot{Q}_\alpha + \omega_\alpha^2 Q_\alpha = f_\alpha(Q, \dot{Q}, \ddot{Q}) \tag{28,3}$$

haben, wo f_α homogene Funktionen zweiten Grades der Koordinaten Q und ihrer zeitlichen Ableitungen sind.

Unter Anwendung der Methode der sukzessiven Näherungen machen wir für die Lösung dieser Gleichungen den Ansatz

$$Q_\alpha = Q_\alpha^{(1)} + Q_\alpha^{(2)} , \tag{28,4}$$

wo $Q_\alpha^{(2)} \ll Q_\alpha^{(1)}$ ist und die Funktionen $Q_\alpha^{(1)}$ den *ungestörten* Gleichungen

$$\ddot{Q}_\alpha^{(1)} + \omega_\alpha^2 Q_\alpha^{(1)} = 0$$

genügen; sie stellen also gewöhnliche harmonische Schwingungen dar, d. h.

$$Q_\alpha^{(1)} = a_\alpha \cos(\omega_\alpha t + \alpha_\alpha) . \tag{28,5}$$

In der nächsten Näherung berücksichtigen wir auf der rechten Seite der Gleichung (28,3) nur Glieder zweiter Ordnung und erhalten für die Größen $Q_\alpha^{(2)}$ die Gleichungen

$$\ddot{Q}_\alpha^{(2)} + \omega_\alpha^2 Q_\alpha^{(2)} = f_\alpha(Q^{(1)}, \dot{Q}^{(1)}, \ddot{Q}^{(1)}) , \tag{28,6}$$

wo auf der rechten Seite die Ausdrücke (28,5) einzusetzen sind. Dabei entstehen lineare homogene Differentialgleichungen, deren rechte Seiten man als Summen einfacher periodischer Funktionen schreiben kann, wie z. B.

$$\begin{aligned} Q_\alpha^{(1)} Q_\beta^{(1)} &= a_\alpha a_\beta \cos(\omega_\alpha t + \alpha_\alpha) \cos(\omega_\beta t + \alpha_\beta) \\ &= \frac{1}{2} a_\alpha a_\beta \{\cos[(\omega_\alpha + \omega_\beta) t + \alpha_\alpha + \alpha_\beta] + \cos[(\omega_\alpha - \omega_\beta) t \\ &\quad + \alpha_\alpha - \alpha_\beta]\} . \end{aligned}$$

Auf den rechten Seiten der Gleichungen (28,6) treten also Glieder auf, die Schwingungen mit Frequenzen entsprechen, welche gleich den Summen und Differenzen der Eigenfrequenzen des Systems sind. Die Lösung der Gleichungen muß man in einer Form suchen, die derartige periodische Faktoren enthält, und wir kommen zu dem Ergebnis, daß sich in der zweiten Näherung den Normalschwingungen des Systems mit den Frequenzen ω_α zusätzliche Schwingungen mit den Frequenzen

$$\omega_\alpha \pm \omega_\beta \tag{28,7}$$

überlagern (darunter auch die doppelten Frequenzen $2\,\omega_\alpha$ und die Frequenz 0, die einer konstanten Verschiebung entspricht). Man nennt sie *Kombinationsfrequenzen.* Die Amplituden der Kombinationsschwingungen sind den Produkten $a_\alpha \cdot a_\beta$ (oder den Quadraten a_α^2) proportional, die aus den Amplituden der Normalschwingungen gebildet sind.

In den höheren Näherungen, bei denen also Glieder höherer Ordnung in der Entwicklung der LAGRANGE-Funktion berücksichtigt werden, treten Kombinationsschwingungen mit Frequenzen auf, die Summen und Differenzen einer größeren Anzahl von Frequenzen ω_α sind. Außerdem zeigt sich aber noch eine neue Erscheinung.

Es gibt nämlich bereits in der dritten Näherung unter den Kombinationsfrequenzen auch solche, die mit den Ausgangsfrequenzen ω_α $(= \omega_\alpha + \omega_\beta - \omega_\beta)$ zusammenfallen. Wenn man die oben beschriebene Methode anwendet, treten auf der rechten Seite der Bewegungsgleichungen Resonanzglieder auf, die zur Lösung Beiträge mit zeitlich anwachsender Amplitude liefern. Es ist aber physikalisch klar, daß in einem abgeschlossenen System bei Abwesenheit einer äußeren Energiequelle die Schwingungen nicht von selbst beliebig groß werden können.

In Wirklichkeit ändern sich in den höheren Näherungen die Grundfrequenzen ω_α im Vergleich zu ihren „ungestörten" Werten $\omega_\alpha^{(0)}$, die im quadratischen Glied der potentiellen Energie stehen. Das Auftreten zeitlich anwachsender Glieder hängt mit Entwicklungen vom Typ

$$\cos\left(\omega_\alpha^{(0)} + \Delta\omega_\alpha\right) t \approx \cos \omega_\alpha^{(0)} t - t\,\Delta\omega_\alpha \sin \omega_\alpha^{(0)} t$$

zusammen, die bei großen t-Werten offenbar unzulässig sind. Aus diesem Grund muß man beim Übergang zu höheren Näherungen die Methode der sukzessiven Approximationen so abwandeln, daß die periodischen Faktoren in der Lösung von vornherein die genauen und nicht die angenäherten Werte der Frequenzen enthalten. Die Änderungen der Frequenzen ergeben sich aus der Lösung der Gleichungen eben gerade unter der Bedingung, daß keine Resonanzglieder auftreten dürfen.

Wir demonstrieren diese Methode an dem Beispiel anharmonischer Schwingungen mit einem Freiheitsgrad und nehmen als LAGRANGE-Funktion

$$L = \frac{m\,\dot{x}^2}{2} - \frac{m\,\omega_0^2}{2} x^2 - \frac{m\,\alpha}{3} x^3 - \frac{m\,\beta}{4} x^4 . \tag{28,8}$$

Die entsprechenden Bewegungsgleichungen lauten

$$\ddot{x} + \omega_0^2 x = -\alpha x^2 - \beta x^3 . \tag{28,9}$$

Für die Lösung setzen wir eine Reihe sukzessiver Näherungen an:

$$x = x^{(1)} + x^{(2)} + x^{(3)} ,$$

wobei

$$x^{(1)} = a \cos \omega t \tag{28,10}$$

den genauen Wert ω enthält, den wir seinerseits in Form einer Reihe $\omega = \omega_0 + \omega^{(1)} + \omega^{(2)} + \cdots$ bestimmen werden (die Anfangsphase in $x^{(1)}$ kann man stets durch geeignete Wahl des Zeitnullpunktes zum Verschwinden bringen). Dabei ist die Bewegungsgleichung in der Schreibweise (28,9) aber weniger bequem, da bei Einsetzen von (28,10) die linke Seite der Gleichung nicht streng gleich Null wird. Darum schreiben wir sie in der äquivalenten Gestalt

$$\frac{\omega_0^2}{\omega^2}\ddot{x} + \omega_0^2 x = -\alpha x^2 - \beta x^3 - \left(1 - \frac{\omega_0^2}{\omega^2}\right)\ddot{x}\,. \tag{28,11}$$

Indem wir hier zunächst $x = x^{(1)} + x^{(2)}$, $\omega = \omega_0 + \omega^{(1)}$ einsetzen und Glieder höherer als zweiter Ordnung vernachlässigen, erhalten wir für $x^{(2)}$ die Gleichung

$$\begin{aligned}\ddot{x}^{(2)} + \omega_0^2 x^{(2)} &= -\alpha a^2 \cos^2 \omega t + 2\,\omega_0\,\omega^{(1)} a \cos \omega t\\ &= -\frac{\alpha a^2}{2} - \frac{\alpha a^2}{2}\cos 2\,\omega t + 2\,\omega_0\,\omega^{(1)} a \cos \omega t\,.\end{aligned}$$

Die Bedingung für die Abwesenheit eines Resonanzgliedes auf der rechten Seite der Gleichung liefert einfach $\omega^{(1)} = 0$ in Übereinstimmung mit der im Anfang des Paragraphen dargelegten Methode der Berechnung der zweiten Näherung. Sodann lösen wir die inhomogene lineare Gleichung auf die übliche Weise und bekommen

$$x^{(2)} = -\frac{\alpha a^2}{2\,\omega_0^2} + \frac{\alpha a^2}{6\,\omega_0^2}\cos 2\,\omega t\,. \tag{28,12}$$

Als nächsten Schritt setzen wir in (28,11) $x = x^{(1)} + x^{(2)} + x^{(3)}$, $\omega = \omega_0 + \omega^{(2)}$ und finden für $x^{(3)}$ die Gleichung

$$\ddot{x}^{(3)} + \omega_0^2 x^{(3)} = -2\,\alpha\, x^{(1)} x^{(2)} - \beta\, x^{(1)3} + 2\,\omega_0\,\omega^{(2)} x^{(1)}$$

oder mit (28,10) und (28,12) nach einfachen Umrechnungen

$$\begin{aligned}\ddot{x}^{(3)} + \omega_0^2 x^{(3)} &= -a^3\left[\frac{\beta}{4} + \frac{\alpha^2}{6\,\omega_0^2}\right]\cos 3\,\omega t\\ &+ a\left[2\,\omega_0\,\omega^{(2)} + \frac{5\,a^2\alpha^2}{6\,\omega_0^2} - \frac{3}{4}a^2\beta\right]\cos\omega t\,.\end{aligned}$$

Indem wir den Koeffizienten beim Resonanzfaktor $\cos\omega t$ gleich Null setzen, erhalten wir als Korrektur zur Grundfrequenz

$$\omega^{(2)} = \left(\frac{3\,\beta}{8\,\omega_0} - \frac{5\,\alpha^2}{12\,\omega_0^3}\right)a^2\,. \tag{28,13}$$

Sie ist dem Quadrat der Schwingungsamplitude proportional. Für die Kombinationsschwingung dritter Ordnung gilt

$$x^{(3)} = \frac{a^3}{16\,\omega_0^2}\left(\frac{\alpha^2}{3\,\omega_0^2} + \frac{\beta}{2}\right)\cos 3\,\omega t\,. \tag{28,14}$$

§ 29. Resonanz im Fall nichtlinearer Schwingungen

Die Berücksichtigung anharmonischer Glieder bei erzwungenen Schwingungen eines Systems führt zu wesentlich neuen Besonderheiten der Resonanzerscheinungen.

Indem wir auf der rechten Seite der Gleichung (28,9) eine äußere periodische Kraft (mit Frequenz γ) hinzufügen, erhalten wir

$$\ddot{x} + 2\lambda\dot{x} + \omega_0^2 x = \frac{f}{m}\cos\gamma t - \alpha x^2 - \beta x^3 ; \tag{29,1}$$

hier ist auch noch eine Reibungskraft mit der (als klein vorausgesetzten) Dämpfungskonstante λ eingeführt worden. Strenggenommen müssen bei Berücksichtigung nichtlinearer Glieder in der Gleichung der freien Schwingungen auch in der Amplitude der äußeren Kraft Glieder höherer Ordnung beachtet werden, die einer eventuellen Abhängigkeit der Kraft von der Auslenkung x entsprechen. Wir vernachlässigen diese Glieder jedoch, um die Formeln zu vereinfachen; sie ändern das qualitative Bild der Erscheinungen nicht. Angenommen, es sei

$$\gamma = \omega_0 + \varepsilon$$

(mit kleinem ε), d. h., wir befinden uns in der Nähe der gewöhnlichen Resonanz. Bei der Untersuchung des Charakters der hierbei auftretenden Bewegung kann man die direkte Anwendung der Gleichung (29,1) umgehen, indem man folgende Überlegungen anstellt.

In der linearen Näherung ergibt sich für die Abhängigkeit der Amplitude b der erzwungenen Schwingung von der Amplitude f und der Frequenz γ der äußeren Kraft in der Nähe der Resonanz die Formel (26,7) oder

$$b^2(\varepsilon^2 + \lambda^2) = \frac{f^2}{4m^2\omega_0^2}. \tag{29,2}$$

Die Nichtlinearität der Schwingungen führt zu einer Abhängigkeit ihrer Eigenfrequenz von der Amplitude; wir schreiben die Frequenz in der Form

$$\omega_0 + \varkappa b^2 , \tag{29,3}$$

wo die Konstante $\varkappa$ durch die Koeffizienten der Anharmonizität (siehe (28,13)) gegeben ist. Dementsprechend ersetzen wir in der Formel (29,2) (genauer in der kleinen Differenz $\gamma - \omega_0$) ω_0 durch $\omega_0 + \varkappa b^2$.

Wenn wir die Bezeichnung $\varepsilon = \gamma - \omega_0$ beibehalten, erhalten wir als Ergebnis die Gleichung

$$b^2[(\varepsilon - \varkappa b^2)^2 + \lambda^2] = \frac{f^2}{4m^2\omega_0^2} \tag{29,4}$$

oder

$$\varepsilon = \varkappa b^2 \pm \sqrt{\left(\frac{f}{2m\omega_0 b}\right)^2 - \lambda^2}.$$

Die Gleichung (29,4) ist vom dritten Grad in b^2, und ihre reellen Wurzeln bestimmen die Amplitude der erzwungenen Schwingungen. Wir betrachten nun die Abhängigkeit dieser Amplitude von der Frequenz der äußeren Kraft bei vorgegebener Amplitude f der Kraft.

Bei genügend kleinen Werten von f ist auch die Amplitude b klein, so daß man in (29,4) die höheren Potenzen von b (b^4 und b^6) vernachlässigen kann. Wir bekommen dann wieder (29,2) für die Funktion $b(\varepsilon)$, die hierbei durch eine symmetrische Kurve mit dem Maximum im Punkt $\varepsilon = 0$ dargestellt wird (Abb. 32a). Bei Anwachsen von f deformiert sich nun die Kurve, behält aber zunächst ihren Charakter: Sie hat auch jetzt noch ein Maximum (Abb. 32b), das sich nur (bei $\varkappa > 0$) in Richtung positiver ε verschoben hat. Dabei ist nur eine der drei Wurzeln der Gleichung (29,4) reell.

Von einem bestimmten Wert $f = f_k$ ab (den wir gleich bestimmen werden) ändert sich jedoch der Charakter der Kurve. Für jeden Wert $f > f_k$ existiert nämlich ein bestimmter Frequenzbereich, in dem die Gleichung (29,4) drei reelle Wurzeln hat; ihm entspricht der Kurvenabschnitt $BCDE$ in Abb. 32c.

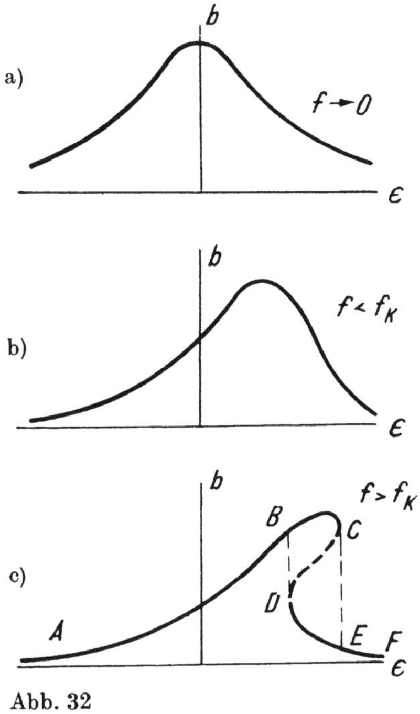

Abb. 32

Die Grenzen dieses Gebietes folgen aus der Bedingung $\frac{db}{d\varepsilon} = \infty$ in den Punkten D und C. Differentiation der Gleichung (29,4) nach ε führt zu

$$\frac{db}{d\varepsilon} = \frac{-\varepsilon\, b + \varkappa\, b^3}{\varepsilon^2 + \lambda^2 - 4\,\varkappa\,\varepsilon\, b^2 + 3\,\varkappa^2\, b^4}\,.$$

Die Lage der Punkte D und C ergibt sich also aus der Lösung der beiden Gleichungen

$$\varepsilon^2 - 4\,\varkappa\, b^2\,\varepsilon + 3\,\varkappa^2\, b^4 + \lambda^2 = 0 \qquad (29,5)$$

und (29,4); die so bestimmten Werte von ε sind beide positiv. Die Amplitude erreicht ihren größten Wert in dem Punkt, in dem $\frac{db}{d\varepsilon} = 0$ ist. Hierbei wird $\varepsilon = \varkappa\, b^2$, und aus (29,4) erhalten wir

$$b_{\max} = \frac{f}{2\, m\, \omega_0\, \lambda}\,; \qquad (29,6)$$

dieser Wert fällt mit dem Maximum zusammen, das sich bei Gültigkeit von (29,2) ergibt.

Man kann zeigen (worauf wir hier nicht eingehen werden[1]), daß von den drei reellen Wurzeln der Gleichung (29,4) die mittlere (d. h. der Kurvenabschnitt CD, in Abbildung 32c gestrichelt) instabilen Schwingungen des Systems

---

[1]) Den Beweis kann man z. B. in folgendem Buch finden: N. N. Bogoljubow und J. A. Mitropolskij, „Asymptotische Methoden in der Theorie nichtlinearer Schwingungen". Staatsverlag für physikalisch-mathematische Literatur, Moskau 1963. Deutsche Übersetzung: Akademie-Verlag, Berlin 1964. Neuere Bücher siehe Seite 232.

entspricht: Durch eine beliebig schwache Einwirkung auf ein System in einem solchen Zustand würde dieses in eine Schwingungsform übergehen, die zu der größeren oder kleineren Wurzel gehört (d. h. zu den Abschnitten *BC* oder *DE*). Realen Schwingungen des Systems entsprechen also nur die Äste *ABC* und *DEF*. Eine bemerkenswerte Besonderheit stellt dabei die Existenz eines Frequenzbereiches dar, der zwei verschiedene Schwingungsamplituden zuläßt. So wird bei allmählichem Anwachsen der Frequenz der äußeren Kraft die Amplitude der erzwungenen Schwingung zunächst längs der Kurve *ABC* zunehmen. Im Punkt *C* „reißt" die Amplitude ab, fällt sprungartig bis zum Wert im Punkt *E* und ändert sich dann (bei weiterem Anwachsen der Frequenz) entlang der Kurve *EF*. Wenn man nun die Frequenz wieder verkleinert, wächst die Amplitude der erzwungenen Schwingungen auf der Kurve *FD*, springt vom Punkt *D* zum Punkt *B* und nimmt dann entlang *BA* ab.

Zur Berechnung von f_k bemerken wir, daß es sich dabei um denjenigen Wert von f handelt, bei dem beide Wurzeln der (in b^2) quadratischen Gleichung (29,5) zusammenfallen; an der Stelle $f = f_k$ schrumpft der ganze Abschnitt *CD* auf einen Wendepunkt zusammen. Durch Nullsetzen der Diskriminante der quadratischen Gleichung (29,5) ergibt sich $\varepsilon^2 = 3\,\lambda^2$ und für die entsprechende Wurzel der Gleichung $\varkappa\, b^2 = 2\,\varepsilon/3$. Wenn wir diese Werte für b und ε in (29,4) einsetzen, finden wir

$$f_k^2 = \frac{32\, m^2\, \omega_0^2\, \lambda^3}{3\sqrt{3}\,|\varkappa|}\,. \tag{29,7}$$

Neben der Änderung des Charakters der Resonanzerscheinungen bei Frequenzen $\gamma \approx \omega_0$ führt die Nichtlinearität der Schwingungen zum Auftreten neuer Resonanzen, bei denen Schwingungen mit Frequenzen in der Nähe von ω_0 von einer äußeren Kraft angeregt werden, deren Frequenz sich wesentlich von ω_0 unterscheidet.

Angenommen, die Frequenz der äußeren Kraft sei $\gamma \approx \omega_0/2$, d. h.

$$\gamma = \frac{\omega_0}{2} + \varepsilon\,.$$

In der ersten linearen Näherung erregt sie im System Schwingungen mit derselben Frequenz und mit einer zur Amplitude der Kraft proportionalen Amplitude, also

$$x^{(1)} = \frac{4\,f}{3\,m\,\omega_0^2}\cos\left(\frac{\omega_0}{2} + \varepsilon\right)t$$

(entsprechend Formel (22,4)). Bei Berücksichtigung nichtlinearer Glieder in der zweiten Näherung führen diese Schwingungen zum Auftreten eines Gliedes mit der Frequenz $2\,\gamma \approx \omega_0$ auf der rechten Seite der Bewegungsgleichung (29,1). Wenn wir nämlich $x^{(1)}$ in die Gleichung

$$\ddot{x}^{(2)} + 2\,\lambda\,\dot{x}^{(2)} + \omega_0^2\, x^{(2)} + \alpha\, x^{(2)2} + \beta\, x^{(2)3} = -\alpha\, x^{(1)2}$$

einsetzen, den Kosinus des doppelten Winkels einführen und auf der rechten Seite nur das Resonanzglied berücksichtigen, so erhalten wir

$$\ddot{x}^{(2)} + 2\lambda\,\dot{x}^{(2)} + \omega_0^2\,x^{(2)} + \alpha\,x^{(2)2} + \beta\,x^{(2)3}$$
$$= -\frac{8\,\alpha f^2}{9\,m^2\,\omega_0^4}\cos(\omega_0 + 2\,\varepsilon)\,t\,. \tag{29,8}$$

Diese Gleichung unterscheidet sich von (29,1) im wesentlichen nur dadurch, daß an Stelle der Kraftamplitude f ein Ausdruck proportional zu f^2 steht. Das bedeutet, daß eine Resonanz von demselben Charakter auftritt wie bei der oben betrachteten Resonanz für Frequenzen $\gamma \approx \omega_0$, jedoch mit kleinerer Intensität. Der Zusammenhang zwischen b und ε ergibt sich, wenn man in Gleichung (29,4) f durch $-8\,\alpha f^2/9\,m\,\omega_0^4$ (und ε durch 2ε) ersetzt, also

$$b^2\,[(2\,\varepsilon - \varkappa\,b^2)^2 + \lambda^2] = \frac{16\,\alpha^2 f^4}{81\,m^4\,\omega_0^{10}}\,. \tag{29,9}$$

Die Frequenz der äußeren Kraft sei nun

$$\gamma = 2\,\omega_0 + \varepsilon\,.$$

In erster Näherung ergibt sich

$$x^{(1)} = -\frac{f}{3\,m\,\omega_0^2}\cos(2\,\omega_0 + \varepsilon)\,t\,.$$

Einsetzen von $x = x^{(1)} + x^{(2)}$ in Gleichung (29,1) liefert keine Glieder, die mit der äußeren Kraft in Resonanz stehen, wie das im vorhergehenden der Fall war. Es tritt jedoch eine Resonanz vom parametrischen Typ auf infolge des Gliedes dritter Ordnung, das dem Produkt $x^{(1)}\,x^{(2)}$ proportional ist. Wenn wir von allen nichtlinearen Gliedern nur dieses berücksichtigen, erhalten wir für $x^{(2)}$ die Gleichung

$$\ddot{x}^{(2)} + 2\lambda\,\dot{x}^{(2)} + \omega_0^2\,x^{(2)} = -2\,\alpha\,x^{(1)}\,x^{(2)}$$

oder

$$\ddot{x}^{(2)} + 2\lambda\,\dot{x}^{(2)} + \omega_0^2\left[1 - \frac{2\,\alpha f}{3\,m\,\omega_0^4}\cos(2\,\omega_0 + \varepsilon)\,t\right]x^{(2)} = 0\,, \tag{29,10}$$

d. h. eine Gleichung vom Typ (27,8) (einschließlich Reibung), die, wie wir schon wissen, in einem bestimmten Frequenzintervall zu Instabilität der Schwingungen führt.

Zur Bestimmung der resultierenden Schwingungsamplitude genügt diese Gleichung jedoch nicht. Eine endliche Amplitude ergibt sich nämlich nur infolge nichtlinearer Effekte, für deren Berücksichtigung in der Bewegungsgleichung auch die in $x^{(2)}$ nichtlinearen Glieder beibehalten werden müssen, also

$$\ddot{x}^{(2)} + 2\lambda\,\dot{x}^{(2)} + \omega_0^2\,x^{(2)} + \alpha\,x^{(2)2} + \beta\,x^{(2)3} = \frac{2\,\alpha f}{3\,m\,\omega_0^2}\cos(2\,\omega_0 + \varepsilon)\,t\cdot x^{(2)}. \tag{29,11}$$

Die Untersuchung dieses Problems kann sehr vereinfacht werden, wenn man folgendes beachtet. Wenn wir auf der rechten Seite der Gleichung (29,11)

$$x^{(2)} = b\cos\left[\left(\omega_0 + \frac{\varepsilon}{2}\right)t + \delta\right]$$

setzen (wo b die gesuchte Amplitude der Resonanzschwingungen und δ eine für das Folgende unwesentliche Phasenverschiebung ist) und das Produkt der beiden periodischen Faktoren durch die Summe von zwei Kosinus-Funktionen ausdrücken, so erhalten wir ein Glied, nämlich

$$\frac{\alpha f b}{3 m \omega_0^2} \cos\left[\left(\omega_0 + \frac{\varepsilon}{2}\right) t - \delta\right]$$

mit gewöhnlichem Resonanzcharakter (in bezug auf die Eigenfrequenz ω_0 des Systems). Damit kommen wir wieder zu dem im Anfang des Paragraphen betrachteten Problem der gewöhnlichen Resonanz in einem nichtlinearen System zurück, nur mit dem Unterschied, daß die Rolle der Amplitude der äußeren Kraft hier die Größe $\alpha f b/3 \omega_0^2$ spielt (und daß für ε jetzt $\varepsilon/2$ steht). Einsetzen in Gleichung (29,4) liefert

$$b^2\left[\left(\frac{\varepsilon}{2} - \varkappa b^2\right)^2 + \lambda^2\right] = \frac{\alpha^2 f^2 b^2}{36 m^2 \omega_0^6}.$$

Wir lösen diese Gleichung nach b auf und finden als mögliche Amplitudenwerte

$$b = 0, \tag{29,12}$$

$$b^2 = \frac{1}{\varkappa}\left[\frac{\varepsilon}{2} + \sqrt{\left(\frac{\alpha f}{6 m \omega_0^3}\right)^2 - \lambda^2}\right], \tag{29,13}$$

$$b^2 = \frac{1}{\varkappa}\left[\frac{\varepsilon}{2} - \sqrt{\left(\frac{\alpha f}{6 m \omega_0^3}\right)^2 - \lambda^2}\right]. \tag{29,14}$$

In Abb. 33 ist die sich so ergebende Funktion $b(\varepsilon)$ dargestellt (für $\varkappa > 0$; für $\varkappa < 0$ verlaufen die Kurven an der b-Achse gespiegelt). Die Punkte B und C entsprechen den Werten

$$\varepsilon = \pm \sqrt{\left(\frac{\alpha f}{3 m \omega_0^3}\right)^2 - 4 \lambda^2}.$$

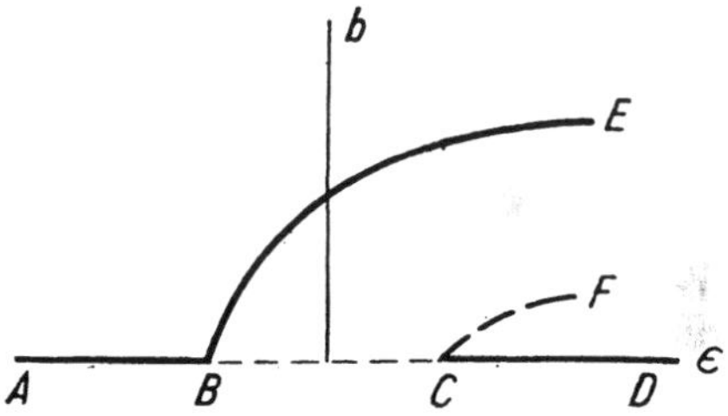

Abb. 33

Links vom Punkt B ist nur der Wert $b = 0$ möglich, d. h., es tritt keine Resonanz auf, und Schwingungen mit einer Frequenz $\approx \omega_0$ werden nicht angeregt. Im Intervall zwischen B und C existieren zwei Wurzeln: $b = 0$ (Abschnitt BC in Abb. 23) und der Ausdruck (29,13) (der Ast BE). Rechts vom Punkt C existieren schließlich alle drei Wurzeln (29,12) bis (29,14). Jedoch gehören nicht alle diese Werte zu einer stabilen Schwingungsform. Der Wert $b = 0$ im Abschnitt BC[1]) ist instabil, und man kann ferner zeigen, daß auch die Wurzel (29,14)

[1]) Dieses Intervall entspricht gerade dem Gebiet der parametrischen Resonanz, Formel (27,12), wobei wir aus dem Vergleich von (29,10) mit (27,8) $|h| = 2 \alpha f/3 m \omega_0^4$ erhalten. Die Bedingung

$$\left|\frac{2 \alpha f}{3 m \omega_0^3}\right| > 4 \lambda,$$

bei der die betrachtete Erscheinung möglich ist, entspricht der Ungleichung $h > h_k$.

(die zwischen den beiden anderen liegt) stets einem instabilen Zustand entspricht. In Abb. 33 sind die instabilen Werte von b gestrichelt gezeichnet.

Wir wollen nun untersuchen, wie sich ein zunächst „ruhendes“[1]) System benimmt, wenn die Frequenz der äußeren Kraft allmählich abnimmt. Solange der Punkt C nicht erreicht ist, bleibt $b = 0$, sodann „reißt“ dieser Zustand ab und springt auf den Ast EB über. Bei weiterer Verringerung von ε nimmt die Schwingungsamplitude bis zum Wert Null im Punkt B ab. Wenn andererseits die Frequenz wächst, so steigt die Schwingungsamplitude entlang der Kurve BE.[2])

Die betrachteten Resonanzen stellen nur die wesentlichsten Fälle dar, die in einem nichtlinearen Schwingungssystem vorkommen. In höheren Näherungen treten auch Resonanzen mit anderen Frequenzen auf. Strenggenommen muß bei jeder Frequenz γ Resonanz auftreten, für die $n\gamma + m\,\omega_0 = \omega_0$ gilt mit ganzen Zahlen n, m, d. h. bei jeder Frequenz $\gamma = p\,\omega_0/q$, wo p und q wiederum ganze Zahlen sind. Für die höheren Näherungen nimmt die Intensität der Resonanzerscheinungen (und damit ebenfalls die Breite des Frequenzbereiches, in dem sie auftreten) schnell ab, so daß tatsächlich nur Resonanzen bei Frequenzen $\gamma \approx p\,\omega_0/q$ mit kleinen p und q beobachtet werden können.

Aufgabe

Bestimme die Funktion $b(\varepsilon)$ für Resonanz bei Frequenzen $\gamma \approx 3\,\omega_0$.
Lösung: In erster Näherung gilt

$$x^{(1)} = -\frac{f}{8\,m\,\omega_0^2}\cos(3\,\omega_0 + \varepsilon)\,t\,.$$

Für die zweite Näherung ($x^{(2)}$) erhalten wir aus (29,1) die Gleichung

$$\ddot{x}^{(2)} + 2\,\lambda\,\dot{x}^{(2)} + \omega_0^2\,x^{(2)} + \alpha\,x^{(2)2} + \beta\,x^{(2)3} = -3\,\beta\,x^{(1)}\,x^{(2)2}\,,$$

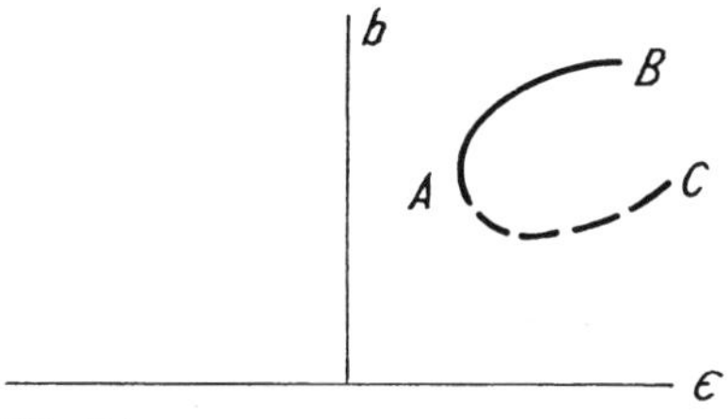

Abb. 34

wo auf der rechten Seite nur das Glied angeschrieben ist, das zu der zu untersuchenden Resonanz führt. Wenn wir hier $x^{(2)} = b\cos\left[\left(\omega_0 + \frac{\varepsilon}{3}\right)t + \delta\right]$ setzen und von dem Produkt der drei Kosinus-Funktionen das Resonanzglied abspalten, entsteht auf der rechten Seite der Gleichung der Ausdruck

$$\frac{3\,\beta\,b^2 f}{32\,m\,\omega_0^2}\cos\left[\left(\omega_0 + \frac{\varepsilon}{3}\right)t - 2\,\delta\right].$$

[1]) Es sei daran erinnert, daß wir hier nur Resonanzschwingungen betrachten. Wenn solche nicht auftreten, so bedeutet das also nicht, daß das System, das schwache erzwungene Schwingungen mit der Frequenz γ ausführt, im wirklichen Sinne ruht.

[2]) Man muß jedoch beachten, daß sämtliche oben abgeleiteten Formeln nur so lange gültig sind, wie die Amplitude b (und auch ε) genügend klein bleibt. In Wirklichkeit enden die Kurven BE und CF in ihrem weiteren Verlauf und vereinigen sich in irgendeinem Punkt; sobald dieser Punkt erreicht ist, reißt der Schwingungszustand ab, und es wird $b = 0$.

Hieraus ist ersichtlich, daß man die Funktion $b(\varepsilon)$ erhält, wenn man in Gleichung (29,4) f durch $3\,\beta\, b^2 f/32\,\omega_0^2$ und ε durch $\varepsilon/3$ ersetzt. Das liefert

$$b^2\left[\left(\frac{\varepsilon}{3}-\varkappa\, b^2\right)^2+\lambda^2\right]=\frac{9\,\beta^2 f^2}{2^{12}\, m^2\,\omega_0^6}\, b^4\equiv A\, b^4\,.$$

Diese Gleichung hat die Wurzeln

$$b=0\,,$$

$$b^2=\frac{\varepsilon}{3\,\varkappa}+\frac{A}{2\,\varkappa^2}\pm\frac{1}{\varkappa}\sqrt{\frac{\varepsilon\, A}{3\,\varkappa}+\frac{A^2}{4\,\varkappa^2}-\lambda^2}\,.$$

In Abb. 34 ist der Verlauf der Funktion $b(\varepsilon)$ (für $\varkappa > 0$) graphisch dargestellt. Stabilen Zuständen entsprechen nur der Wert $b = 0$ (Abszissenachse) und der Ast AB. Zum Punkt A gehören die Werte

$$\varepsilon_k=\frac{3\,(4\,\varkappa^2\lambda^2-A^2)}{4\,\varkappa\, A}\,,\qquad b_k^2=\frac{4\,\varkappa^2\lambda^2+A^2}{4\,\varkappa^2 A}\,.$$

Es finden also nur bei $\varepsilon > \varepsilon_k$ Schwingungen statt, wobei für die Amplitude $b > b_k$ gilt. Da der Zustand $b = 0$ stets stabil ist, so ist zur Erregung von Schwingungen ein „Anfangsstoß“ notwendig.

Die erhaltenen Formeln gelten nur für kleine ε. Die Kleinheit von ε ist durch die Kleinheit von λ gewährleistet, wenn hierbei die Amplitude der Kraft die Bedingung $\varkappa\lambda^2/\omega_0 \ll A \ll \varkappa\,\omega_0$ erfüllt.

§ 30. Bewegung im schnell oszillierenden Feld

Wir wollen nun die Bewegung eines Teilchens untersuchen, das sich gleichzeitig unter dem Einfluß eines konstanten Feldes U und einer Kraft

$$f = f_1\cos\omega t + f_2 \sin\omega t \tag{30,1}$$

befindet, die sich zeitlich mit der hohen Frequenz ω ändert (f_1 und f_2 hängen nur von den Koordinaten ab), d. h. mit einer Frequenz, die die Bedingung $\omega \gg 1/T$ erfüllt, wo T von der Größenordnung der Periode der Bewegung ist, die das Teilchen im Feld U allein ausführen würde. Es wird hierbei nicht angenommen, daß die Größe der Kraft f klein ist im Vergleich zu den Kräften, die im Feld U wirken. Wir setzen aber voraus, daß die Amplitude der Schwingung des Teilchens, die durch diese Kraft hervorgerufen wird, klein ist (diese Amplitude bezeichnen wir im folgenden mit ξ).

Der Einfachheit halber betrachten wir zunächst die eindimensionale Bewegung in einem Feld, das nur von einer einzigen Raumkoordinate x abhängt. Die Bewegungsgleichung des Teilchens lautet dann[1])

$$m\,\ddot{x} = -\frac{dU}{dx} + f\,. \tag{30,2}$$

[1]) Die Koordinate x braucht nicht kartesisch zu sein. Der Koeffizient m muß nicht unbedingt die Masse des Teilchens bedeuten und braucht auch nicht unbedingt konstant zu sein, wie das in (30,2) angenommen ist. Das Endergebnis hängt aber nicht von dieser Annahme ab.

Aus der Art des auf das Teilchen einwirkenden Feldes ist von vornherein klar, daß die Bewegung des Teilchens aus einer Verschiebung längs einer glatten Bahn bestehen wird, der kleine Oszillationen (mit der Frequenz ω) überlagert sind. Dementsprechend stellen wir die Funktion $x(t)$ als eine Summe dar,

$$x(t) = X(t) + \xi(t)\,, \tag{30,3}$$

wo $\xi(t)$ die erwähnten kleinen Oszillationen beschreibt.

Der über eine Periode $2\,\pi/\omega$ gemittelte Wert der Funktion $\xi(t)$ verschwindet, die Funktion $X(t)$ dagegen ändert sich in dieser Zeit nur sehr wenig. Wir bezeichnen diese Mittelwertbildung durch einen Strich über dem Buchstaben und erhalten also $\bar{x} = X(t)$, d. h., die Funktion $X(t)$ beschreibt die über die schnellen Oszillationen gemittelte „glatte" Bewegung des Teilchens. Wir wollen nun die Gleichung ableiten, aus der sich diese Funktion ergibt.[1])

Wenn wir (30,3) in (30,2) einsetzen und nach Potenzen von ξ bis zur ersten Ordnung entwickeln, ergibt sich

$$m\,\ddot{X} + m\,\ddot{\xi} = -\frac{dU}{dX} - \xi\,\frac{d^2U}{dX^2} + f(X,\,t) + \xi\,\frac{\partial f}{\partial X}\,. \tag{30,4}$$

In dieser Gleichung treten Glieder von verschiedenem Charakter auf: oszillierende und „glatte"; sie müssen sich offenbar in jeder der beiden Gruppen für sich wegheben. Für die oszillierenden Terme gilt genähert

$$m\,\ddot{\xi} = f(X,\,t)\,, \tag{30,5}$$

denn die übrigen Glieder enthalten den kleinen Faktor ξ und sind daher klein im Vergleich zu den angeschriebenen (die Ableitung $\ddot{\xi}$ ist proportional zu ω^2 und infolgedessen nicht klein). Wenn wir die Gleichung (30,5) nach Einsetzen der Funktion f aus (30,1) integrieren (und dabei die Größe X als konstant ansehen), erhalten wir

$$\xi = -\frac{f}{m\,\omega^2}\,. \tag{30,6}$$

Wir mitteln nun die Gleichung (30,4) über die Zeit (in dem oben erwähnten Sinne). Da die Mittelwerte der ersten Potenzen von f und ξ verschwinden, entsteht die Gleichung

$$m\,\ddot{X} = -\frac{dU}{dX} + \overline{\xi\,\frac{\partial f}{\partial X}} = -\frac{dU}{dX} - \frac{1}{m\,\omega^2}\overline{f\,\frac{\partial f}{\partial X}}\,,$$

die bereits nur noch die Funktion $X(t)$ enthält. Endgültig schreiben wir sie in der Form

$$m\,\ddot{X} = -\frac{dU_{\text{eff}}}{dX}\,, \tag{30,7}$$

[1]) Die Idee der dargelegten Methode stammt von P. L. Kapitza (1951).

wo die „effektive potentielle Energie" durch die Formel

$$U_{\text{eff}} = U + \frac{1}{2\, m\, \omega^2}\overline{f^2} = U + \frac{1}{4\, m\, \omega^2}(f_1^2 + f_2^2) \tag{30,8}$$

definiert ist.[1]) Wenn man diesen Ausdruck mit (30,6) vergleicht, so ist leicht zu sehen, daß das Zusatzglied (zum Feld U) nichts anderes darstellt, als die mittlere kinetische Energie der Oszillationsbewegung:

$$U_{\text{eff}} = U + \frac{m}{2}\overline{\dot{\xi}^2}. \tag{30,9}$$

Das bedeutet, daß die über die Oszillationen gemittelte Bewegung des Teilchens so verläuft, als ob außer dem konstanten Feld U noch ein zusätzliches konstantes Feld wirkt, das quadratisch von der Amplitude des Wechselfeldes abhängt.

Dieses Ergebnis kann leicht auf den Fall eines Systems mit beliebig vielen Freiheitsgraden ausgedehnt werden, das durch die verallgemeinerten Koordinaten q_i beschrieben wird. Für die effektive potentielle Energie ergibt sich (statt (30,8)) der Ausdruck

$$U_{\text{eff}} = U + \frac{1}{2\,\omega^2}\sum_{i,k} a_{ik}^{-1}\overline{f_i f_k} = U + \sum_{i,k}\frac{a_{ik}}{2}\overline{\dot{\xi}_i \dot{\xi}_k}, \tag{30,10}$$

wo die Größen a_{ik}^{-1} (die im allgemeinen von den Koordinaten abhängen) Elemente der Reziproken zur Matrix der Koeffizienten a_{ik} in der kinetischen Energie des Systems sind (s. (5,5)).

Aufgabe

1. Bestimme die Lage des stabilen Gleichgewichts eines Pendels, dessen Aufhängepunkt vertikale Schwingungen mit der hohen Frequenz γ ($\gamma \gg \sqrt{g/l}$) ausführt.

Lösung: Aus der in Aufgabe 3c, § 5, bestimmten LAGRANGE-Funktion entnimmt man für die veränderliche Kraft in diesem Fall

$$f = -\, m\, l\, a\, \gamma^2 \cos\gamma t \sin\varphi$$

(als x-Koordinate ist der Winkel φ gewählt). Damit erhält man als „effektive potentielle Energie"

$$U_{\text{eff}} = m\, g\, l\left(-\cos\varphi + \frac{a^2\gamma^2}{4\, g\, l}\sin^2\varphi\right).$$

Die stabilen Gleichgewichtslagen entsprechen dem Minimum dieser Funktion. Die Richtung senkrecht nach unten ($\varphi = 0$) ist stets stabil. Wenn die Bedingung

$$a^2\gamma^2 > 2\, g\, l$$

erfüllt ist, so ist auch die Lage senkrecht nach oben ($\varphi = \pi$) stabil.

---

[1]) Wenn die Größe m von x abhängt, kann man sich durch etwas längere Rechnungen leicht davon überzeugen, daß die Formeln (30,7) und (30,8) auch in diesem Fall gültig bleiben.

2. Dasselbe für ein Pendel, dessen Aufhängepunkt horizontale Schwingungen ausführt.
Lösung: Aus der in Aufgabe 3b, § 5, erhaltenen LAGRANGE-Funktion finden wir

$$f = m\, l\, a\, \gamma^2 \cos \gamma t \cos \varphi$$

und damit

$$U_{\text{eff}} = m\, g\, l \left[-\cos\varphi + \frac{a^2 \gamma^2}{4\, g\, l} \cos^2 \varphi \right].$$

Für $a^2 \gamma^2 < 2\, g\, l$ ist die Lage $\varphi = 0$ stabil. Wenn dagegen $a^2 \gamma^2 > 2\, g\, l$ gilt, so entspricht dem stabilen Gleichgewicht der Wert

$$\cos \varphi = \frac{2\, g\, l}{a^2 \gamma^2}.$$

VI BEWEGUNG DES STARREN KÖRPERS

§ 31. Winkelgeschwindigkeit

Den *starren Körper* kann man in der Mechanik als ein System von Massenpunkten definieren, deren Abstände voneinander unveränderlich sind. Systeme, die tatsächlich in der Natur vorkommen, erfüllen diese Bedingung natürlich nur näherungsweise. Die meisten starren Körper ändern aber unter gewöhnlichen Bedingungen ihre Formen und Ausmaße so wenig, daß wir diese Änderungen durchaus vernachlässigen können, wenn wir die Bewegungsgesetze des als Ganzes betrachteten starren Körpers untersuchen.

In den folgenden Darlegungen werden wir den starren Körper oft als eine diskrete Gesamtheit von Massenpunkten darstellen; dadurch erreicht man eine gewisse Vereinfachung der Ableitungen. Das widerspricht jedoch in keiner Weise dem Umstand, daß man in Wirklichkeit den starren Körper in der Mechanik als ein Kontinuum ansehen kann, dessen innere Struktur gar nicht interessiert. Der Übergang von den Summen über diskrete Punkte zu den Formeln des Kontinuums geschieht einfach dadurch, daß man die Masse des Teilchens durch die Masse $\varrho\, dV$ ersetzt, die im Volumenelement dV eingeschlossen ist (ϱ ist die Dichte), und über das ganze Volumen des Körpers integriert.

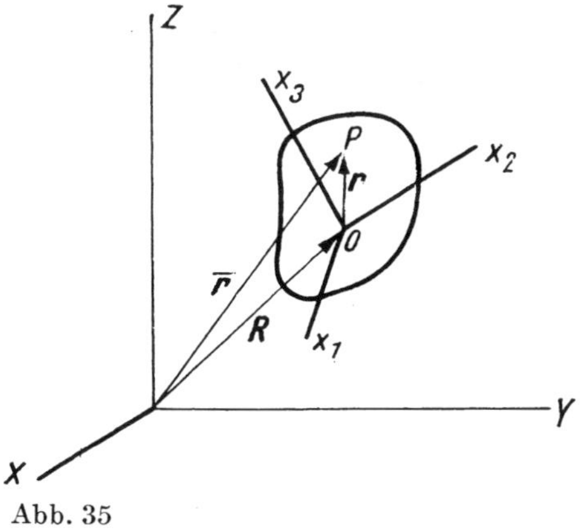

Abb. 35

Zur Beschreibung der Bewegung des starren Körpers führen wir zwei Koordinatensysteme ein; ein „ruhendes", d. h. ein Inertialsystem XYZ und ein bewegliches System mit den Koordinaten $x_1 = x$, $x_2 = y$, $x_3 = z$, das mit dem Körper starr verbunden sein soll und an allen seinen Bewegungen teilnimmt. Den Nullpunkt des bewegten Koordinatensystems legt man zweckmäßigerweise in den Schwerpunkt des Körpers.

Die Lage des starren Körpers bezüglich des ruhenden Koordinatensystems ist durch die Angabe der Lage des bewegten Systems vollständig bestimmt. Der Radiusvektor $\boldsymbol{R}$ möge zum Nullpunkt des bewegten Systems führen

(Abb. 35). Die Richtungen der Achsen dieses Systems bezüglich des ruhenden werden durch drei voneinander unabhängige Winkel festgelegt, so daß wir zusammen mit den drei Komponenten des Vektors $\boldsymbol{R}$ insgesamt sechs Koordinaten erhalten. Das bedeutet, daß jeder beliebig starre Körper ein mechanisches System mit sechs Freiheitsgraden bildet.

Wir betrachten nun eine beliebige unendlich kleine Verschiebung des starren Körpers. Sie läßt sich als Summe von zwei Bewegungen darstellen, nämlich einer unendlich kleinen Parallelverschiebung, bei der der Schwerpunkt aus der Anfangs- in die Endlage übergeht, die Achsenrichtungen des bewegten Systems aber unverändert bleiben, und einer unendlich kleinen Drehung um den Schwerpunkt, bei der der starre Körper seine Endlage erreicht.

Wir bezeichnen den Radiusvektor eines beliebigen Punktes P des starren Körpers im bewegten Koordinatensystem mit $\boldsymbol{r}$ und den Radiusvektor desselben Punktes im ruhenden System mit $\bar{\boldsymbol{r}}$. Dann setzt sich eine infinitesimale Verschiebung $d\bar{\boldsymbol{r}}$ des Punktes P aus der Verschiebung $d\boldsymbol{R}$ des Schwerpunktes und aus der auf den Schwerpunkt bezogenen Verschiebung $d\boldsymbol{\varphi}\times\boldsymbol{r}$ zusammen, die der Punkt bei Drehung um den infinitesimalen Winkel $d\boldsymbol{\varphi}$ erfährt (s. (9,1)), d. h.

$$d\bar{\boldsymbol{r}} = d\boldsymbol{R} + d\boldsymbol{\varphi} \times \boldsymbol{r} .$$

Wenn wir diese Gleichung durch die Zeit dt dividieren, in der die betrachtete Verschiebung vor sich ging, und die Geschwindigkeiten

$$\frac{d\bar{\boldsymbol{r}}}{dt} = \boldsymbol{v}, \qquad \frac{d\boldsymbol{R}}{dt} = \boldsymbol{V}, \qquad \frac{d\boldsymbol{\varphi}}{dt} = \boldsymbol{\Omega} \tag{31,1}$$

einführen, so erhalten wir eine Beziehung zwischen diesen Geschwindigkeiten nämlich

$$\boldsymbol{v} = \boldsymbol{V} + \boldsymbol{\Omega} \times \boldsymbol{r} . \tag{31,2}$$

Der Vektor $\boldsymbol{V}$ ist die Geschwindigkeit des Schwerpunktes des starren Körpers; sie wird auch Geschwindigkeit der *Translationsbewegung* genannt. Der Vektor $\boldsymbol{\Omega}$ heißt *Winkelgeschwindigkeit* der Drehung des starren Körpers; seine Richtung fällt (ebenso wie die Richtung von $d\boldsymbol{\varphi}$) mit der Richtung der Drehachse zusammen. Damit kann die Geschwindigkeit $\boldsymbol{v}$ eines beliebigen Punktes des Körpers (bezüglich des ruhenden Koordinatensystems) durch die Translationsgeschwindigkeit des Körpers und durch die Winkelgeschwindigkeit seiner Drehung ausgedrückt werden.

Es sei betont, daß bei der Ableitung der Formel (31,2) überhaupt nicht wichtig war, daß wir gerade den Schwerpunkt des Körpers als Nullpunkt genommen haben. Die Vorteile dieser Wahl zeigen sich erst später bei der Berechnung der Energie des bewegten Körpers.

Wir nehmen nun an, daß das starr mit dem Körper verbundene Koordinatensystem so gewählt ist, daß sein Nullpunkt nicht im Schwerpunkt O, sondern in irgendeinem Punkt O' liegt, der sich im Abstand $\boldsymbol{a}$ vom Punkt O befindet. Die Geschwindigkeit des Nullpunktes O' dieses Systems bezeichnen wir mit $\boldsymbol{V}'$ und seine Rotationsgeschwindigkeit mit $\boldsymbol{\Omega}'$.

Wir betrachten wiederum einen beliebigen Punkt P des starren Körpers und bezeichnen seinen Radiusvektor bezüglich des Nullpunktes O' mit $\boldsymbol{r}'$. Dann wird $\boldsymbol{r} = \boldsymbol{r}' + \boldsymbol{a}$ und Einsetzen in (31,2) ergibt

$$\boldsymbol{v} = \boldsymbol{V} + \boldsymbol{\Omega} \times \boldsymbol{a} + \boldsymbol{\Omega} \times \boldsymbol{r}' .$$

Andererseits muß nach der Definition von $\boldsymbol{V}'$ und $\boldsymbol{\Omega}'$ gelten: $\boldsymbol{v} = \boldsymbol{V}' + \boldsymbol{\Omega}' \times \boldsymbol{r}'$. Daraus schließen wir auf

$$\boldsymbol{V}' = \boldsymbol{V} + \boldsymbol{\Omega} \times \boldsymbol{a} , \qquad \boldsymbol{\Omega}' = \boldsymbol{\Omega} . \tag{31,3}$$

Die zweite dieser Gleichungen ist sehr wesentlich. Wir sehen, daß die Winkelgeschwindigkeit, mit der das starr mit dem Körper verbundene Koordinatensystem in jedem gegebenen Zeitpunkt rotiert, von diesem System vollkommen unabhängig ist. Sämtliche derartigen Systeme rotieren in einem gegebenen Zeitpunkt um parallel zueinander liegende Achsen mit dem Betrag nach gleicher Winkelgeschwindigkeit $\boldsymbol{\Omega}$. Dieser Umstand berechtigt uns, $\boldsymbol{\Omega}$ die Rotationsgeschwindigkeit des Körpers an sich zu nennen. Die Translationsgeschwindigkeit dagegen hat nicht einen derartigen „absoluten“ Charakter.

Wenn $\boldsymbol{V}$ und $\boldsymbol{\Omega}$ (in einem gegebenen Zeitpunkt) bei einer bestimmten Wahl des Nullpunktes senkrecht aufeinander stehen, so folgt aus der ersten Formel (31,3), daß sie (d. h. $\boldsymbol{V}'$ und $\boldsymbol{\Omega}'$) diese Eigenschaft auch nach Einführen eines beliebigen anderen Nullpunktes O' behalten. Nach (31,2) liegen in diesem Fall die Geschwindigkeiten $\boldsymbol{v}$ sämtlicher Punkte des Körpers in ein und derselben Ebene, und zwar in einer Ebene, auf der $\boldsymbol{\Omega}$ senkrecht steht. Dabei kann man stets einen Anfangspunkt O'[1]) finden, dessen Geschwindigkeit $\boldsymbol{V}'$ gleich Null ist, so daß die Bewegung des starren Körpers (in dem gegebenen Zeitpunkt) eine reine Rotation um eine Achse durch O' darstellt. Diese Achse heißt *momentane Drehachse* des Körpers.[2])

Im folgenden nehmen wir stets an, daß der Nullpunkt des bewegten Koordinatensystems im Schwerpunkt des Körpers liegt, so daß auch die Drehachse des Körpers durch den Schwerpunkt läuft. Bei einer Bewegung des Körpers

---

[1]) Es kann sich natürlich zeigen, daß dieser Punkt außerhalb des Körpers liegt.

[2]) Im allgemeinen Fall, wo $\boldsymbol{V}$ und $\boldsymbol{\Omega}$ nicht senkrecht aufeinander stehen, kann man den Koordinatenanfangspunkt so wählen, daß $\boldsymbol{V}$ und $\boldsymbol{\Omega}$ parallel werden, d. h., die Bewegung setzt sich (in dem gegebenen Zeitpunkt) aus einer Rotation um irgendeine Achse und einer Translation entlang dieser Achse zusammen.

ändern sich im allgemeinen sowohl der Betrag von $\boldsymbol{\Omega}$ als auch die Richtung der Drehachse.

§ 32. Trägheitstensor

Zur Berechnung der kinetischen Energie des starren Körpers betrachten wir diesen als ein System von diskreten Massenpunkten und schreiben

$$T = \sum \frac{m\,\boldsymbol{v}^2}{2}\,,$$

wo über alle Punkte summiert wird, aus denen der Körper besteht. Der Einfachheit halber lassen wir hier und im folgenden die Indizes, die die Punkte numerieren, fort.

Unter Benutzung von (31,2) erhalten wir

$$T = \sum \frac{m}{2}(\boldsymbol{V} + \boldsymbol{\Omega} \times \boldsymbol{r})^2 = \sum \frac{m}{2}\boldsymbol{V}^2 + \sum m\ \boldsymbol{V}(\boldsymbol{\Omega} \times \boldsymbol{r}) + \sum \frac{m}{2}(\boldsymbol{\Omega} \times \boldsymbol{r})^2.$$

Die Geschwindigkeiten $\boldsymbol{V}$ und $\boldsymbol{\Omega}$ sind für alle Punkte des starren Körpers gleich. Infolgedessen können wir im ersten Glied $\boldsymbol{V}^2/2$ vor das Summenzeichen ziehen, dann stellt die Summe $\sum m$ die Masse des Körpers dar, die wir mit μ bezeichnen. Das zweite Glied formen wir um:

$$\sum m\,\boldsymbol{V}(\boldsymbol{\Omega} \times \boldsymbol{r}) = \sum m\,\boldsymbol{r}\,(\boldsymbol{V} \times \boldsymbol{\Omega}) = (\boldsymbol{V} \times \boldsymbol{\Omega}) \sum m\,\boldsymbol{r}\,.$$

Wenn der Nullpunkt des bewegten Systems im Schwerpunkt liegt, verschwindet dieses Glied offenbar, weil nämlich $\sum m\,\boldsymbol{r} = 0$ ist. Im dritten Glied schließlich schreiben wir das Quadrat des Vektorproduktes aus und finden als Ergebnis

$$T = \frac{\mu\,\boldsymbol{V}^2}{2} + \frac{1}{2}\sum m\,\{\Omega^2\,r^2 - (\boldsymbol{\Omega}\,\boldsymbol{r})^2\}\,. \qquad (32,1)$$

Die kinetische Energie des starren Körpers kann also als Summe aus zwei Teilen dargestellt werden. Das erste Glied in (32,1) ist die kinetische Energie der Translationsbewegung; sie hat die Form, als sei die gesamte Masse des Körpers in seinem Schwerpunkt konzentriert. Das zweite Glied ist die kinetische Energie der Rotation mit der Winkelgeschwindigkeit $\boldsymbol{\Omega}$ um eine Achse durch den Schwerpunkt. Wir betonen, daß die Möglichkeit einer solchen Aufspaltung der kinetischen Energie in zwei Teile daraus folgt, daß wir den Nullpunkt des mit dem Körper verbundenen Koordinatensystems in seinen Schwerpunkt gelegt haben.

Wir führen nun für die kinetische Energie der Rotation die Tensorschreibweise ein, d. h., wir drücken sie durch die Komponenten x_i, Ω_i der Vektoren $\boldsymbol{r}$, $\boldsymbol{\Omega}$ aus, und erhalten

$$T_{\text{rot}} = \frac{1}{2} \Sigma\, m \left\{ \Omega_i^2 x_l^2 - \Omega_i x_i \Omega_k x_k \right\}$$

$$= \frac{1}{2} \Sigma\, m \left\{ \Omega_i \Omega_k \delta_{ik} x_l^2 - \Omega_i \Omega_k x_i x_k \right\}$$

$$= \frac{1}{2} \Omega_i \Omega_k \Sigma\, m \left(x_l^2 \delta_{ik} - x_i x_k \right) .\,^{1)}$$

Hier ist die Identität $\Omega_i = \delta_{ik} \Omega_k$ benutzt worden, wo δ_{ik} den Einheitstensor darstellt (dessen Komponenten für $i = k$ gleich 1 und für $i \neq k$ gleich 0 sind). Verwenden wir noch den Tensor

$$I_{ik} = \Sigma\, m \left(x_l^2 \delta_{ik} - x_i x_k \right) , \tag{32,2}$$

so bekommen wir als endgültigen Ausdruck für die kinetische Energie des starren Körpers

$$T = \frac{\mu V^2}{2} + \frac{1}{2} I_{ik} \Omega_i \Omega_k . \tag{32,3}$$

Die LAGRANGE-Funktion des starren Körpers ergibt sich, indem man von (32,3) die potentielle Energie abzieht, zu

$$L = \frac{\mu V^2}{2} + \frac{1}{2} I_{ik} \Omega_i \Omega_k - U . \tag{32,4}$$

Die potentielle Energie ist im allgemeinen Fall eine Funktion von sechs Veränderlichen, welche die Lage des starren Körpers bestimmen, z. B. der drei Koordinaten X, Y, Z des Schwerpunktes und der drei Winkel, die die Achsenrichtungen des bewegten Systems bezüglich des ruhenden Systems festlegen.

Der Tensor I_{ik} heißt *Tensor der Trägheitsmomente* oder einfach *Trägheitstensor* des Körpers. Aus der Definition (32,2) sieht man leicht, daß er symmetrisch ist, d. h., es gilt

$$I_{ik} = I_{ki} . \tag{32,5}$$

Der Anschaulichkeit halber schreiben wir seine Komponenten explizit in folgender Tabelle an:

$$I_{ik} = \begin{pmatrix} \Sigma\, m (y^2 + z^2) & - \Sigma\, m x y & - \Sigma\, m x z \\ - \Sigma\, m y x & \Sigma\, m (x^2 + z^2) & - \Sigma\, m y z \\ - \Sigma\, m z x & - \Sigma\, m z y & \Sigma\, m (x^2 + y^2) \end{pmatrix} . \tag{32,6}$$

[1]) In diesem Kapitel bezeichnen die Buchstaben i, k, l Tensor-Indizes, die die Werte 1, 2, 3 durchlaufen. Hierbei benutzen wir überall die bekannte Summationsvereinbarung, nach der die Summenzeichen fortgelassen werden und über alle doppelt auftretenden Indizes (die man Summationsindizes nennt) über die Werte 1, 2, 3 zu summieren ist; so bedeuten z. B. $A_i B_i = \boldsymbol{A} \boldsymbol{B}$, $A_l^2 = A_l A_l = \boldsymbol{A}^2$ usw. Die Bezeichnung der Summationsindizes kann man offenbar beliebig verändern (wenn sie nur nicht mit den Bezeichnungen anderer Tensor-Indizes in demselben Ausdruck zusammenfällt).

Die Komponenten I_{xx}, I_{yy}, I_{zz} werden Trägheitsmomente bezüglich der entsprechenden Achsen genannt.

Der Trägheitstensor ist offenbar additiv: Die Trägheitsmomente eines Körpers sind gleich den Summen der Trägheitsmomente seiner Teile.

Wenn man einen starren Körper als Kontinuum betrachten kann, so ist in der Definition (32,2) die Summe durch ein Integral über das Volumen des Körpers zu ersetzen:

$$I_{ik} = \int \varrho \, (x_l^2 \, \delta_{ik} - x_i \, x_k) \, dV \, . \tag{32,7}$$

Wie jeder symmetrische Tensor zweiten Ranges kann der Trägheitstensor durch entsprechende Wahl der Achsenrichtungen x_1, x_2, x_3 auf Diagonalform gebracht werden. Die entsprechenden Achsen heißen *Hauptträgheitsachsen* und die entsprechenden Werte der Komponenten des Tensors *Hauptträgheitsmomente*; wir bezeichnen sie mit I_1, I_2, I_3. Bei einer solchen Wahl der Achsen x_1, x_2, x_3 nimmt die kinetische Rotationsenergie eine besonders einfache Form an, nämlich

$$T_{\text{rot}} = \frac{1}{2} (I_1 \, \Omega_1^2 + I_2 \, \Omega_2^2 + I_3 \, \Omega_3^2) \, . \tag{32,8}$$

Wir erwähnen, daß jedes der drei Hauptträgheitsmomente nicht größer als die Summe der beiden anderen sein kann; denn es gilt (z. B.)

$$I_1 + I_2 = \sum m \, (x_1^2 + x_2^2 + 2 \, x_3^2) \geqq \sum m \, (x_1^2 + x_2^2) = I_3 \, . \tag{32,9}$$

Ein Körper, dessen drei Hauptträgheitsmomente voneinander verschieden sind, heißt *unsymmetrischer Kreisel.*

Wenn zwei Hauptträgheitsmomente einander gleich sind, $I_1 = I_2 \neq I_3$, nennt man den starren Körper einen *symmetrischen Kreisel.* In diesem Fall ist die Wahl der Hauptachsenrichtungen in der x_1x_2-Ebene beliebig.

Wenn alle drei Hauptträgheitsmomente zusammenfallen, handelt es sich um einen *Kugelkreisel.* In diesem Fall hat man für alle drei Hauptträgheitsachsen freie Wahl: Man kann drei beliebige aufeinander senkrecht stehende Achsen dazu nehmen.

Das Auffinden der Hauptträgheitsachsen vereinfacht sich sehr, wenn der Körper irgendeine Symmetrie besitzt; es ist klar, daß die Lage des Schwerpunktes und die Richtungen der Hauptträgheitsachsen derselben Symmetrie entsprechen müssen.

Besitzt der Körper eine Symmetrieebene, so muß der Schwerpunkt in dieser Ebene liegen. In ihr liegen ebenfalls zwei Hauptträgheitsachsen, und die dritte steht senkrecht auf ihr. Um einen solchen Fall handelt es sich offenbar, wenn alle Teile des Systems in einer Ebene liegen. Dann existiert eine einfache Beziehung zwischen den drei Hauptträgheitsmomenten. Wenn als Ebene des Systems die x_1x_2-Ebene gewählt wird, folgt wegen $x_3 = 0$ für alle Massenpunkte

$$I_1 = \sum m \, x_2^2 \, , \qquad I_2 = \sum m \, x_1^2 \, , \qquad I_3 = \sum m \, (x_1^2 + x_2^2) \, ,$$

so daß gilt

$$I_3 = I_1 + I_2 \,. \tag{32,10}$$

Wenn der Körper eine Symmetrieachse beliebiger Ordnung besitzt, so liegt der Schwerpunkt auf dieser Achse. Mit ihr fällt auch eine der Hauptträgheitsachsen zusammen, die beiden anderen stehen senkrecht auf ihr. Hierbei stellt der Körper einen symmetrischen Kreisel dar, wenn die axiale Symmetrie von höherer als zweiter Ordnung ist. Tatsächlich kann man dann jede Hauptachse (die auf der Symmetrieachse senkrecht steht) um einen von 180° verschiedenen Winkel drehen, d. h., die Wahl dieser Achsen ist nicht eindeutig, was aber nur im Fall des symmetrischen Kreisels auftreten kann.

Einen Sonderfall stellt ein System dar, dessen Teile auf einer geraden Linie liegen. Wenn man diese Gerade als x_3-Achse wählt, so wird für alle Massenpunkte $x_1 = x_2 = 0$, so daß zwei Hauptträgheitsmomente zusammenfallen und das dritte gleich Null wird:

$$I_1 = I_2 = \sum m\, x_3^2\,, \qquad I_3 = 0\,. \tag{32,11}$$

Ein solches System heißt *Rotator*. Eine charakteristische Besonderheit des Rotators im Unterschied zum allgemeinen Fall eines beliebigen Körpers besteht darin, daß er insgesamt zwei (und nicht drei) Rotationsfreiheitsgrade besitzt, die Drehungen um die x_1- und x_2-Achse entsprechen; eine Rotation einer Geraden um sich selber hat offensichtlich keinen Sinn.

Zum Abschluß machen wir noch eine Bemerkung über die Berechnung des Trägheitstensors. Obwohl wir diesen Tensor bezüglich eines Koordinatensystems definiert haben, dessen Nullpunkt im Schwerpunkt liegt (nur bei dieser Definition ist die Grundformel (32,3) gültig), so kann es dennoch zuweilen bequemer sein, zunächst den analogen, auf einen anderen Nullpunkt O' bezogenen Tensor

$$I'_{ik} = \sum m\,(x_l'^2\,\delta_{ik} - x_i'\,x_k')$$

zu berechnen. Wenn der Abstand OO' durch den Vektor $\boldsymbol{a}$ gegeben ist, so wird $\boldsymbol{r} = \boldsymbol{r}' + \boldsymbol{a}$ und $x_i = x_i' + a_i$,; da nach Definition des Punktes O die Beziehung $\sum m\,\boldsymbol{r} = 0$ gilt, finden wir

$$I'_{ik} = I_{ik} + \mu\,(a_l^2\,\delta_{ik} - a_i\,a_k)\,. \tag{32,12}$$

Nach dieser Formel kann man den gesuchten Tensor I_{ik} leicht berechnen, wenn I'_{ik} bekannt ist.[1])

Aufgaben

1. Bestimme die Hauptträgheitsmomente von Molekülen, wenn man sie als System von Teilchen betrachtet, die sich in konstanten Abständen voneinander befinden, in folgenden Fällen:

a) Molekül aus Atomen, die auf einer Geraden liegen.

---

[1]) Den durch Formel (32,12) beschriebenen Sachverhalt bezeichnet man auch als „Satz von Steiner“ (Anm. d. Herausg.).

Lösung:

$$I_1 = I_2 = \frac{1}{\mu} \sum_{a>b} m_a m_b l_{ab}^2, \qquad I_3 = 0,$$

wo m_a die Massen der Atome und l_{ab} den Abstand zwischen den Atomen a und b bedeuten: Die Summierung erfolgt über alle Atompaare im Molekül (dabei geht jedes Paar a, b einmal in die Summe ein).

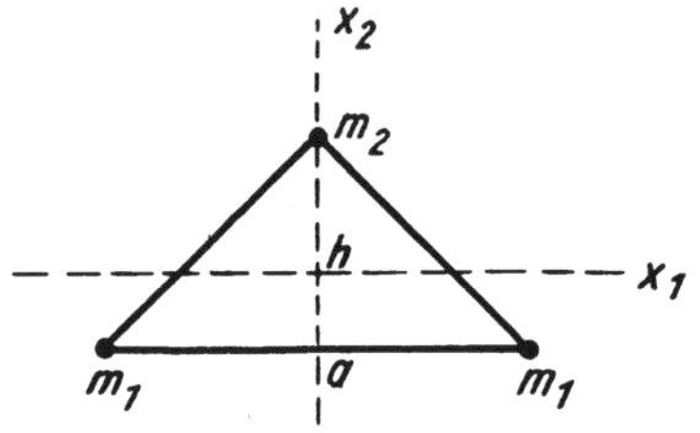

Abb. 36

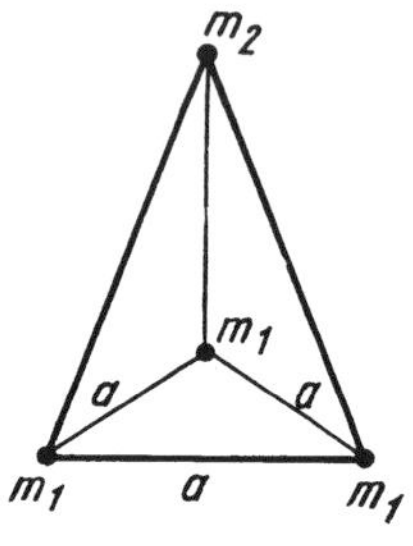

Abb. 37

Für ein zweiatomiges Molekül reduziert sich die Summe auf ein einziges Glied, und das Trägheitsmoment wird – wie zu erwarten war – das Produkt aus der reduzierten Masse beider Atome und dem Quadrat des Abstandes zwischen ihnen:

$$I_1 = I_2 = \frac{m_1 m_2}{m_1 + m_2} l^2.$$

b) Dreiatomiges Molekül in Form eines gleichschenkligen Dreiecks (Abb. 36).

Lösung: Der Schwerpunkt liegt auf einer Höhe des Dreiecks im Abstand $X_2 = m_2 h/\mu$ von seiner Grundlinie. Die Trägheitsmomente sind

$$I_1 = \frac{2\, m_1 m_2}{\mu} h^2, \qquad I_2 = \frac{m_1}{2} a^2, \qquad I_3 = I_1 + I_2.$$

c) Vieratomiges Molekül, dessen Atome in den Ecken einer geraden Pyramide mit dreieckiger Grundfläche liegen (Abb. 37).

Lösung: Der Schwerpunkt liegt auf der Höhe der Pyramide im Abstand $X_3 = m_2 h/\mu$ von ihrer Grundfläche. Die Trägheitsmomente sind

$$I_1 = I_2 = \frac{3\, m_1 m_2}{\mu} h^2 + \frac{m_1 a^2}{2}, \qquad I_3 = m_1 a^2.$$

Bei $m_1 = m_2$ und $h = a\sqrt{2/3}$ erhalten wir ein tetraedrisches Molekül mit den Trägheitsmomenten

$$I_1 = I_2 = I_3 = m_1 a^2.$$

2. Bestimme die Hauptträgheitsmomente homogener Körper:

a) Dünner Stab der Länge l.

Lösung:

$$I_1 = I_2 = \frac{1}{12} \mu l^2, \qquad I_3 = 0$$

(die Dicke des Stabes ist vernachlässigt).

b) Kugel mit dem Radius R.
Lösung:

$$I_1 = I_2 = I_3 = \frac{2}{5} \mu R^2$$

(am einfachsten berechnet man die Summe $I_1 + I_2 + I_3 = 2 \varrho \int r^2 dV$).
c) Kreiszylinder mit dem Radius R und der Höhe h.
Lösung:

$$I_1 = I_2 = \frac{\mu}{4}\left(R^2 + \frac{h^2}{3}\right), \qquad I_3 = \frac{\mu}{2} R^2$$

(die Achse des Zylinders ist die x_3-Achse).
d) Quader mit den Kantenlängen a, b, c.
Lösung:

$$I_1 = \frac{\mu}{12}(b^2 + c^2), \qquad I_2 = \frac{\mu}{12}(c^2 + a^2), \qquad I_3 = \frac{\mu}{12}(a^2 + b^2)$$

(die x_1-, x_2-, x_3-Achsen sind parallel zu den Kanten a, b, c).
e) Kreiskegel mit der Höhe h und dem Radius R der Grundfläche.
Lösung: Wir berechnen zunächst den Tensor I_{ik} bezüglich eines Achsensystems mit dem Nullpunkt im Scheitel des Kegels (Abb. 38). Die Rechnung ist in Zylinderkoordinaten leicht durchzuführen und liefert

$$I'_1 = I'_2 = \frac{3}{5} \mu \left(\frac{R^2}{4} + h^2\right), \qquad I'_3 = \frac{3}{10} \mu R^2 .$$

Der Schwerpunkt befindet sich, wie man leicht nachrechnet, auf der Kegelachse im Abstand $a = 3h/4$ vom Scheitelpunkt. Aus Formel (32,12) finden wir schließlich

$$I_1 = I_2 = I'_1 - \mu a^2 = \frac{3}{20} \mu \left(R^2 + \frac{h^2}{4}\right),$$

$$I_3 = I'_3 = \frac{3}{10} \mu R^2 .$$

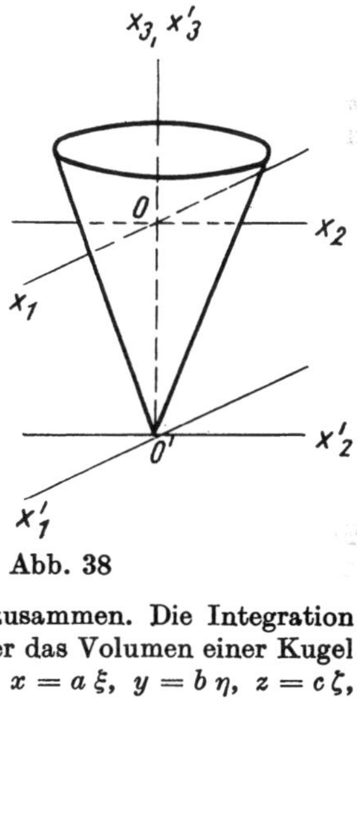

Abb. 38

f) Dreiachsiges Ellipsoid mit den Halbachsen a, b, c.
Lösung: Der Schwerpunkt liegt im Mittelpunkt, und die Hauptträgheitsachsen fallen mit den Achsen des Ellipsoids zusammen. Die Integration über das Volumen des Ellipsoids kann auf eine Integration über das Volumen einer Kugel zurückgeführt werden durch die Koordinatentransformation $x = a\xi$, $y = b\eta$, $z = c\zeta$, wodurch die Gleichung der Oberfläche des Ellipsoids

$$\frac{x^2}{a^2} + \frac{y^2}{b^2} + \frac{z^2}{c^2} = 1$$

in die Gleichung der Oberfläche der Einheitskugel

$$\xi^2 + \eta^2 + \zeta^2 = 1$$

übergeht.
Damit ergibt sich für das Trägheitsmoment bezüglich der x-Achse

$$I_1 = \varrho \int\int\int (y^2 + z^2)\, dx\, dy\, dz = \varrho\, a b c \int\int\int (b^2 \eta^2 + c^2 \zeta^2)\, d\xi\, d\eta\, d\zeta$$

$$= a b c \frac{1}{2} I' (b^2 + c^2),$$

wo I' das Trägheitsmoment der Einheitskugel ist. Mit dem Volumen $4\pi a b c/3$ des Ellipsoids erhalten wir schließlich die Trägheitsmomente

$$I_1 = \frac{\mu}{5}(b^2 + c^2)\,, \qquad I_2 = \frac{\mu}{5}(a^2 + c^2)\,, \qquad I_3 = \frac{\mu}{5}(a^2 + b^2)\,.$$

3. Bestimme die Frequenz der kleinen Schwingungen eines physikalischen Pendels (eines starren Körpers, der im Schwerefeld um eine feste horizontale Achse schwingt).

Lösung: l sei der Abstand des Pendelschwerpunkts von der Drehachse, α, β, γ die Winkel zwischen den Richtungen der Hauptträgheitsachsen und der Drehachse. Als variable Koordinate führen wir den Winkel φ ein zwischen der Vertikalen und dem Lot vom Schwerpunkt auf die Drehachse. Die Geschwindigkeit des Schwerpunkts beträgt $V = l\dot{\varphi}$, und die Projektionen der Winkelgeschwindigkeit auf die Hauptträgheitsachsen sind $\dot{\varphi}\cos\alpha$, $\dot{\varphi}\cos\beta$, $\dot{\varphi}\cos\gamma$. Unter der Annahme, daß der Winkel φ klein ist, finden wir als potentielle Energie

$$U = \mu g l (1 - \cos\varphi) \approx \frac{1}{2}\mu g l \varphi^2\,.$$

Damit lautet die LAGRANGE-Funktion

$$L = \frac{\mu l^2}{2}\dot{\varphi}^2 + \frac{1}{2}(I_1\cos^2\alpha + I_2\cos^2\beta + I_3\cos^2\gamma)\,\dot{\varphi}^2 - \frac{\mu g l}{2}\varphi^2\,.$$

Für die Schwingungsfrequenz erhalten wir daraus

$$\omega^2 = \frac{\mu g l}{\mu l^2 + I_1\cos^2\alpha + I_2\cos^2\beta + I_3\cos^2\gamma}\,.$$

4. Bestimme die kinetische Energie des in Abb. 39 dargestellten Systems; OA und AB sind dünne homogene Stäbe der Länge l, die durch ein Scharnier im Punkte A miteinander verbunden sind. Der Stab OA dreht sich (in der Zeichenebene) um den Punkt O, und das Ende B des Stabes AB gleitet entlang der x-Achse.

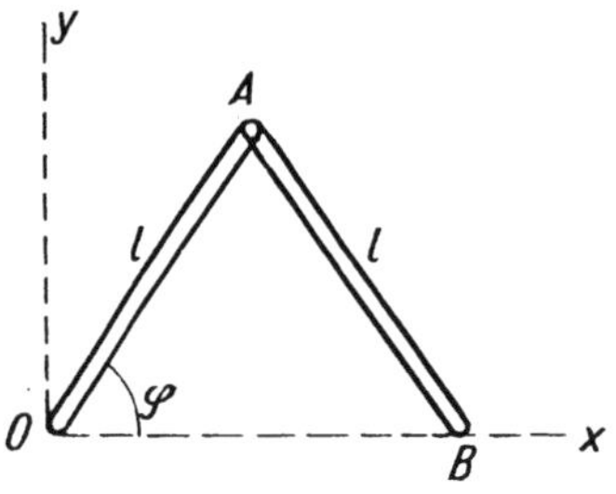

Abb. 39

Lösung: Die Geschwindigkeit des Schwerpunkts des Stabes OA (er liegt in der Mitte des Stabes) beträgt $l\dot{\varphi}/2$, wobei φ der Winkel AOB ist. Damit wird die kinetische Energie des Stabes OA

$$T_1 = \frac{\mu l^2}{8}\dot{\varphi}^2 + \frac{I}{2}\dot{\varphi}^2$$

(μ ist die Masse des Stabes).

Die kartesischen Koordinaten des Schwerpunkts des Stabes AB sind $X = \frac{3l}{2}\cos\varphi$, $Y = \frac{l}{2}\sin\varphi$. Da die Winkelgeschwindigkeit der Drehung dieses Stabes ebenfalls gleich $\dot{\varphi}$ ist, hat er die kinetische Energie

$$T_2 = \frac{\mu}{2}(\dot{X}^2 + \dot{Y}^2) + \frac{I}{2}\dot{\varphi}^2 = \frac{\mu l^2}{8}(1 + 8\sin^2\varphi)\,\dot{\varphi}^2 + \frac{I\dot{\varphi}^2}{2}\,.$$

Für die gesamte kinetische Energie des Systems ergibt sich also

$$T = \frac{\mu l^2}{3}(1 + 3\sin^2\varphi)\,\dot{\varphi}^2$$

(nach Aufgabe 2a ist $I = \mu l^2/12$ eingesetzt worden).

5. Bestimme die kinetische Energie eines Zylinders (mit dem Radius R), der auf einer Ebene rollt. Die Masse des Zylinders ist über das Volumen so verteilt, daß eine der Hauptträgheitsachsen parallel zur Zylinderachse im Abstand a von ihr verläuft; das Trägheitsmoment bezüglich dieser Hauptachse sei I.

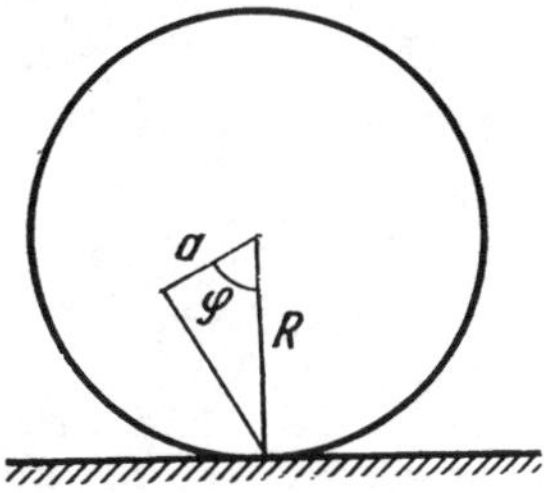

Abb. 40

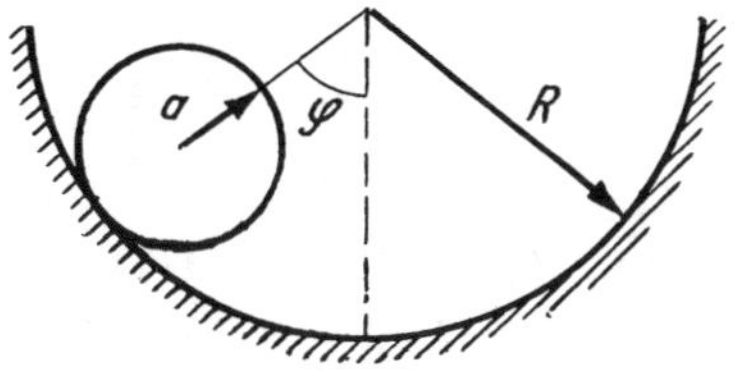

Abb. 41

Lösung: Wir führen den Winkel φ zwischen der Vertikalen und dem Lot vom Schwerpunkt auf die Zylinderachse ein (Abb. 40). Die Bewegung des Zylinders in jedem Zeitpunkt kann man als reine Drehung um die momentane Drehachse betrachten, die mit der Berührungslinie des Zylinders mit der ruhenden Ebene zusammenfällt; die Winkelgeschwindigkeit dieser Drehung ist $\dot{\varphi}$ (die Winkelgeschwindigkeit der Drehung um sämtliche parallelen Achsen ist dieselbe). Der Schwerpunkt befindet sich im Abstand $\sqrt{a^2 + R^2 - 2\,a\,R\cos\varphi}$ von der momentanen Drehachse, so daß er die Geschwindigkeit $V = \dot{\varphi}\sqrt{a^2 + R^2 - 2\,a\,R\cos\varphi}$ hat. Die gesamte kinetische Energie wird

$$T = \frac{\mu}{2}(a^2 + R^2 - 2\,a\,R\cos\varphi)\,\dot{\varphi}^2 + \frac{I}{2}\,\dot{\varphi}^2 .$$

6. Bestimme die kinetische Energie eines homogenen Zylinders mit dem Radius a, der auf der Innenseite einer zylindrischen Oberfläche mit dem Radius R abrollt (Abb. 41).

Lösung: Wir führen den Winkel φ ein, der von der Vertikalen und der Verbindungsgeraden der Mittelpunkte der beiden Zylinder gebildet wird. Der Schwerpunkt des rollenden Zylinders befindet sich auf dessen Achse und hat die Geschwindigkeit $V = \dot{\varphi}\,(R - a)$. Die Winkelgeschwindigkeit berechnen wir als reine Rotationsgeschwindigkeit um die momentane Drehachse, die mit der Berührungslinie der beiden Zylinder zusammenfällt; sie ist

$$\Omega = \frac{V}{a} = \dot{\varphi}\,\frac{R - a}{a} .$$

Wenn I_3 das Trägheitsmoment bezüglich der Zylinderachse bedeutet, so ergibt sich

$$T = \frac{\mu}{2}(R - a)^2\,\dot{\varphi}^2 + \frac{I_3}{2}\,\frac{(R - a)^2}{a^2}\,\dot{\varphi}^2 = \frac{3}{4}\,\mu\,(R - a)^2\,\dot{\varphi}^2$$

(I_3 aus Aufgabe 2c).

7. Berechne die kinetische Energie eines homogenen Kegels, der auf einer Ebene rollt.

Lösung: Wir bezeichnen mit Θ den Winkel zwischen der Berührungslinie OA des Kegels mit der Ebene und irgendeiner festen Richtung in dieser Ebene (Abb. 42). Der Schwerpunkt befindet sich auf der Kegelachse, seine Geschwindigkeit ist $V = a\cos\alpha\cdot\dot{\Theta}$, wo $2\,\alpha$ der Scheitelwinkel des Kegels und a der Abstand des Schwerpunktes vom Scheitel ist. Die Winkelgeschwindigkeit der Drehung ergibt sich als reine Rotationsgeschwindigkeit um die momentane Drehachse OA zu

$$\Omega = \frac{V}{a \sin \alpha} = \dot{\Theta} \cot \alpha \, .$$

Die eine der Hauptträgheitsachsen (x_3-Achse) fällt mit der Kegelachse zusammen, die andere (x_2-Achse) wählen wir senkrecht zur Kegelachse und zur Linie OA. Dann werden die Projektionen des Vektors $\boldsymbol{\Omega}$ (der parallel zur Achse OA zeigt) auf die Hauptträgheitsachsen: $\Omega \sin \alpha$, 0, $\Omega \cos \alpha$. Daraus finden wir für die gesuchte kinetische Energie

$$T = \frac{\mu a^2}{2} \cos^2 \alpha \cdot \dot{\Theta}^2 + \frac{I_1}{2} \cos^2 \alpha \cdot \dot{\Theta}^2 + \frac{I_3}{2} \frac{\cos^4 \alpha}{\sin^2 \alpha} \dot{\Theta}^2 = \frac{3 \mu h^2}{40} \dot{\Theta}^2 (1 + 5 \cos^2 \alpha)$$

(h ist die Höhe des Kegels, I_1, I_3, a sind aus Aufgabe 2e übernommen).

8. Bestimme die kinetische Energie eines homogenen Kegels, dessen Basiskreis auf einer Ebene rollt und dessen Scheitel in einem Punkt ruht, dessen senkrechter Abstand von der Ebene gleich dem Basisradius ist (so daß die Kegelachse parallel zur Ebene verläuft).

Lösung: Wir führen den Winkel Θ ein, der von einer vorgegebenen Richtung in der Ebene und der Projektion der Kegelachse auf die Ebene gebildet wird (Abb. 43). Die Geschwindigkeit des Schwerpunktes wird dann $V = a \dot{\Theta}$ (die Beziehungen sind die gleichen

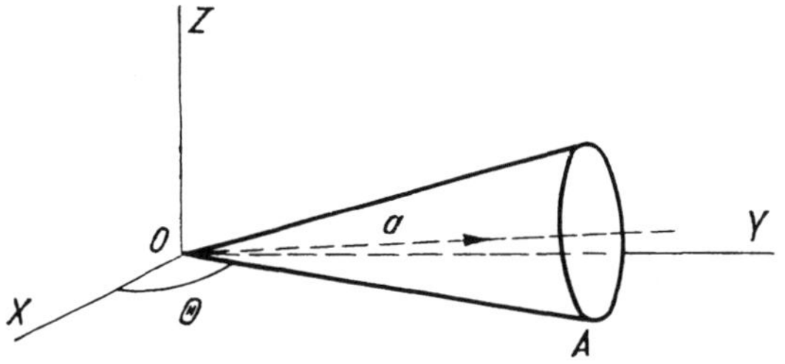

Abb. 42

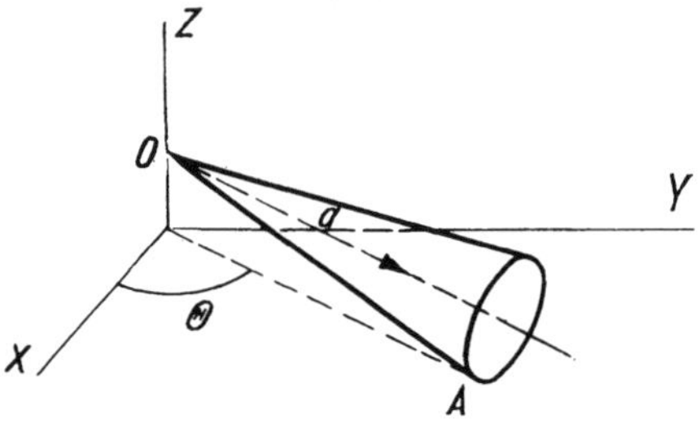

Abb. 43

wie in Aufgabe 7). Die momentane Drehachse ist die Erzeugende OA des Kegels, die durch den Berührungspunkt A mit der Ebene geht. Der Schwerpunkt befindet sich im Abstand $a \sin \alpha$ von dieser Achse, so daß gilt

$$\Omega = \frac{V}{a \sin \alpha} = \frac{\dot{\Theta}}{\sin \alpha} \, .$$

Die Projektionen des Vektors $\boldsymbol{\Omega}$ auf die Hauptträgheitsachsen (wir wählen die x_2-Achse senkrecht zur Kegelachse und zur Linie OA) sind $\Omega \sin \alpha = \dot{\Theta}$, 0, $\Omega \cos \alpha = \dot{\Theta} \cot \alpha$. Damit wird die kinetische Energie

$$T = \frac{\mu a^2}{2} \dot{\Theta}^2 + \frac{I_1}{2} \dot{\Theta}^2 + \frac{I_3}{2} \dot{\Theta}^2 \cot^2 \alpha = \frac{3 \mu h^2}{40} \dot{\Theta}^2 \left(\frac{1}{\cos^2 \alpha} + 5 \right) .$$

9. Bestimme die kinetische Energie eines homogenen dreiachsigen Ellipsoids, das sich um eine seiner Achsen (AB in Abb. 44) dreht, wobei diese Achse selbst um die Richtung CD rotiert, die senkrecht auf der Achse AB steht und durch den Schwerpunkt des Ellipsoids geht.

Lösung: Wir bezeichnen den Drehwinkel um die Achse CD mit Θ und den um die Achse AB (den Winkel zwischen CD und der Trägheitsachse x_1, die senkrecht auf AB steht) mit φ. Dann haben wir als Projektionen von $\boldsymbol{\Omega}$ auf die Trägheitsachsen

$$\dot{\Theta} \cos \varphi\,, \qquad \dot{\Theta} \sin \varphi\,, \qquad \dot{\varphi}$$

(wobei die x_3-Achse mit AB zusammenfällt). Da der Schwerpunkt, der im Mittelpunkt des Ellipsoids liegt, ruht, ergibt sich als kinetische Energie

$$T = \frac{1}{2}(I_1 \cos^2 \varphi + I_2 \sin^2 \varphi)\,\dot{\Theta}^2 + \frac{1}{2} I_3\,\dot{\varphi}^2\,.$$

10. Dasselbe, wenn die Achse AB geneigt und das Ellipsoid bezüglich dieser Achse symmetrisch ist (Abb. 45).

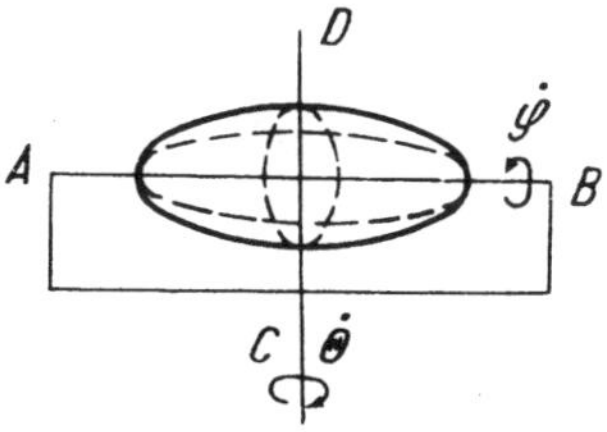

Abb. 44

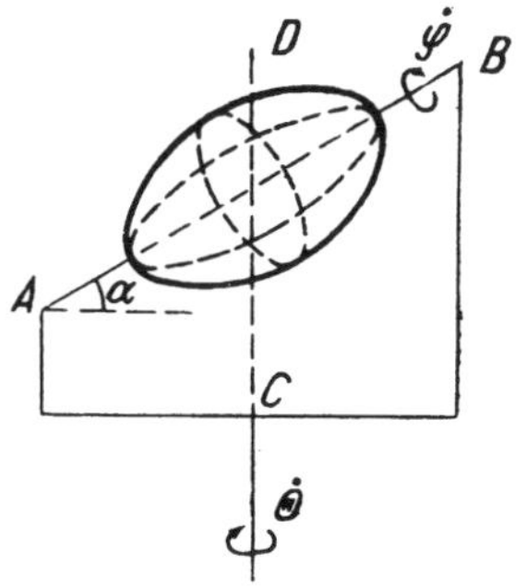

Abb. 45

Lösung: Die Projektionen von $\boldsymbol{\Omega}$ auf die Achsen AB und auf die beiden zu ihr senkrechten Hauptträgheitsachsen (die man beliebig wählen kann) sind

$$\dot{\Theta} \cos \alpha \cos \varphi\,, \qquad \dot{\Theta} \cos \alpha \sin \varphi\,, \qquad \dot{\varphi} + \dot{\Theta} \sin \alpha\,.$$

Für die kinetische Energie bekommt man damit

$$T = \frac{I_1}{2} \cos^2 \alpha \cdot \dot{\Theta}^2 + \frac{I_3}{2}(\dot{\varphi} + \dot{\Theta} \sin \alpha)^2\,.$$

§ 33. Drehimpuls des starren Körpers

Die Größe des Drehimpulses eines Systems hängt, wie wir wissen, von der Wahl des Bezugspunktes ab. In der Mechanik des starren Körpers ist es am zweckmäßigsten, hierfür den Nullpunkt des bewegten Koordinatensystems, d. h. den Schwerpunkt des Körpers zu wählen. Im folgenden verstehen wir unter $\boldsymbol{M}$ den so definierten Drehimpuls.

Wenn man den Bezugspunkt in den Schwerpunkt des Körpers legt, so fällt nach Formel (9,6) der Drehimpuls $\boldsymbol{M}$ mit dem „Eigendrehimpuls" zusammen, der allein aus der Bewegung der Punkte des Körpers relativ zum Schwerpunkt resultiert. In der Definition $\boldsymbol{M} = \sum m\,\boldsymbol{r} \times \boldsymbol{v}$ muß man daher $\boldsymbol{v}$ durch $\boldsymbol{\Omega} \times \boldsymbol{r}$ ersetzen. Das gibt

$$\boldsymbol{M} = \sum m\,\boldsymbol{r} \times (\boldsymbol{\Omega} \times \boldsymbol{r}) = \sum m \left\{ r^2 \boldsymbol{\Omega} - \boldsymbol{r}(\boldsymbol{r}\,\boldsymbol{\Omega}) \right\}$$

oder, in Tensorschreibweise,

$$M_i = \Sigma\, m\, \{x_l^2\, \Omega_i - x_i\, x_k\, \Omega_k\} = \Omega_k\, \Sigma\, m\, \{x_l^2\, \delta_{ik} - x_i\, x_k\}\,.$$

Mit der Definition (32,2) des Trägheitstensors erhalten wir schließlich

$$M_i = I_{ik}\, \Omega_k\,. \tag{33,1}$$

Wenn die x_1-, x_2-, x_3-Achsen in Richtung der Hauptträgheitsachsen verlaufen, liefert diese Formel

$$M_1 = I_1\, \Omega_1\,, \qquad M_2 = I_2\, \Omega_2\,, \qquad M_3 = I_3\, \Omega_3\,. \tag{33,2}$$

Für den Kugelkreisel, bei dem alle drei Hauptträgheitsmomente zusammenfallen, folgt z. B. einfach

$$\boldsymbol{M} = I\, \boldsymbol{\Omega}\,, \tag{33,3}$$

d. h., der Vektor des Drehimpulses ist proportional zum Vektor der Winkelgeschwindigkeit und hat die gleiche Richtung wie dieser.

Bei einem beliebigen Körper verläuft der Vektor $\boldsymbol{M}$ im allgemeinen nicht parallel zum Vektor $\boldsymbol{\Omega}$, sondern nur bei Rotation des Körpers um eine seiner Hauptträgheitsachsen haben $\boldsymbol{M}$ und $\boldsymbol{\Omega}$ die gleiche Richtung. Wir betrachten nun die freie Bewegung eines starren Körpers, der nicht der Einwirkung irgendwelcher äußeren Kräfte unterliegt. Die gleichförmige Translationsbewegung, die uns nicht interessiert, schließen wir dabei aus, so daß es sich um freie Rotation handelt.

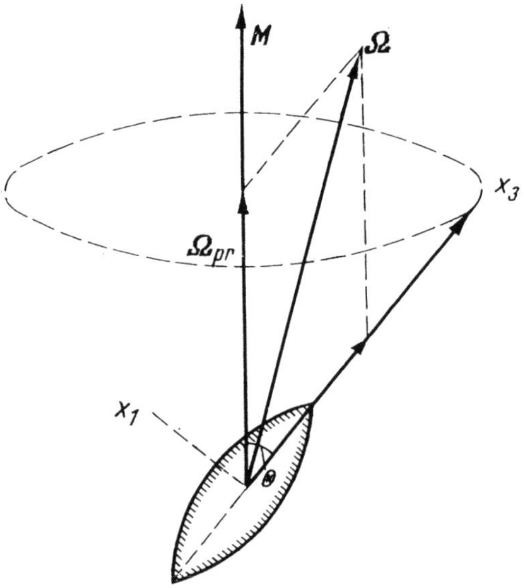

Abb. 46

Wie für jedes abgeschlossene System ist der Drehimpuls eines frei rotierenden Körpers konstant. Für den Kugelkreisel führt die Bedingung $\boldsymbol{M} = \text{const}$ einfach zu $\boldsymbol{\Omega} = \text{const}$. Das bedeutet, daß die freie Rotation eines Kugelkreisels einfach in einer gleichförmigen Rotation um eine feste Achse besteht.

Ebenso einfach ist der Fall des Rotators. Hier gilt ebenfalls $\boldsymbol{M} = I\boldsymbol{\Omega}$, wobei der Vektor $\boldsymbol{\Omega}$ senkrecht auf der Achse des Rotators steht. Die freie Drehung eines Rotators geschieht daher gleichförmig in einer Ebene um eine Richtung senkrecht zu dieser Ebene.

Der Erhaltungssatz des Drehimpulses genügt, um auch die kompliziertere freie Rotation des symmetrischen Kreisels zu berechnen.

Wir nutzen die Tatsache aus, daß die Wahl der Richtungen der Hauptträgheitsachsen x_1 und x_2 (die auf der Symmetrieachse x_3 des Kreisels senkrecht stehen) beliebig ist, und legen die x_2-Achse senkrecht zu der Ebene, die durch den konstanten Vektor $\boldsymbol{M}$ und die momentane Richtung der x_3-Achse aufgespannt wird. Dann wird $M_2 = 0$ und daher nach Formel (33,2) auch $\Omega_2 = 0$. Das bedeutet, daß die Richtungen von $\boldsymbol{M}$, $\boldsymbol{\Omega}$ und der Kreiselachse in jedem Moment in einer Ebene liegen (Abb. 46). Hieraus folgt aber weiter, daß die Geschwindigkeiten $\boldsymbol{v} = [\boldsymbol{\Omega}\,\boldsymbol{r}]$ aller Punkte auf der Kreiselachse in jedem Augenblick senkrecht auf der erwähnten Ebene stehen; mit anderen Worten, die Kreiselachse rotiert gleichförmig (s. unten) um die Richtung von $\boldsymbol{M}$, wobei sie einen Kreiskegel beschreibt (sogenannte *reguläre Präzession* des Kreisels). Gleichzeitig mit der Präzession rotiert der Kreisel selbst gleichförmig um die eigene Achse.

Die Winkelgeschwindigkeiten dieser beiden Rotationen lassen sich leicht durch den vorgegebenen Betrag M des Drehimpulses und den Neigungswinkel Θ der Kreiselachse gegen die Richtung von $\boldsymbol{M}$ ausdrücken. Die Rotationsgeschwindigkeit des Kreisels um die eigene Achse ist einfach die Projektion Ω_3 des Vektors $\boldsymbol{\Omega}$ auf diese Achse:

$$\Omega_3 = \frac{M_3}{I_3} = \frac{M}{I_3} \cos\Theta \,. \tag{33,4}$$

Zur Bestimmung der Präzessionsgeschwindigkeit Ω_{Pr} muß man den Vektor $\boldsymbol{\Omega}$ nach der Parallelogrammregel in eine Komponente längs x_3 und eine längs $\boldsymbol{M}$ zerlegen. Die erste dieser Komponenten führt nicht zu einer Verrückung der Kreiselachse selbst, so daß die zweite die gesuchte Winkelgeschwindigkeit der Präzession liefert. Aus der Konstruktion in Abb. 46 folgt $\sin\Theta\ \Omega_{\mathrm{Pr}} = \Omega_1$, und wegen $\Omega_1 = M_1/I_1 = M \sin\Theta/I_1$ erhalten wir

$$\Omega_{\mathrm{Pr}} = \frac{M}{I_1} \,. \tag{33,5}$$

§ 34. Die Bewegungsgleichungen des starren Körpers

Da der starre Körper im allgemeinen Fall sechs Freiheitsgrade besitzt, muß das System der Bewegungsgleichungen sechs unabhängige Gleichungen enthalten. Man kann sie in einer Form darstellen, die die zeitlichen Ableitungen zweier Vektoren bestimmt: die des Impulses und des Drehimpulses des Körpers.

Die erste dieser Gleichungen erhält man einfach dadurch, daß man die Gleichungen $\dot{\boldsymbol{p}} = \boldsymbol{f}$ für alle Teilchen, aus denen der Körper besteht, summiert; $\boldsymbol{p}$ ist der Impuls eines Teilchens, $\boldsymbol{f}$ die an ihm angreifende Kraft. Wir führen den Gesamtimpuls des Körpers

$$\boldsymbol{P} = \sum \boldsymbol{p} = \mu\, \boldsymbol{V}$$

und die gesamte auf ihn wirkende Kraft $\sum \boldsymbol{f} = \boldsymbol{F}$ ein und erhalten

$$\frac{d\boldsymbol{P}}{dt} = \boldsymbol{F} \,. \tag{34,1}$$

Obwohl wir $\boldsymbol{F}$ als Summe aller Kräfte $\boldsymbol{f}$ definiert haben, die auf jedes der Teilchen wirken, darunter auch diejenigen Kräfte, die die Teilchen selbst aufeinander ausüben, gehen in $\boldsymbol{F}$ faktisch nur diejenigen Kräfte ein, die aus äußeren Quellen stammen. Sämtliche Wechselwirkungskräfte zwischen den Teilchen des Körpers selbst heben sich gegenseitig auf; bei Abwesenheit äußerer Kräfte muß nämlich, wie in jedem abgeschlossenen System, der Impuls des Körpers eine Erhaltungsgröße sein, d. h., es muß gelten $\boldsymbol{F} = 0$.

Wenn U die potentielle Energie des starren Körpers in einem äußeren Feld ist, so kann man die Kraft $\boldsymbol{F}$ durch Differenzieren von U nach den Koordinaten des Schwerpunktes berechnen:

$$\boldsymbol{F} = -\frac{\partial U}{\partial \boldsymbol{R}}; \tag{34,2}$$

denn bei einer Verschiebung des Körpers um $\delta\boldsymbol{R}$ ändern sich auch die Radiusvektoren $\boldsymbol{r}$ jedes Punktes des Körpers um dieselbe Größe, so daß die Änderung der potentiellen Energie tatsächlich

$$\delta U = \sum \frac{\partial U}{\partial \boldsymbol{r}} \delta\boldsymbol{r} = \delta\boldsymbol{R} \sum \frac{\partial U}{\partial \boldsymbol{r}} = -\delta\boldsymbol{R} \sum \boldsymbol{f} = -\boldsymbol{F}\,\delta\boldsymbol{R}$$

wird.

In Verbindung hiermit erwähnen wir, daß man die Gleichung (34,1) auch als LAGRANGE-Gleichung bezüglich der Koordinaten des Schwerpunktes erhalten kann, nämlich als

$$\frac{d}{dt}\frac{\partial L}{\partial \boldsymbol{V}} = \frac{\partial L}{\partial \boldsymbol{R}}$$

mit der LAGRANGE-Funktion (32,4); denn für diese gilt

$$\frac{\partial L}{\partial \boldsymbol{V}} = \mu\,\boldsymbol{V} = \boldsymbol{P}, \qquad \frac{\partial L}{\partial \boldsymbol{R}} = -\frac{\partial U}{\partial \boldsymbol{R}} = \boldsymbol{F}.$$

Wir gehen nun zur Ableitung der zweiten Bewegungsgleichung über, welche die zeitliche Ableitung des Drehimpulses $\boldsymbol{M}$ bestimmt. Der Bequemlichkeit halber richten wir das „ruhende" (Inertial-)System so ein, daß der Schwerpunkt des Körpers in dem betrachteten Zeitpunkt in diesem Bezugssystem ruht.

Wir haben

$$\dot{\boldsymbol{M}} = \frac{d}{dt}\sum \boldsymbol{r} \times \boldsymbol{p} = \sum \dot{\boldsymbol{r}} \times \boldsymbol{p} + \sum \boldsymbol{r} \times \dot{\boldsymbol{p}}.$$

Aus unserer Wahl des Bezugssystems (in welchem $\boldsymbol{V} = 0$ ist) folgt, daß der Wert $\dot{\boldsymbol{r}}$ in dem gegebenen Zeitpunkt mit der Geschwindigkeit $\boldsymbol{v} = \dot{\boldsymbol{r}}$ zusammenfällt. Da die Vektoren $\boldsymbol{v}$ und $\boldsymbol{p} = m\,\boldsymbol{v}$ aber die gleiche Richtung haben, muß $\dot{\boldsymbol{r}} \times \boldsymbol{p} = 0$ sein. Wenn wir weiterhin $\dot{\boldsymbol{p}}$ durch die Kraft $\boldsymbol{f}$ ersetzen, erhalten wir schließlich

$$\frac{d\boldsymbol{M}}{dt} = \boldsymbol{K} \tag{34,3}$$

mit

$$\boldsymbol{K} = \sum \boldsymbol{r} \times \boldsymbol{f}. \tag{34,4}$$

Da M definiert ist als Drehimpuls bezüglich des Schwerpunktes (siehe Anfang von § 33), ändert er sich nicht beim Übergang von einem Inertialsystem zu einem anderen. Das ist aus (9,5) mit $\boldsymbol{R} = 0$ ersichtlich. Daraus folgt, daß die Bewegungsgleichung (34,3), obwohl sie hier bei einer speziellen Wahl des Bezugssystems hergeleitet wurde, wegen des GALILEIschen Relativitätsprinzips in einem beliebigen Inertialsystem gültig ist.

Der Vektor $\boldsymbol{r} \times \boldsymbol{f}$ heißt das *Moment* (*Drehmoment*) *der Kraft* $\boldsymbol{f}$, so daß $\boldsymbol{K}$ die Summe aller Drehmomente ist, die auf den Körper wirken. Ebenso wie im Fall der Gesamtkraft $\boldsymbol{F}$ braucht man in der Summe (34,4) faktisch nur die äußeren Kräfte zu berücksichtigen; denn nach dem Erhaltungssatz des Drehimpulses muß die Summe aller Drehmomente, die innerhalb eines abgeschlossenen Systems wirken, verschwinden.

Drehmoment und Drehimpuls hängen im allgemeinen von der Wahl des Bezugspunktes ab. In (34,3) und (34,4) sind beide Größen in bezug auf den Schwerpunkt definiert.

Bei einer Verschiebung des Nullpunktes um die Strecke $\boldsymbol{a}$ sind die neuen Radiusvektoren $\boldsymbol{r}'$ der Punkte des Körpers mit den alten $\boldsymbol{r}$ durch die Beziehung $\boldsymbol{r} = \boldsymbol{r}' + \boldsymbol{a}$ verknüpft. Damit ergibt sich

$$\boldsymbol{K} = \sum \boldsymbol{r} \times \boldsymbol{f} = \sum \boldsymbol{r}' \times \boldsymbol{f} + \sum \boldsymbol{a} \times \boldsymbol{f}$$

oder

$$\boldsymbol{K} = \boldsymbol{K}' + \boldsymbol{a} \times \boldsymbol{F}. \tag{34,5}$$

Hieraus sieht man z. B., daß der Wert des Drehmomentes nicht von der Wahl des Koordinatenanfangspunktes abhängt, wenn die Gesamtkraft $\boldsymbol{F} = 0$ ist (in diesem Fall sagt man, daß an dem Körper ein „*Kräftepaar*" angreift).

Die Gleichung (34,3) kann man als LAGRANGE-Gleichung

$$\frac{d}{dt}\frac{\partial L}{\partial \boldsymbol{\Omega}} = \frac{\partial L}{\partial \boldsymbol{\varphi}}$$

bezüglich der „Winkelkoordinaten" ansehen. Tatsächlich liefert Differenzieren der LAGRANGE-Funktion (32,4) nach den Komponenten des Vektors $\boldsymbol{\Omega}$

$$\frac{\partial L}{\partial \Omega_i} = I_{ik}\,\Omega_k = M_i\,.$$

Für die Änderung der potentiellen Energie U bei Drehung des Körpers um den unendlich kleinen Winkel $\delta\boldsymbol{\varphi}$ gilt

$$\delta U = -\sum \boldsymbol{f}\,\delta\boldsymbol{r} = -\sum \boldsymbol{f}(\delta\boldsymbol{\varphi} \times \boldsymbol{r}) = -\,\delta\boldsymbol{\varphi} \sum (\boldsymbol{r} \times \boldsymbol{f}) = -\,\boldsymbol{K}\,\delta\boldsymbol{\varphi}\,,$$

woraus sich

$$\boldsymbol{K} = -\frac{\partial U}{\partial \boldsymbol{\varphi}} \tag{34,6}$$

und damit

$$\frac{\partial L}{\partial \boldsymbol{\varphi}} = -\frac{\partial U}{\partial \boldsymbol{\varphi}} = \boldsymbol{K}$$

ergibt. Wir nehmen nun an, daß die Vektoren $\boldsymbol{F}$ und $\boldsymbol{K}$ senkrecht aufeinander stehen. In diesem Fall kann man stets einen Vektor $\boldsymbol{a}$ derart finden, daß $\boldsymbol{K}'$

in Formel (34,5) verschwindet, daß also gilt

$$\boldsymbol{K} = \boldsymbol{a} \times \boldsymbol{F}. \tag{34,7}$$

Die Wahl von $\boldsymbol{a}$ ist hierbei nicht eindeutig; man kann nämlich zu $\boldsymbol{a}$ einen beliebigen zu $\boldsymbol{F}$ parallelen Vektor hinzufügen, ohne die Gleichung (34,7) zu ändern; die Bedingung $\boldsymbol{K}' = 0$ liefert also nicht einen bestimmten Punkt im ruhenden Koordinatensystem, sondern nur eine bestimmte gerade Linie. Im Fall $\boldsymbol{K} \perp \boldsymbol{F}$ kann also die Wirkung sämtlicher äußerer Kräfte auf eine einzige Kraft $\boldsymbol{F}$ reduziert werden, die längs dieser bestimmten geraden Linie angreift.

Ein Beispiel für diesen Fall liefert ein homogenes Kraftfeld, in dem die auf einen Massenpunkt wirkende Kraft die Formel $\boldsymbol{f} = e\,\boldsymbol{E}$ hat, wo $\boldsymbol{E}$ ein konstanter Vektor ist, der das Feld charakterisiert, und wo die Größe e die Eigenschaften des Teilchens bezüglich des gegebenen Feldes beschreibt.[1]) Dann wird

$$\boldsymbol{F} = \boldsymbol{E} \sum e, \qquad \boldsymbol{K} = \sum e\,\boldsymbol{r} \times \boldsymbol{E}.$$

Wir nehmen an, daß $\sum e \neq 0$ ist und führen den Radiusvektor $\boldsymbol{r}_0$ ein, der durch die Gleichung

$$\boldsymbol{r}_0 = \frac{\sum e\,\boldsymbol{r}}{\sum e} \tag{34,8}$$

definiert ist. Damit erhalten wir für das Gesamtdrehmoment den einfachen Ausdruck

$$\boldsymbol{K} = \boldsymbol{r}_0 \times \boldsymbol{F}. \tag{34,9}$$

Die Bewegung des starren Körpers im homogenen Feld geschieht also unter der Wirkung einer einzigen Kraft $\boldsymbol{F}$, die in dem Punkt mit dem Radiusvektor (34,8) „angreift“. Die Lage dieses Punktes wird vollständig durch die Eigenschaften des Körpers selbst bestimmt; im Schwerefeld beispielsweise fällt er mit dem Schwerpunkt des Körpers zusammen.

§ 35. Die Eulerschen Winkel

Wie früher bereits erwähnt, kann man zur Beschreibung der Bewegung des starren Körpers die drei Koordinaten des Schwerpunktes und drei Winkel benutzen, welche die Richtungen der x_1-, x_2-, x_3-Achsen des bewegten Koordinatensystems im ruhenden System X, Y, Z bestimmen. Oft ist es vorteilhaft, dazu die sogenannten *Eulerschen Winkel* zu nehmen.

Da wir uns hier nur für die Winkel zwischen den Koordinatenachsen interessieren, lassen wir die Nullpunkte beider Systeme zusammenfallen (Abb. 47). Die bewegte x_1x_2-Ebene schneidet die ruhende XY-Ebene in einer Geraden

[1]) Im homogenen elektrischen Feld ist $\boldsymbol{E}$ die Feldstärke, e die Ladung des Teilchens; im homogenen Schwerefeld ist $\boldsymbol{E}$ die Beschleunigung $\boldsymbol{g}$ der Schwerkraft und e die Masse m des Teilchens.

(ON in Abb. 47), die man *Knotenlinie* nennt. Diese steht offenbar senkrecht auf der Z- und auf der x_3-Achse; wir wählen ihre positive Richtung so, daß sie der Richtung des Vektorproduktes $[\boldsymbol{z}\,\boldsymbol{x}_3]$ entspricht (wo $\boldsymbol{z}$ und $\boldsymbol{x}_3$ die Einheitsvektoren in der Richtung der Z- bzw. x_3-Achsen sind).

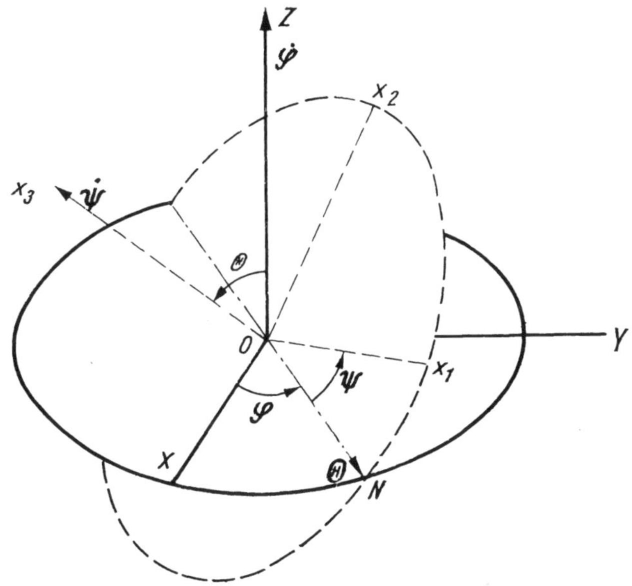

Abb. 47

Zur Bestimmung der Lage der x_1-, x_2-, x_3-Achsen bezüglich der X-, Y-, Z-Achsen wählen wir folgende Winkel: den Winkel Θ zwischen der Z- und x_3-Achse, den Winkel φ zwischen der X- und N-Achse und den Winkel ψ zwischen der N- und x_1-Achse. Die Richtungen, in denen φ und ψ zunehmen, sollen einer Rechtsschraube um die Z- bzw. x_3-Achse entsprechen. Der Winkel Θ durchläuft die Werte von 0 bis π, während die Winkel φ und ψ zwischen 0 und 2π variieren.[1])

Wir wollen nun die Komponenten des Vektors der Winkelgeschwindigkeit $\boldsymbol{\Omega}$ bezüglich der bewegten Achsen x_1, x_2, x_3 durch die EULERschen Winkel und ihre Ableitungen ausdrücken. Zu diesem Zweck muß man die Winkelgeschwindigkeiten $\dot{\Theta}$, $\dot{\varphi}$, $\dot{\psi}$ auf diese Achsen projizieren. Die Winkelgeschwindigkeit $\dot{\Theta}$ zeigt in die Richtung der Knotenlinie ON und ihre x_1-, x_2-, x_3-Komponenten sind daher

$$\dot{\Theta}_1 = \dot{\Theta}\cos\psi\,, \qquad \dot{\Theta}_2 = -\,\dot{\Theta}\sin\psi\,, \qquad \dot{\Theta}_3 = 0\,.$$

[1]) Die Winkel Θ und $\varphi - \pi/2$ stellen Polar- und Azimutalwinkel der Richtung von x_3 in bezug auf die X-, Y-, Z-Achsen dar. Andererseits sind Θ und $\pi/2 - \psi$ Polar- und Azimutalwinkel der Richtung von Z in bezug auf die x_1-, x_2-, x_3-Achsen.

Die Winkelgeschwindigkeit $\dot{\varphi}$ zeigt in die Richtung der Z-Achse, ihre Projektion auf die x_3-Achse ist $\dot{\varphi}_3 = \dot{\varphi} \cos \Theta$ und die Projektion auf die x_1x_2-Ebene $\dot{\varphi} \sin \Theta$. Indem wir letztere in ihre x_1- und x_2-Komponente zerlegen, erhalten wir

$$\dot{\varphi}_1 = \dot{\varphi} \sin \Theta \sin \psi\,, \qquad \dot{\varphi}_2 = \dot{\varphi} \sin \Theta \cos \psi\,.$$

Die Winkelgeschwindigkeit $\dot{\psi}$ schließlich zeigt in die Richtung der x_3-Achse.

Wenn wir alle diese Komponenten bezüglich der einzelnen Achsen addieren, finden wir insgesamt

$$\left.\begin{aligned} \Omega_1 &= \dot{\varphi} \sin \Theta \sin \psi + \dot{\Theta} \cos \psi\,, \\ \Omega_2 &= \dot{\varphi} \sin \Theta \cos \psi - \dot{\Theta} \sin \psi\,, \\ \Omega_3 &= \dot{\varphi} \cos \Theta + \dot{\psi}\,. \end{aligned}\right\} \tag{35,1}$$

Wählen wir nun als x_1-, x_2-, x_3-Achsen die Hauptträgheitsachsen des starren Körpers, so erhalten wir die kinetische Energie der Rotation ausgedrückt durch die EULERschen Winkel, indem wir (35,1) in (32,8) einsetzen.

Beim symmetrischen Kreisel, für den $I_1 = I_2 \neq I_3$ ist, ergibt sich nach leichter Umrechnung

$$T_{\mathrm{rot}} = \frac{I_1}{2} (\dot{\varphi}^2 \sin^2 \Theta + \dot{\Theta}^2) + \frac{I_3}{2} (\dot{\varphi} \cos \Theta + \dot{\psi})^2\,. \tag{35,2}$$

Wir bemerken, daß man zu diesem Ausdruck auch schneller gelangen kann, indem man die Tatsache ausnutzt, daß die Wahl der Hauptträgheitsachsen x_1 und x_2 für den symmetrischen Kreisel beliebig ist. Wenn wir annehmen, daß die x_1-Achse mit der Knotenachse ON zusammenfällt, d. h. $\psi = 0$, so erhalten wir für die Komponenten der Winkelgeschwindigkeit die einfacheren Ausdrücke

$$\Omega_1 = \dot{\Theta}\,, \qquad \Omega_2 = \dot{\varphi} \sin \Theta\,, \qquad \Omega_3 = \dot{\varphi} \cos \Theta + \dot{\psi}\,. \tag{35,3}$$

Als einfaches Anwendungsgebiet für die EULERschen Winkel wollen wir mit ihrer Hilfe die uns bereits bekannte freie Bewegung des symmetrischen Kreisels untersuchen.

Als Richtung der Z-Achse des ruhenden Koordinatensystems wählen wir die Richtung des konstanten Drehimpulses $\boldsymbol{M}$ des Kreisels. Die x_3-Achse des bewegten Systems zeige in die Richtung der Figurenachse des Kreisels, und die x_1-Achse möge in dem gegebenen Zeitpunkt mit der Knotenachse zusammenfallen. Dann finden wir für die Komponenten des Vektors $\boldsymbol{M}$ mit Hilfe der Formeln (35,3)

$$\begin{aligned} M_1 &= I_1\, \Omega_1 = I_1\, \dot{\Theta}\,, \qquad M_2 = I_1\, \Omega_2 = I_1\, \dot{\varphi} \sin \Theta\,, \\ M_3 &= I_3\, \Omega_3 = I_3\, (\dot{\varphi} \cos \Theta + \dot{\psi})\,. \end{aligned}$$

Da andererseits die x_1-Achse (Knotenlinie) senkrecht auf der Z-Achse steht, ergibt sich

$$M_1 = 0\,, \qquad M_2 = M \sin \Theta\,, \qquad M_3 = M \cos \Theta\,.$$

Indem wir diese beiden Ausdrücke gleichsetzen, erhalten wir die Beziehungen

$$\dot{\Theta} = 0\,, \qquad I_1\, \dot{\varphi} = M\,, \qquad I_3\, (\dot{\varphi} \cos \Theta + \dot{\psi}) = M \cos \Theta\,. \tag{35,4}$$

Die erste davon liefert $\Theta = \text{const}$, d. h. die Konstanz des Neigungswinkels der Figurenachse des Kreisels gegen die Richtung von $\boldsymbol{M}$. Die zweite Gleichung bestimmt (in Übereinstimmung mit (33,5)) die Winkelgeschwindigkeit der Präzession zu $\dot{\varphi} = M/I_1$. Die dritte Gleichung schließlich gibt die Winkelgeschwindigkeit der Drehung des Kreisels um die eigene Achse.

Aufgaben

1. Führe das Problem der Bewegung eines schweren symmetrischen Kreisels, dessen tiefster Punkt ruht, auf eine Quadratur zurück.

Lösung: Wir wählen den gemeinsamen Nullpunkt des bewegten und des ruhenden Koordinatensystems in dem festen Punkt O des Kreisels, die Z-Achse zeige senkrecht nach oben (Abb. 48). Die LAGRANGE-Funktion des Kreisels im Schwerefeld lautet

$$L = \frac{I_1 + \mu l^2}{2}(\dot{\Theta}^2 + \dot{\varphi}^2 \sin^2 \Theta) + \frac{I_3}{2}(\dot{\psi} + \dot{\varphi} \cos \Theta)^2 - \mu g l \cos \Theta$$

(μ ist die Masse des Kreisels, l der Abstand des Schwerpunktes vom tiefsten Punkt).

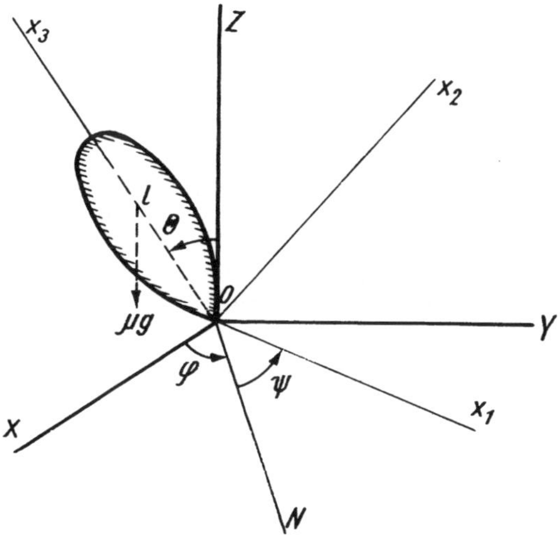

Abb. 48

ψ und φ sind zyklische Koordinaten. Infolgedessen haben wir die zwei Bewegungsintegrale

$$p_\psi = \frac{\partial L}{\partial \dot{\psi}} = I_3(\dot{\psi} + \dot{\varphi} \cos \Theta) = \text{const} \equiv M_3, \tag{1}$$

$$p_\varphi = \frac{\partial L}{\partial \dot{\varphi}} = (I_1' \sin^2 \Theta + I_3 \cos^2 \Theta)\,\dot{\varphi} + I_3 \dot{\psi} \cos \Theta = \text{const} \equiv M_z, \tag{2}$$

wo die Bezeichnung $I_1' = I_1 + \mu l^2$ eingeführt worden ist (die Größen p_ψ und p_φ stellen die Komponenten des auf den Punkt O bezogenen Drehimpulses in den Richtungen der

x_3- und der Z-Achse dar). Außerdem bleibt die Energie erhalten:

$$E = \frac{I_1'}{2}(\dot{\Theta}^2 + \dot{\varphi}^2 \sin^2 \Theta) + \frac{I_3}{2}(\dot{\psi} + \dot{\varphi} \cos \Theta)^2 + \mu g l \cos \Theta \,. \tag{3}$$

Aus den Gleichungen (1) und (2) finden wir

$$\dot{\varphi} = \frac{M_z - M_3 \cos \Theta}{I_1' \sin^2 \Theta}, \tag{4}$$

$$\dot{\psi} = \frac{M_3}{I_3} - \cos \Theta \, \frac{M_z - M_3 \cos \Theta}{I_1' \sin^2 \Theta} \,. \tag{5}$$

Indem wir mit Hilfe dieser Gleichungen $\dot{\varphi}$ und $\dot{\psi}$ aus der Energie (3) eliminieren, ergibt sich

$$E' = \frac{I_1'}{2} \dot{\Theta}^2 + U_{\text{eff}}(\Theta)$$

mit den Bezeichnungen

$$E' = E - \frac{M_3^2}{2 I_3} - \mu g l \,, \qquad U_{\text{eff}}(\Theta) = \frac{(M_z - M_3 \cos \Theta)^2}{2 I_1' \sin^2 \Theta} - \mu g l (1 - \cos \Theta) \,. \tag{6}$$

Bestimmung von Θ und Trennung der Variablen liefert

$$t = \int \frac{d\Theta}{\sqrt{\frac{2}{I_1'}\left(E' - U_{\text{eff}}(\Theta)\right)}} \tag{7}$$

(das Integral ist ein elliptisches). Mit Hilfe der Gleichungen (4) und (5) werden dann die Winkel ψ und φ als Funktionen von Θ in Form von Quadraturen ausgedrückt.

Der Variationsbereich des Winkels Θ bei der Bewegung folgt aus der Bedingung $E' \geqq U_{\text{eff}}(\Theta)$. Die Funktion $U_{\text{eff}}(\Theta)$ strebt (für den Fall $M_3 \neq M_z$) an den Stellen $\Theta = 0$ und $\Theta = \pi$ gegen $+\infty$ und besitzt zwischen diesen Punkten ein Minimum. Infolgedessen hat die Gleichung $E' = U_{\text{eff}}(\Theta)$ zwei Wurzeln, die die Grenzwinkel Θ_1 und Θ_2 der Neigung der Figurenachse gegen die Vertikale bestimmen.

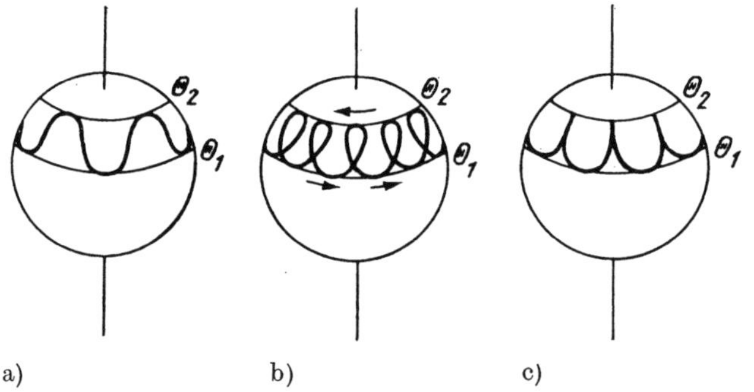

a) b) c)

Abb. 49

Ob die Ableitung $\dot{\varphi}$ ihr Vorzeichen ändert oder nicht, wenn der Winkel Θ die Werte von Θ_1 bis Θ_2 durchläuft, richtet sich danach, ob die Differenz $M_z - M_3 \cos \Theta$ ihr Vorzeichen wechselt oder nicht. Bei konstantem Vorzeichen präzediert die Figurenachse des

Kreisels monoton um die Vertikale, wobei sie Schwingungen nach oben und unten ausführt (sogenannte *Nutation*) (Abb. 49a; die Linie stellt die Spur dar, welche die Figurenachse auf einer Kugeloberfläche mit dem Mittelpunkt im festen Punkt des Kreisels aufzeichnen würde). Bei wechselndem Vorzeichen von $\dot{\varphi}$ ist die Richtung der Präzession auf den beiden Grenzkreisen entgegengesetzt, so daß die Figurenachse bei ihrer Bewegung um die Vertikale Schleifen beschreibt (Abb. 49b). Wenn schließlich bei einem der beiden Werte Θ_1 und Θ_2 die Differenz $M_z - M_3 \cos\Theta$ verschwindet, so werden auf dem entsprechenden Grenzkreis $\dot{\varphi}$ und $\dot{\Theta}$ gleichzeitig zu Null, so daß die Bahn der Figurenachse die in Abb. 49c dargestellte Form hat.

2. Unter welcher Bedingung ist die Rotation des Kreisels um eine vertikale Achse stabil?

Lösung: Für $\Theta = 0$ fällt die x_3- mit der Z-Achse zusammen, so daß gilt $M_3 = M_z$, $E' = 0$. Die Rotation um diese Achse ist stabil, wenn der Wert $\Theta = 0$ einem Minimum der Funktion $U_{\text{eff}}(\Theta)$ entspricht. Für kleine Θ ergibt sich

$$U_{\text{eff}} \approx \left(\frac{M_3^2}{8\,I_1'} - \frac{\mu\, g\, l}{2}\right)\Theta^2\,,$$

woraus wir die Bedingung $M_3^2 > 4\, I_1'\, \mu\, g\, l$ oder

$$\Omega_3^2 > \frac{4\, I_1'\, \mu\, g\, l}{I_3^2}$$

finden.

3. Bestimme die Bewegung eines Kreisels in dem Fall, daß die kinetische Energie seiner Eigenrotation groß ist im Vergleich zu der Energie im Schwerefeld (sogenannter „schneller" Kreisel).

Lösung: Wenn wir in erster Näherung das Schwerefeld vernachlässigen, haben wir es mit einer freien Präzession der Figurenachse um die Richtung des Drehimpulses $\boldsymbol{M}$ zu tun (sie entspricht in diesem Fall der Nutation des Kreisels); sie verläuft gemäß (33,5) mit der Winkelgeschwindigkeit

$$\boldsymbol{\Omega}_{\text{Nut}} = \frac{\boldsymbol{M}}{I_1'}\,. \tag{1}$$

In der nächsten Näherung tritt eine langsame Präzession des Drehimpulses $\boldsymbol{M}$ um die vertikale Richtung auf (Abb. 50). Zur Bestimmung der Geschwindigkeit dieser Präzession mitteln wir die exakte Bewegungsgleichung (34,3)

$$\frac{d\boldsymbol{M}}{dt} = \boldsymbol{K}$$

über eine Nutationsperiode. Das Moment der Schwerkraft, die am Kreisel angreift, ist $\boldsymbol{K} = \mu\, l\, \boldsymbol{n}_3 \times \boldsymbol{g}$, wo $\boldsymbol{n}_3$ den Einheitsvektor in Richtung der Figurenachse bedeutet. Aus Symmetriegründen folgt als Resultat der Mittelung von $\boldsymbol{K}$ über den „Nutationskegel", daß der Vektor $\boldsymbol{n}_3$ durch seine Projektion $\cos\alpha \cdot \boldsymbol{M}/M$ auf die Richtung von $\boldsymbol{M}$ zu ersetzen ist (α ist der Winkel zwischen $\boldsymbol{M}$ und der Figurenachse). Damit erhalten wir die Gleichung

$$\overline{\frac{d\boldsymbol{M}}{dt}} = -\cos\alpha\,\frac{\mu\, l}{M}\,\boldsymbol{g} \times \boldsymbol{M}\,.$$

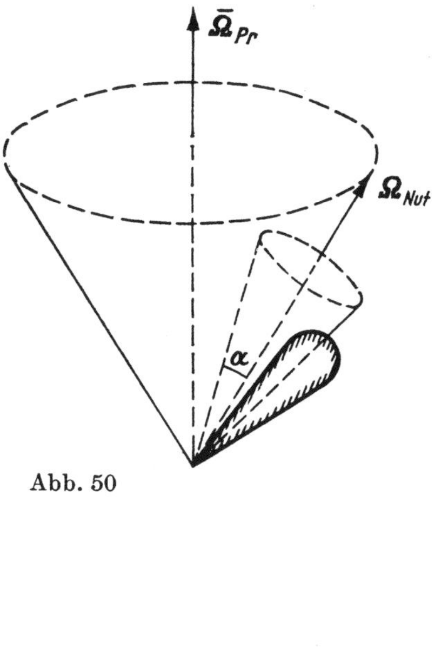

Abb. 50

Sie besagt, daß der Vektor $\boldsymbol{M}$ um die Richtung von $\boldsymbol{g}$ (die Vertikale) mit der mittleren Winkelgeschwindigkeit

$$\bar{\Omega}_{\mathrm{Pr}} = -\frac{\mu l \cos\alpha}{M} g \tag{2}$$

präzediert ($\bar{\Omega}_{\mathrm{Pr}}$ ist klein im Vergleich zu Ω_{Nut}).

In der betrachteten Näherung sind die in die Formeln (1) und (2) eingehenden Größen M und $\cos\alpha$ Konstanten (obwohl sie streng genommen keine Bewegungsintegrale darstellen). Sie sind mit den strengen Erhaltungsgrößen E und M_3 in derselben Näherung durch die Beziehungen

$$M_3 = M\cos\alpha\,, \qquad E \approx \frac{M^2}{2}\left(\frac{\cos^2\alpha}{I_3} + \frac{\sin^2\alpha}{I_1'}\right)$$

verknüpft.

§ 36. Die Eulerschen Gleichungen

Die in § 34 angeschriebenen Bewegungsgleichungen gelten für das ruhende Koordinatensystem: Die Ableitungen $d\boldsymbol{P}/dt$ und $d\boldsymbol{M}/dt$ in den Gleichungen (34,1) und (34,3) stellen die Änderungen der Vektoren $\boldsymbol{P}$ und $\boldsymbol{M}$ in diesem Koordinatensystem dar. Die Beziehung zwischen den Komponenten des Drehimpulses $\boldsymbol{M}$ des starren Körpers und den Komponenten der Winkelgeschwindigkeit wird jedoch am einfachsten in dem bewegten Koordinatensystem, dessen Achsen die Hauptträgheitsachsen sind. Um diese Beziehung auszunutzen, muß man zunächst die Bewegungsgleichungen auf das bewegte Koordinatensystem x_1, x_2, x_3 transformieren.

Angenommen, $d\boldsymbol{A}/dt$ sei die Änderungsgeschwindigkeit eines beliebigen Vektors $\boldsymbol{A}$ bezüglich des ruhenden Koordinatensystems. Wenn der Vektor $\boldsymbol{A}$ im rotierenden System konstant bleibt, so rührt seine Änderung im ruhenden System nur von der Rotation her, und es gilt

$$\frac{d\boldsymbol{A}}{dt} = \boldsymbol{\Omega} \times \boldsymbol{A}$$

(s. § 9, wo erwähnt war, daß solche Formeln wie (9,1), (9,2) für jeden beliebigen Vektor gültig sind). Im allgemeinen Fall muß man auf der rechten Seite dieser Gleichung die Änderungsgeschwindigkeit des Vektors $\boldsymbol{A}$ bezüglich des bewegten Systems hinzufügen; wir bezeichnen diese Geschwindigkeit mit $d'\boldsymbol{A}/dt$ und erhalten

$$\frac{d\boldsymbol{A}}{dt} = \frac{d'\boldsymbol{A}}{dt} + \boldsymbol{\Omega} \times \boldsymbol{A}\,. \tag{36,1}$$

Mit Hilfe dieser allgemeinen Formel lassen sich die Gleichungen (34,1) und (34,3) sofort auf die Form

$$\frac{d'\boldsymbol{P}}{dt} + \boldsymbol{\Omega} \times \boldsymbol{P} = \boldsymbol{F}\,, \qquad \frac{d'\boldsymbol{M}}{dt} + \boldsymbol{\Omega} \times \boldsymbol{M} = \boldsymbol{K}\,. \tag{36,2}$$

bringen. Da die zeitliche Differentiation im bewegten Koordinatensystem durchgeführt wird, können wir die Gleichungen unmittelbar auf die Achsen dieses System projizieren und schreiben

$$\left(\frac{d'\boldsymbol{P}}{dt}\right)_1 = \frac{dP_1}{dt}, \ldots, \qquad \left(\frac{d'\boldsymbol{M}}{dt}\right)_1 = \frac{dM_1}{dt}, \ldots,$$

wo die Indizes 1, 2, 3 die x_1-, x_2-, x_3-Komponenten bezeichnen. Ersetzen wir noch in der ersten Gleichung (36,2) $\boldsymbol{P}$ durch $\mu\, \boldsymbol{V}$, so folgt

$$\left.\begin{aligned} \mu\left(\frac{dV_1}{dt} + \Omega_2 V_3 - \Omega_3 V_2\right) &= F_1\,, \\ \mu\left(\frac{dV_2}{dt} + \Omega_3 V_1 - \Omega_1 V_3\right) &= F_2\,, \\ \mu\left(\frac{dV_3}{dt} + \Omega_1 V_2 - \Omega_2 V_1\right) &= F_3\,. \end{aligned}\right\} \tag{36,3}$$

Unter der Annahme, daß die x_1-, x_2-, x_3-Achsen die Hauptträgheitsachsen sind, schreiben wir in der zweiten Gleichung (36,2) $M_1 = I_1\, \Omega_1$ usw. und erhalten

$$\left.\begin{aligned} I_1 \frac{d\Omega_1}{dt} + (I_3 - I_2)\, \Omega_2\, \Omega_3 &= K_1\,, \\ I_2 \frac{d\Omega_2}{dt} + (I_1 - I_3)\, \Omega_3\, \Omega_1 &= K_2\,, \\ I_3 \frac{d\Omega_3}{dt} + (I_2 - I_1)\, \Omega_1\, \Omega_2 &= K_3\,. \end{aligned}\right\} \tag{36,4}$$

Die Gleichungen (36,4) heißen die *EULERschen Gleichungen.*

Bei der freien Rotation ist $\boldsymbol{K} = 0$, so daß die EULERschen Gleichungen folgende Form annehmen:

$$\left.\begin{aligned} \frac{d\Omega_1}{dt} + \frac{I_3 - I_2}{I_1}\, \Omega_2\, \Omega_3 &= 0\,, \\ \frac{d\Omega_2}{dt} + \frac{I_1 - I_3}{I_2}\, \Omega_3\, \Omega_1 &= 0\,, \\ \frac{d\Omega_3}{dt} + \frac{I_2 - I_1}{I_3}\, \Omega_1\, \Omega_2 &= 0\,. \end{aligned}\right\} \tag{36,5}$$

Als Beispiel wollen wir diese Gleichungen auf die bereits untersuchte freie Rotation des symmetrischen Kreisels anwenden. Indem wir $I_1 = I_2$ setzen, bekommen wir aus der dritten Gleichung $\dot{\Omega}_3 = 0$, d. h. $\Omega_3 = \text{const}$. Dann liefern die beiden ersten Gleichungen

$$\dot{\Omega}_1 = -\,\omega\, \Omega_2\,, \qquad \dot{\Omega}_2 = \omega\, \Omega_1$$

mit der Konstanten

$$\omega = \Omega_3 \frac{I_3 - I_1}{I_1}\,. \tag{36,6}$$

Wir multiplizieren die zweite Gleichung mit i und addieren sie zu der ersten. Das gibt

$$\frac{d}{dt}(\Omega_1 + i\,\Omega_2) = i\,\omega\,(\Omega_1 + i\,\Omega_2)$$

und weiter

$$\Omega_1 + i\,\Omega_2 = A\,e^{i\,\omega t},$$

wo A eine Konstante ist; letztere kann man als reell annehmen (das bedeutet eine entsprechende Wahl des Zeitnullpunktes), so daß wir erhalten

$$\Omega_1 = A\cos\omega\,t\,, \qquad \Omega_2 = A\sin\omega\,t\,. \tag{36,7}$$

Dieses Resultat zeigt, daß die Projektion der Winkelgeschwindigkeit auf die Ebene senkrecht zur Figurenachse in dieser Ebene mit der Winkelgeschwindigkeit ω rotiert, deren Betrag konstant bleibt, $\sqrt{\Omega_1^2 + \Omega_2^2} = A$. Da die Projektion Ω_3 auf die Figurenachse ebenfalls konstant ist, schließen wir, daß auch der gesamte Vektor $\boldsymbol{\Omega}$ gleichmäßig mit dieser Winkelgeschwindigkeit ω um die Figurenachse rotiert. Infolge der Beziehungen $M_1 = I_1\,\Omega_1$, $M_2 = I_2\,\Omega_2$, $M_3 = I_3\,\Omega_3$ zwischen den Komponenten der Vektoren $\boldsymbol{\Omega}$ und $\boldsymbol{M}$ führt offenbar auch der Drehimpulsvektor $\boldsymbol{M}$ die gleiche Bewegung (bezüglich der Figurenachse des Kreisels) aus.

Das so erhaltene Bild stellt natürlich nur einen anderen Aspekt derselben Kreiselbewegung dar, die bereits in §§ 33 und 35 in bezug auf das ruhenden Koordinatensystem untersucht worden war. Die Winkelgeschwindigkeit der Rotation des Vektors $\boldsymbol{M}$ (Z-Achse in Abb. 48) um die Richtung von x_3 z. B. fällt — durch Eulersche Winkel ausgedrückt — mit der Winkelgeschwindigkeit $-\dot{\psi}$ zusammen. Nach Gleichung (35,4) ergibt sich

$$\dot{\psi} = \frac{M\cos\Theta}{I_3} - \dot{\varphi}\cos\Theta = M\cos\Theta\left(\frac{1}{I_3} - \frac{1}{I_1}\right)$$

oder

$$-\dot{\psi} = \Omega_3\,\frac{I_3 - I_1}{I_1}$$

in Übereinstimmung mit (36,6).

§ 37. Der unsymmetrische Kreisel

Wir wollen nun die Eulerschen Gleichungen auf das schwierige Problem der freien Rotation des unsymmetrischen Kreisels anwenden, bei dem alle drei Trägheitsmomente voneinander verschieden sind. Der Eindeutigkeit halber nehmen wir an

$$I_3 > I_2 > I_1\,. \tag{37,1}$$

Zwei Integrale der EULERschen Gleichungen sind von vornherein bekannt. Sie folgen aus den Erhaltungssätzen für Energie und Drehimpuls und heißen

$$\left.\begin{aligned} I_1\,\Omega_1^2 + I_2\,\Omega_2^2 + I_3\,\Omega_3^2 &= 2\,E\,, \\ I_1^2\,\Omega_1^2 + I_2^2\,\Omega_2^2 + I_3^2\,\Omega_3^2 &= M^2\,, \end{aligned}\right\} \tag{37,2}$$

wo die Energie E und der Betrag M des Drehimpulses vorgegebene Konstanten sind. Ausgedrückt durch die Komponenten des Vektors $\boldsymbol{M}$, lauten diese beiden Gleichungen

$$\frac{M_1^2}{I_1} + \frac{M_2^2}{I_2} + \frac{M_3^2}{I_3} = 2\,E\,, \tag{37,3}$$

$$M_1^2 + M_2^2 + M_3^2 = M^2\,. \tag{37,4}$$

Hieraus kann man bereits einige Schlüsse über den Charakter der Kreiselbewegung ziehen. Zu diesem Zweck bemerken wir, daß die Gleichungen (37,3) und (37,4) im Achsensystem M_1, M_2, M_3 geometrisch die Gleichung der Oberfläche eines Ellipsoids mit den Halbachsen

$$\sqrt{2\,E\,I_1}\,, \qquad \sqrt{2\,E\,I_2}\,, \qquad \sqrt{2\,E\,I_3}$$

bzw. einer Kugel mit dem Radius M darstellen. Bei Richtungsänderungen des Vektors $\boldsymbol{M}$ (bezüglich der Trägheitsachsen des Kreisels) bewegt sich sein Ende entlang der Schnittlinie der erwähnten Flächen (in Abb. 51 ist eine Reihe solcher Schnittlinien eines Ellipsoids mit Kugeln verschiedener Radien dargestellt). Die Bedingung dafür, daß sich die Oberflächen tatsächlich schneiden, lautet offensichtlich

$$2\,E\,I_1 < M^2 < 2\,E\,I_3\,; \tag{37,5}$$

sie bedeutet geometrisch, daß der Radius der Kugel (37,4) zwischen der kleinsten und größten Halbachse des Ellipsoids (37,3) liegt.

Wir wollen nun die Wandlung des Charakters dieser „Bahnen" des Endes des Vektors $\boldsymbol{M}$[1]) verfolgen, wenn sich die Größe M ändert (bei vorgegebener Energie E). Wenn M^2 nur wenig größer als $2\,E\,I_1$ ist, schneidet die Kugel das Ellipsoid in zwei geschlossenen kleinen Kurven, welche die x_1-Achse in der Nähe der entsprechenden beiden Pole des Ellipsoids umlaufen (bei $M^2 \to 2\,E\,I_1$ schrumpfen diese Kurven zu Punkten — den Polen — zusammen). Bei Vergrößerung von M^2 weiten sich die Kurven aus und gehen bei $M^2 = 2\,E\,I_2$ in zwei ebene Kurven (Ellipsen) über, die sich in den Polen des Ellipsoids auf der x_2-Achse schneiden. Bei weiterem Anwachsen von M^2 entstehen wiederum zwei getrennt geschlossene Kurven, die nun aber die Pole auf der x_3-Achse umgeben; bei $M^2 \to 2\,E\,I_3$ schrumpfen sie in diese Punkte zusammen.

Zunächst bemerken wir, daß die Geschlossenheit der Kurven eine Periodizität der Verschiebung des Vektors $\boldsymbol{M}$ bezüglich des Kreiselkörpers bedeutet; während

---

[1]) Die analogen Kurven, die das Ende des Vektors $\boldsymbol{\Omega}$ beschreibt, heißen *Polhodien.*

einer Periode beschreibt der Vektor eine Kegeloberfläche und kehrt in die Ausgangslage zurück.

Ferner erwähnen wir den wesentlich unterschiedlichen Charakter der Bahnen in der Nähe verschiedener Pole des Ellipsoids. In der Nähe der x_1- und der x_3-Achse liegen die Bahnen vollkommen in der Nähe der Pole; dagegen entfernen

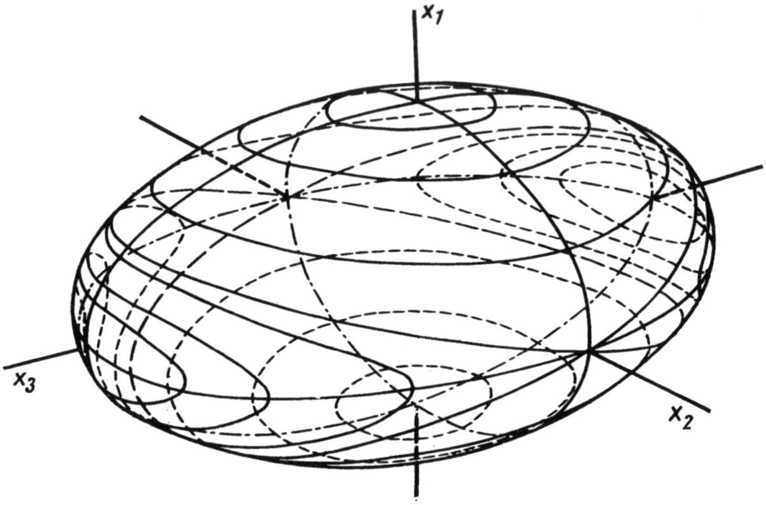

Abb. 51

sich die Bahnen, die dicht an den Polen auf der x_2-Achse vorbeigehen, in ihrem weiteren Verlauf weit von diesen Punkten. Dementsprechend bestehen Unterschiede im Stabilitätscharakter der Drehungen des Kreisels um die drei Trägheitsachsen. Die Drehungen um die x_1- und die x_3-Achse (die dem größten bzw. kleinsten Trägheitsmoment des Kreisels entsprechen) sind stabil in dem Sinne, daß der Kreisel bei einer kleinen Auslenkung aus diesen Zuständen eine Bewegung ausführt, die nahe der ursprünglichen liegt. Die Rotation um die x_2-Achse ist dagegen instabil; es genügt eine kleine Auslenkung, um eine Bewegung hervorzurufen, die den Kreisel weit von seiner ursprünglichen Lage entfernt.

Um die Zeitabhängigkeit der Komponenten von $\boldsymbol{\Omega}$ (oder der ihnen proportionalen Komponenten von $\boldsymbol{M}$) zu bestimmen, benutzen wir die Eulerschen Gleichungen (36,5). Mit Hilfe der beiden Gleichungen (37,2) und (37,3) drücken wir Ω_1 und Ω_3 durch Ω_2 aus:

$$\left.\begin{aligned} \Omega_1^2 &= \frac{1}{I_1(I_3-I_1)}\{(2EI_3 - M^2) - I_2(I_3-I_2)\,\Omega_2^2\}\,, \\ \Omega_3^2 &= \frac{1}{I_3(I_3-I_1)}\{(M^2 - 2EI_1) - I_2(I_2-I_1)\,\Omega_2^2\}\,, \end{aligned}\right\} \qquad (37,6)$$

setzen sie in die zweite Gleichung (36,5) ein und finden

$$\frac{d\Omega_2}{dt} = \frac{I_3 - I_1}{I_2}\,\Omega_1\,\Omega_3$$
$$= \frac{1}{I_2\sqrt{I_1 I_3}}\,\{[(2\,E\,I_3 - M^2) - I_2\,(I_3 - I_2)\,\Omega_2^2]\,[(M^2 - 2\,E\,I_1)$$
$$- I_2\,(I_2 - I_1)\,\Omega_2^2]\}^{1/2}. \qquad (37,7)$$

Indem wir in dieser Gleichung die Variablen trennen und integrieren, erhalten wir die Funktion $t(\Omega_2)$ in der Form eines elliptischen Integrals. Bei seiner Zurückführung auf die Standardform nehmen wir der Eindeutigkeit halber

$$M^2 > 2\,E\,I_2 \qquad (37,7\,\mathrm{a})$$

an (anderenfalls muß man in sämtlichen folgenden Formeln die Indizes 1 und 3 vertauschen). Wir führen statt t und Ω_2 die neuen Veränderlichen

$$\tau = t\,\sqrt{\frac{(I_3 - I_2)\,(M^2 - 2\,E\,I_1)}{I_1\,I_2\,I_3}}\,, \qquad s = \Omega_2\,\sqrt{\frac{I_2\,(I_3 - I_2)}{2\,E\,I_3 - M^2}} \qquad (37,8)$$

und ferner den positiven Parameter $k^2 < 1$ gemäß

$$k^2 = \frac{(I_2 - I_1)\,(2\,E\,I_3 - M^2)}{(I_3 - I_2)\,(M^2 - 2\,E\,I_1)} \qquad (37,9)$$

ein. Dann erhalten wir

$$\tau = \int\limits_0^s \frac{ds}{\sqrt{(1 - s^2)\,(1 - k^2\,s^2)}}$$

(den Zeitnullpunkt wählen wir zweckmäßigerweise so, daß $\Omega_2\,(t = 0) = 0$ gilt). Die Umkehrung dieses Integrals führt bekanntlich auf eine der Jacobischen elliptischen Funktionen, nämlich

$$s = \operatorname{sn}\tau\,,$$

aus welcher sich Ω_2 in Abhängigkeit von der Zeit ergibt. Die Funktionen $\Omega_1(t)$ und $\Omega_3(t)$ drücken sich algebraisch durch $\Omega_2(t)$ gemäß den Gleichungen (37,6) aus. Wenn wir die Definition der beiden anderen elliptischen Funktionen

$$\operatorname{cn}\tau = \sqrt{1 - \operatorname{sn}^2\tau}\,, \qquad \operatorname{dn}\tau = \sqrt{1 - k^2\operatorname{sn}^2\tau}$$

berücksichtigen, erhalten wir schließlich die Formeln

$$\left.\begin{aligned} \Omega_1 &= \sqrt{\frac{2\,E\,I_3 - M^2}{I_1\,(I_3 - I_1)}}\,\operatorname{cn}\tau\,,\\ \Omega_2 &= \sqrt{\frac{2\,E\,I_3 - M^2}{I_2\,(I_3 - I_2)}}\,\operatorname{sn}\tau\,,\\ \Omega_3 &= \sqrt{\frac{M^2 - 2\,E\,I_1}{I_3\,(I_3 - I_1)}}\,\operatorname{dn}\tau\,. \end{aligned}\right\} \qquad (37,10)$$

Die Funktionen (37,10) sind periodisch, und zwar hat ihre Periode bezüglich der Variablen τ bekanntlich den Wert $4\,K$, wo K das vollständige elliptische Integral erster Art bedeutet:

$$K = \int\limits_0^1 \frac{ds}{\sqrt{(1-s^2)(1-k^2 s^2)}} = \int\limits_0^{\pi/2} \frac{du}{\sqrt{1-k^2 \sin^2 u}} . \tag{37,11}$$

Die zeitliche Periode ergibt sich daher zu

$$T = 4\,K \sqrt{\frac{I_1 I_2 I_3}{(I_3 - I_2)(M^2 - 2\,E\,I_1)}} . \tag{37,12}$$

Nach Ablauf dieser Zeit kehrt der Vektor $\boldsymbol{\Omega}$ in seine Anfangslage bezüglich der Achsen des Kreisels zurück (der Kreisel selbst nimmt hierbei jedoch nicht seine ursprüngliche Lage im ruhenden Koordinatensystem an; s. unten).

Im Fall $I_1 = I_2$ geht (37,10) selbstverständlich in die Formeln über, die wir im vorhergehenden Paragraphen für den symmetrischen Kreisel erhalten haben. Bei $I_1 \to I_2$ geht nämlich $k^2 \to 0$, die elliptischen Funktionen entarten zu Kreisfunktionen,

$$\operatorname{sn}\tau \to \sin\tau , \qquad \operatorname{cn}\tau \to \cos\tau , \qquad \operatorname{dn}\tau \to 1 ,$$

und wir kehren zu den Formeln (36,7) zurück.

Für $M^2 = 2\,E\,I_3$ ergibt sich $\Omega_1 = \Omega_2 = 0$, $\Omega_3 = \text{const}$, d. h., der Vektor $\boldsymbol{\Omega}$ ist konstant und zeigt in die Richtung der x_3-Trägheitsachse, d. h., wir haben eine gleichförmige Rotation des Kreisels um die x_3-Achse. Analog entspricht der Fall $M^2 = 2\,E\,I_1$ (dabei ist $\tau = 0$) der gleichförmigen Rotation um die x_1-Achse.

Wir gehen nun zur Berechnung der absoluten (auf das ruhende Koordinatensystem X, Y, Z) bezogenen Kreiselbewegung im Raum als Funktion der Zeit über. Zu diesem Zweck führen wir die Eulerschen Winkel ψ, φ, Θ zwischen den Kreiselachsen x_1, x_2, x_3 und den X-, Y-, Z-Achsen ein und wählen hierbei die ruhende Z-Achse in der Richtung des konstanten Vektors $\boldsymbol{M}$. Da der Polar- bzw. Azimutalwinkel der Z-Richtung bezüglich der x_1-, x_2-, x_3-Achsen gleich Θ bzw. $\pi/2 - \psi$ ist (s. Fußnote 2 auf Seite 135), erhalten wir durch Projektion des Vektors $\boldsymbol{M}$ auf die x_1-, x_2-, x_3-Achsen

$$\left.\begin{aligned} M \sin\Theta \sin\psi &= M_1 = I_1\,\Omega_1 ,\\ M \sin\Theta \cos\psi &= M_2 = I_2\,\Omega_2 ,\\ M \cos\Theta &= M_3 = I_3\,\Omega_3 . \end{aligned}\right\} \tag{37,13}$$

Daraus ergibt sich

$$\cos\Theta = \frac{I_3\,\Omega_3}{M}, \qquad \tan\psi = \frac{I_1\,\Omega_1}{I_2\,\Omega_2}, \tag{37,14}$$

und unter Anwendung der Formel (37,10) finden wir

$$\left.\begin{aligned} \cos\Theta &= \sqrt{\frac{I_3(M^2-2EI_1)}{M^2(I_3-I_1)}}\,\mathrm{dn}\,\tau\,, \\ \tan\psi &= \sqrt{\frac{I_1(I_3-I_2)}{I_2(I_3-I_1)}}\,\frac{\mathrm{cn}\,\tau}{\mathrm{sn}\,\tau}\,. \end{aligned}\right\} \tag{37,15}$$

Damit ist die Abhängigkeit der Winkel Θ und ψ von der Zeit bestimmt; sie stellen ebenso wie die Komponenten des Vektors $\boldsymbol{\Omega}$ periodische Funktionen mit der Periode (37,12) dar.

Der Winkel φ geht in (37,13) nicht ein, und zu seiner Berechnung muß man die Formeln (35,1) benutzen, welche die Komponenten von $\boldsymbol{\Omega}$ durch die zeitlichen Ableitungen der Eulerschen Winkel ausdrücken. Durch Eliminierung von $\dot{\Theta}$ aus den Gleichungen

$$\Omega_1 = \dot{\varphi}\sin\Theta\sin\psi + \dot{\Theta}\cos\psi\,,$$

$$\Omega_2 = \dot{\varphi}\sin\Theta\cos\psi - \dot{\Theta}\sin\psi$$

erhalten wir

$$\dot{\varphi} = \frac{\Omega_1\sin\psi + \Omega_2\cos\psi}{\sin\Theta}\,,$$

mit Hilfe der Formeln (37,13) folgt daraus

$$\frac{d\varphi}{dt} = M\,\frac{I_1\,\Omega_1^2 + I_2\,\Omega_2^2}{I_1^2\,\Omega_1^2 + I_2^2\,\Omega_2^2}\,. \tag{37,16}$$

Die Funktion $\varphi(t)$ bekommt man hieraus durch Integration, der Integrand enthält jedoch in komplizierter Form die elliptischen Funktionen. Nach einer Reihe recht schwieriger Umwandlungen kann man dieses Integral durch die sogenannten Theta-Funktionen ausdrücken. Wir wollen die Rechnungen nicht durchführen[1]) und geben nur das Endresultat an.

Die Funktion $\varphi(t)$ kann (bis auf eine beliebige additive Konstante) als Summe zweier Glieder dargestellt werden:

$$\varphi(t) = \varphi_1(t) + \varphi_2(t)\,. \tag{37,17}$$

Eins dieser Glieder ergibt sich aus der Beziehung

$$e^{2i\varphi_1(t)} = \frac{\vartheta_{01}\left(\dfrac{2t}{T} - i\alpha\right)}{\vartheta_{01}\left(\dfrac{2t}{T} + i\alpha\right)}\,, \tag{37,18}$$

wo ϑ_{01} eine Theta-Funktion und α eine reelle Konstante ist, die aus der Gleichung

$$\mathrm{sn}\,(i\,2\,\alpha\,K) = i\sqrt{\frac{I_3(M^2-2EI_1)}{I_1(2EI_3-M^2)}} \tag{37,19}$$

1) Diese findet man in dem Buch E. T. Whittaker, Analytical Dynamics. University Press, Cambridge 1927.

folgt (mit K und T aus (37,11) und (37,12)). Auf der rechten Seite von (37,18) steht eine periodische Funktion mit der Periode $T/2$, d. h., in der Zeit T ändert sich $\varphi_1(t)$ um 2π. Der zweite Summand in (37,17) ergibt sich aus

$$\varphi_2(t) = 2\pi \frac{t}{T'}, \qquad \frac{1}{T'} = \frac{M}{2\pi I_1} - \frac{i}{\pi T} \frac{\vartheta'_{01}(i\alpha)}{\vartheta_{01}(i\alpha)}. \tag{37,20}$$

Diese Funktion nimmt in der Zeit T' um den Wert 2π zu. Die zeitliche Änderung des Winkels φ besteht daher aus einer Überlagerung von zwei periodischen Funktionen, wobei die eine der Perioden (T) mit der Periode der Änderung der Winkel ψ und Θ zusammenfällt, während die zweite (T') mit der ersten inkommensurabel ist. Dieser Umstand hat zur Folge, daß der Kreisel bei seiner Bewegung streng genommen niemals in seine Anfangslage zurückkehrt.

Aufgaben

1. Bestimme die freie Rotation eines Kreisels um eine Achse, die nahe bei der Trägheitsachse x_3 (oder x_1) liegt.

Lösung: Angenommen, die x_3-Achse liege in der Nähe der Richtung von $\boldsymbol{M}$. Dann sind die Komponenten M_1 und M_2 kleine Größen, und für die Komponente M_3 gilt $M_3 \approx M$ (bis auf eine kleine Größe erster Ordnung). Mit derselben Genauigkeit nehmen die beiden ersten EULERschen Gleichungen (36,5) die Gestalt

$$\frac{dM_1}{dt} = \left(1 - \frac{I_3}{I_2}\right) \Omega_0 M_2, \qquad \frac{dM_2}{dt} = \left(\frac{I_3}{I_1} - 1\right) \Omega_0 M_1$$

an, wo die Konstante $\Omega_0 = M/I_3$ eingeführt worden ist. Nach allgemeinen Regeln suchen wir die Lösung für M_1 und M_2 in der Form const $e^{i\omega t}$; für die Frequenz ω erhalten wir dann den Wert

$$\omega = \Omega_0 \sqrt{\left(\frac{I_3}{I_1} - 1\right)\left(\frac{I_3}{I_2} - 1\right)} \tag{1}$$

und für die Größen M_1 und M_2 selbst

$$M_1 = M a \sqrt{\frac{I_3}{I_2} - 1} \cos \omega t, \qquad M_2 = M a \sqrt{\frac{I_3}{I_1} - 1} \sin \omega t, \tag{2}$$

wo a eine kleine, im übrigen beliebige Konstante ist. Diese Formeln bestimmen die Bewegung des Vektors $\boldsymbol{M}$ bezüglich des Kreisels; in der Konstruktion der Abb. 51 beschreibt das Ende des Vektors $\boldsymbol{M}$ eine kleine Ellipse um den Pol auf der x_3-Achse (mit der Frequenz ω).

Für die Berechnung der absoluten Bewegung des Kreisels im Raum verwenden wir die EULERschen Winkel. Im vorliegenden Fall ist der Neigungswinkel Θ der x_3-Achse gegen die Z-Achse (Richtung von $\boldsymbol{M}$) klein, und nach den Formeln (37,14) wird

$$\tan \psi = \frac{M_1}{M_2},$$

$$\Theta^2 \approx 2(1 - \cos \Theta) = 2\left(1 - \frac{M_3}{M}\right) \approx \frac{M_1^2 + M_2^2}{M^2}.$$

Einsetzen von (2) ergibt

$$\tan\psi = \sqrt{\frac{I_1(I_3 - I_2)}{I_2(I_3 - I_1)}}\cot\omega t\,,$$

$$\Theta^2 = a^2\left[\left(\frac{I_3}{I_2} - 1\right)\cos^2\omega t + \left(\frac{I_3}{I_1} - 1\right)\sin^2\omega t\right]. \tag{3}$$

Bei der Berechnung des Winkels φ berücksichtigen wir, daß nach der dritten Formel (35,1) für $\Theta \ll 1$ gilt:

$$\Omega_0 \approx \Omega_3 \approx \dot\psi + \dot\varphi\,.$$

Daraus folgt

$$\varphi = \Omega_0 t - \psi \tag{4}$$

(die freie Integrationskonstante ist fortgelassen).

Eine anschaulichere Vorstellung vom Charakter der Bewegung des Kreisels gewinnt man, wenn man unmittelbar die Änderung der Richtungen der drei Trägheitsachsen verfolgt (die Einheitsvektoren dieser Achsen bezeichnen wir mit $\boldsymbol{n}_1, \boldsymbol{n}_2, \boldsymbol{n}_3$). Die Vektoren $\boldsymbol{n}_1$ und $\boldsymbol{n}_2$ rotieren gleichförmig in der XY-Ebene mit der Frequenz Ω_0, wobei sie gleichzeitig kleine Querschwingungen mit der Frequenz ω ausführen; diese Schwingungen erhält man aus den Z-Komponenten der erwähnten Vektoren, für welche gilt

$$n_{1Z} \approx \frac{M_1}{M} = a\sqrt{\frac{I_3}{I_2} - 1}\,\cos\omega t\,,$$

$$n_{2Z} \approx \frac{M_2}{M} = a\sqrt{\frac{I_3}{I_1} - 1}\,\sin\omega t\,.$$

Für den Vektor $\boldsymbol{n}_3$ ergibt sich mit der gleichen Genauigkeit

$$n_{3x} \approx \Theta\sin\varphi\,, \qquad n_{3y} \approx -\Theta\cos\varphi\,, \qquad n_{3z} \approx 1$$

(Polar- und Azimutalwinkel der Richtung $\boldsymbol{n}_3$ bezüglich der X-, Y-, Z-Achsen sind Θ und $\varphi - \frac{\pi}{2}$; s. Fußnote auf Seite 135). Ferner schreiben wir (unter Anwendung der Formel (37,13))

$$\begin{aligned} n_{3x} &= \Theta\sin(\Omega t_0 - \psi) = \Theta\sin\Omega_0 t\cos\psi - \Theta\cos\Omega_0 t\sin\psi \\ &= \frac{M_2}{M}\sin\Omega_0 t - \frac{M_1}{M}\cos\Omega_0 t \\ &= a\sqrt{\frac{I_3}{I_1} - 1}\,\sin\Omega_0 t\sin\omega t - a\sqrt{\frac{I_3}{I_2} - 1}\,\cos\Omega_0 t\cos\omega t \end{aligned}$$

oder schließlich

$$\begin{aligned} n_{3x} = &-\frac{a}{2}\left(\sqrt{\frac{I_3}{I_1} - 1} + \sqrt{\frac{I_3}{I_2} - 1}\right)\cos(\Omega_0 + \omega)t \\ &+\frac{a}{2}\left(\sqrt{\frac{I_3}{I_1} - 1} - \sqrt{\frac{I_3}{I_2} - 1}\right)\cos(\Omega_0 - \omega)t\,. \end{aligned}$$

Analog folgt

$$\begin{aligned} n_{3y} = &-\frac{a}{2}\left(\sqrt{\frac{I_3}{I_1} - 1} + \sqrt{\frac{I_3}{I_2} - 1}\right)\sin(\Omega_0 + \omega)t \\ &+\frac{a}{2}\left(\sqrt{\frac{I_3}{I_1} - 1} - \sqrt{\frac{I_3}{I_2} - 1}\right)\sin(\Omega_0 - \omega)t\,. \end{aligned}$$

Hieraus sieht man, daß die Bewegung des Vektors $\boldsymbol{n}_3$ eine Überlagerung von zwei Rotationen um die Z-Achse mit den Frequenzen $(\Omega_0 \pm \omega)$ darstellt.

2. Bestimme die freie Rotation eines Kreisels für den Fall $M^2 = 2\,E\,I_2$.

Lösung: Dieser Fall entspricht in der Konstruktion der Abbildung 51 einer Bahn des Endes des Vektors $\boldsymbol{M}$, die durch den Pol auf der x_2-Achse geht.

Die Gleichung (37,7) lautet hier

$$\frac{ds}{d\tau} = 1 - s^2\,, \qquad \tau = t\sqrt{\frac{(I_2 - I_1)(I_3 - I_2)}{I_1 I_3}}\,\Omega_0\,, \qquad s = \frac{\Omega_2}{\Omega_0}$$

mit $\Omega_0 = M/I_2 = 2\,E/M$. Integration dieser Gleichung und Benutzung der Formeln (37,6) ergibt

$$\left.\begin{aligned} \Omega_1 &= \Omega_0 \sqrt{\frac{I_2 (I_3 - I_2)}{I_1 (I_3 - I_1)}}\,\frac{1}{\cosh\tau}\,, \\ \Omega_2 &= \Omega_0 \tanh\tau\,, \\ \Omega_3 &= \Omega_0 \sqrt{\frac{I_2 (I_2 - I_1)}{I_3 (I_3 - I_1)}}\,\frac{1}{\cosh\tau}\,. \end{aligned}\right\} \tag{1}$$

Zur Beschreibung der absoluten Bewegung des Kreisels führen wir EULERsche Winkel ein, wobei wir Θ als Winkel zwischen der Z-Achse (Richtung von $\boldsymbol{M}$) und der x_2-Trägheitsachse des Kreisels (und nicht x_3 wie im Text) definieren. In den Formeln (37,14) und (37,16), welche die Komponenten des Vektors $\boldsymbol{\Omega}$ mit den EULERschen Winkeln verknüpfen, müssen wir dementsprechend eine zyklische Vertauschung der Komponenten vornehmen: 123→312. Wenn wir sodann in diese Formeln die Ausdrücke (1) einsetzen, erhalten wir

$$\cos\Theta = \tanh\tau\,, \qquad \varphi = \Omega_0\,t + \text{const}\,,$$

$$\tan\psi = \sqrt{\frac{I_3 (I_2 - I_1)}{I_1 (I_3 - I_2)}}\,.$$

Aus unseren Formeln folgt, daß sich der Vektor $\boldsymbol{\Omega}$ asymptotisch (für $t \to \infty$) der x_2-Achse nähert, die ihrerseits der festen Z-Achse asymptotisch zustrebt.

§ 38. Berührung starrer Körper

Die *Gleichgewichtsbedingungen* des starren Körpers sind, wie aus den Bewegungsgleichungen (34,1) und (34,3) folgt, gleichbedeutend mit der Forderung, daß die gesamte angreifende Kraft und das Gesamtdrehmoment verschwinden:

$$\boldsymbol{F} = \sum \boldsymbol{f} = 0\,, \qquad \boldsymbol{K} = \sum \boldsymbol{r} \times \boldsymbol{f} = 0\,. \tag{38,1}$$

Die Summierung wird hier über alle am Körper angreifenden äußeren Kräfte ausgeführt, $\boldsymbol{r}$ sind die Radiusvektoren der „Angriffspunkte" der Kräfte; hierbei kann der Punkt (Koordinaten-Anfangspunkt), bezüglich dessen die Momente definiert sind, frei gewählt werden; denn im Fall $\boldsymbol{F} = 0$ hängt der Wert von $\boldsymbol{K}$ nicht von dieser Wahl ab (s. (34,5)).

Wenn wir es mit einem System von sich berührenden starren Körpern zu tun haben, so müssen bei Gleichgewicht die Bedingungen (38,1) für jeden Körper einzeln erfüllt sein. Hierbei sind auch diejenigen Kräfte zu berücksichtigen, die auf einen Körper von seiten der übrigen ihn berührenden Körper wirken. Diese

Kräfte greifen in den Berührungspunkten der Körper an und heißen *Reaktionskräfte.*[1]) Für je zwei Körper sind die wechselseitigen Reaktionskräfte offenbar dem Betrag nach gleich, aber entgegengesetzt gerichtet.

Im allgemeinen Fall findet man sowohl Größe als auch Richtung der Reaktionskräfte durch gleichzeitige Lösung der Gleichungssysteme (38,1) für sämtliche Körper. In gewissen Fällen ergibt sich jedoch die Richtung der Reaktionskräfte bereits aus den Bedingungen der Aufgabe. Wenn z. B. die Oberflächen zweier Körper reibungslos aufeinander abgleiten können, so haben die Reaktionskräfte zwischen ihnen die Richtung der Flächennormalen.

Im allgemeinen treten, wenn sich die berührenden Körper relativ zueinander bewegen, neben den Reaktionskräften noch Kräfte dissipativen Charakters auf, die *Reibungskräfte.*

Es sind zwei Bewegungstypen der sich berührenden Körper möglich: *Gleiten* und *Rollen.* Beim Gleiten stehen die Reaktionskräfte senkrecht auf den sich berührenden Oberflächen, und die Reibungskräfte sind tangential zu ihnen gerichtet.

Das reine Rollen ist dadurch charakterisiert, daß es in den Berührungspunkten keine Relativbewegung der Körper gibt; mit anderen Worten, rollende Körper sind in jedem Augenblick sozusagen im Berührungspunkt befestigt. Hierbei ist die Richtung der Reaktionskraft beliebig, d. h., sie steht nicht unbedingt senkrecht auf den sich berührenden Oberflächen. Die Reibung führt beim Rollen zu einem zusätzlichen Drehmoment, das der Rollbewegung entgegenwirkt.

Wenn beim Gleiten die Reibung so klein ist, daß man sie überhaupt nicht zu berücksichtigen braucht, nennt man die Oberfläche *absolut glatt.* Ist dagegen nur ein reines Rollen ohne Gleiten möglich und kann man dabei die Reibung vernachlässigen, so heißen die Oberflächen *absolut rauh.*

In diesen beiden Fällen treten die Reibungskräfte bei der Behandlung der Bewegung der Körper nicht explizit auf, so daß ein rein mechanisches Problem vorliegt. Wenn dagegen die konkreten Eigenschaften der Reibung für die Bewegung wesentlich sind, so stellt letztere schon nicht mehr einen rein mechanischen Prozeß dar (vgl. § 25).

Die Berührung von Körpern verringert die Zahl ihrer Freiheitsgrade im Vergleich zur freien Bewegung. Bisher haben wir bei der Betrachtung derartiger Aufgaben diesen Umstand dadurch berücksichtigt, daß wir Koordinaten einführten, die unmittelbar der tatsächlichen Anzahl der Freiheitsgrade entsprachen. Es zeigt sich aber, daß beim Rollen von Körpern eine solche Wahl der Koordinaten unmöglich ist.

Die Bedingung, die der Bewegung der Körper beim Rollen auferlegt wird, ist die Gleichheit der Geschwindigkeiten der sich berührenden Punkte (so muß beim Rollen eines Körpers auf einer festen Oberfläche die Geschwindigkeit des Berüh-

[1]) Auch die Bezeichnungen Reaktionen oder Zwangskräfte sind üblich.

rungspunktes gleich Null sein). Im allgemeinen Fall drückt sich eine solche Bedingung durch *Bindungsgleichungen* der Form

$$\sum_i c_{\alpha i}\,\dot{q}_i = 0 \tag{38,2}$$

aus, wo die $c_{\alpha i}$ nur von den Koordinaten abhängen (der Index α numeriert die Bindungsgleichungen). Wenn die linken Seiten der Gleichungen keine totalen zeitlichen Ableitungen von irgendwelchen Koordinatenfunktionen sind, lassen sich die Gleichungen nicht integrieren. Mit anderen Worten, sie führen nicht auf Beziehungen zwischen den Koordinaten allein, die man dazu benutzen könnte, die Lage der Körper durch eine kleinere Anzahl von Koordinaten zu bestimmen entsprechend der tatsächlichen Anzahl von Freiheitsgraden. Solche Bindungen heißen *nichtholonom* (im Gegensatz zu *holonomen* Bindungen, welche nur die Koordinaten des Systems miteinander verknüpfen).

Als Beispiel betrachten wir das Rollen einer Kugel auf einer ebenen Oberfläche. Wie gewöhnlich bezeichnen wir mit $\boldsymbol{V}$ die Geschwindigkeit der Translationsbewegung (Geschwindigkeit des Kugelmittelpunktes) und mit $\boldsymbol{\Omega}$ die Winkelgeschwindigkeit der Rotation. Die Geschwindigkeit des Berührungspunktes der Kugel mit der Ebene ergibt sich durch Einsetzen von $\boldsymbol{r} = -a\boldsymbol{n}$ in die allgemeine Formel $\boldsymbol{v} = \boldsymbol{V} + \boldsymbol{\Omega}\times\boldsymbol{r}$ (a ist der Kugelradius, $\boldsymbol{n}$ der Einheitsvektor der Normalen auf der Ebene im Berührungspunkt). Die gesuchte Beziehung stellt die Bedingung für die Abwesenheit von Gleitung im Berührungspunkt dar, d. h., sie ergibt sich aus der Gleichung

$$\boldsymbol{V} - a\boldsymbol{\Omega}\times\boldsymbol{n} = 0\,. \tag{38,3}$$

Diese Gleichung kann nicht integriert werden. Die Geschwindigkeit $\boldsymbol{V}$ ist zwar die totale zeitliche Ableitung des Radiusvektors des Kugelmittelpunktes, die Winkelgeschwindigkeit aber stellt im allgemeinen keine totale Ableitung irgendwelcher Koordinaten dar. Das bedeutet, daß die Bindung (38,3) nichtholonom ist.[1])

Da man nichtholonome Bindungsgleichungen nicht zur Verringerung der Anzahl der Koordinaten benutzen kann, muß man beim Vorhandensein derartiger Bindungen notwendige Koordinaten verwenden, die nicht alle voneinander unabhängig sind. Zur Aufstellung der entsprechenden LAGRANGE-Gleichungen wenden wir uns wiederum dem Prinzip der kleinsten Wirkung zu.

Bindungen der Form (38,2) bedeuten bestimmte Beschränkungen für die möglichen Variationen der Koordinaten. Wenn wir nämlich diese Gleichungen mit δt

---

[1]) Wir erwähnen, daß dieselbe Bindung beim Abrollen eines Zylinders holonom wäre. In diesem Fall behält die Rotationsachse beim Rollen ihre Richtung im Raum bei, so daß $\Omega = d\varphi/dt$ die totale Ableitung des Drehwinkels φ des Zylinders um seine Achse ist. Die Beziehung (38,3) läßt sich dann integrieren und liefert eine Verknüpfung zwischen den Schwerpunktskoordinaten und dem Winkel φ.

multiplizieren, finden wir, daß die Variationen δq_i nicht unabhängig, sondern durch die Beziehungen

$$\sum_i c_{\alpha i}\,\delta q_i = 0 \tag{38,4}$$

miteinander verknüpft sind. Dieser Umstand muß bei der Variation der Wirkung berücksichtigt werden. Nach der allgemeinen LAGRANGEschen Methode muß man zur Bestimmung von Extremalwerten mit Nebenbedingungen zum Integranden der Variation der Wirkung

$$\delta S = \int \sum_i \delta q_i \left(\frac{\partial L}{\partial q_i} - \frac{d}{dt}\frac{\partial L}{\partial \dot{q}_i}\right) dt$$

die mit unbestimmten Faktoren λ_α (die von den Koordinaten abhängen) multiplizierten linken Seiten der Gleichungen (38,4) hinzufügen und sodann fordern, daß das Integral verschwindet. Hierbei kann man dann alle Variationen δq_i als unabhängig voneinander ansehen und erhält die Gleichungen

$$\frac{d}{dt}\frac{\partial L}{\partial \dot{q}_i} - \frac{\partial L}{\partial q_i} = \sum_\alpha \lambda_\alpha c_{\alpha i}\,. \tag{38,5}$$

Zusammen mit den Bindungsgleichungen (38,2) bilden sie ein vollständiges Gleichungssystem für die unbekannten Größen q_i und λ_α.

Bei der dargelegten Methode treten die Reaktionskräfte überhaupt nicht auf; die Berührung der Körper wird gänzlich durch die Bindungsgleichungen berücksichtigt. Es existiert noch eine andere Methode zur Aufstellung der Bewegungsgleichungen für sich berührende Körper, in der die Reaktionskräfte explizit eingeführt werden. Das Wesen dieser Methode (die den Inhalt des sogenannten D'ALEMBERT*schen Prinzips* darstellt) besteht darin, daß man für jeden der sich berührenden Körper die Gleichungen

$$\frac{d\boldsymbol{P}}{dt} = \sum \boldsymbol{f}, \qquad \frac{d\boldsymbol{M}}{dt} = \sum \boldsymbol{r} \times \boldsymbol{f} \tag{38,6}$$

anschreibt, wobei in die auf den Körper einwirkenden Kräfte $\boldsymbol{f}$ auch die Reaktionskräfte eingeschlossen werden; diese Kräfte sind zunächst unbekannt und ergeben sich zusammen mit der Bewegung des Körpers aus der Lösung der Gleichungen. Diese Methode ist sowohl bei holonomen als auch bei nichtholonomen Bindungen anwendbar.

Aufgaben

1. Bestimme mit Hilfe des D'ALEMBERTschen Prinzips die Bewegungsgleichungen einer homogenen Kugel, die unter dem Einfluß einer äußeren Kraft $\boldsymbol{F}$ und eines Drehmomentes $\boldsymbol{K}$ auf einer Ebene rollt.

Lösung: Die Bindungsgleichung (38,3) wurde schon im Text angegeben. Wir bezeichnen mit $\boldsymbol{R}$ die Reaktionskraft, die im Berührungspunkt der Kugel mit der Ebene angreift, und schreiben die Gleichungen (38,6) auf:

$$\mu \frac{d\boldsymbol{V}}{dt} = \boldsymbol{F} + \boldsymbol{R}, \tag{1}$$

$$I \frac{d\boldsymbol{\Omega}}{dt} = \boldsymbol{K} - a\boldsymbol{n} \times \boldsymbol{R} \tag{2}$$

(hier ist berücksichtigt worden, daß $\boldsymbol{P} = \mu \boldsymbol{V}$ und für den Kugelkreisel $\boldsymbol{M} = I\boldsymbol{\Omega}$ ist). Differentiation der Bindungsgleichung (38,3) nach der Zeit ergibt

$$\dot{\boldsymbol{V}} = a\dot{\boldsymbol{\Omega}} \times \boldsymbol{n}.$$

Wir setzen diesen Ausdruck in (1) ein, eliminieren $\dot{\boldsymbol{\Omega}}$ mit Hilfe von (2) und finden die Gleichung

$$\frac{I}{a\mu}(\boldsymbol{F} + \boldsymbol{R}) = \boldsymbol{K} \times \boldsymbol{n} - a\boldsymbol{R} + a\boldsymbol{n}(\boldsymbol{n}\boldsymbol{R}),$$

welche die Reaktionskraft mit $\boldsymbol{F}$ und $\boldsymbol{K}$ verknüpft. Wenn wir diese Gleichung in Komponenten schreiben und $I = \frac{2}{5}\mu a^2$ (s. Aufgabe 2 b, § 32) verwenden, entsteht

$$R_x = \frac{5}{7a}K_y - \frac{2}{7}F_x, \qquad R_y = -\frac{5}{7a}K_x - \frac{2}{7}F_y, \qquad R_z = -F_z$$

(als xy-Ebene ist die Abrollebene gewählt). Schließlich setzen wir diese Ausdrücke in (1) ein und erhalten als Bewegungsgleichungen, die nun nur noch die vorgegebene äußere Kraft und das Drehmoment enthalten:

$$\frac{dV_x}{dt} = \frac{5}{7\mu}\left(F_x + \frac{K_y}{a}\right), \qquad \frac{dV_y}{dt} = \frac{5}{7\mu}\left(F_y - \frac{K_x}{a}\right).$$

Die Komponenten Ω_x und Ω_y der Winkelgeschwindigkeit folgen als Funktionen von V_x und V_y aus der Bindungsgleichung (38,3), und für Ω_z ergibt sich

$$\frac{2}{5}\mu a^2 \frac{d\Omega_z}{dt} = K_z$$

(z-Komponente der Gleichung (2)).

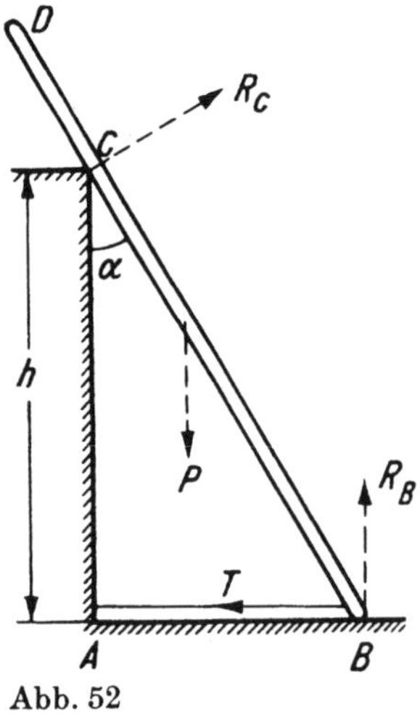

Abb. 52

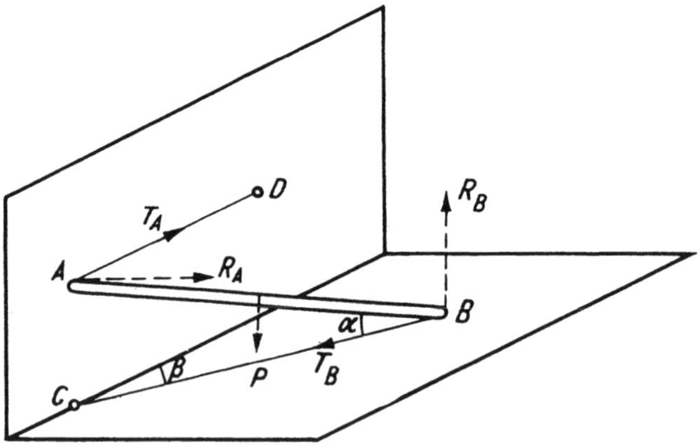

Abb. 53

2. Ein homogener Stab BD mit dem Gewicht P und der Länge l lehnt an einer Wand, wie Abb. 52 zeigt; sein unteres Ende B wird durch einen Faden AB festgehalten. Bestimme die Reaktion im Unterstützungspunkt und die Spannung des Fadens.

Lösung: Das Gewicht des Stabes stellt eine Kraft dar, die in der Mitte des Stabes angreift und senkrecht nach unten wirkt. Die Reaktionskraft R_B zeigt vertikal nach oben, während R_C senkrecht zum Stab steht; die Spannung des Fadens T ist von B nach A gerichtet. Aus den Gleichgewichtsbedingungen (38,1) folgt

$$R_C = \frac{P\,l}{4\,h} \sin 2\,\alpha\,, \qquad R_B = P - R_C \sin\alpha\,, \qquad T = R_C \cos\alpha\,.$$

3. Ein Stab AB mit dem Gewicht P berührt mit seinen Enden eine horizontale und eine vertikale Ebene (Abb. 53) und wird in dieser Lage durch 2 horizontale Fäden AD und BC gehalten; der Faden BC liegt mit dem Stab AB in einer (vertikalen) Ebene. Bestimme die Reaktionen in den Unterstützungspunkten und die Spannungen der Fäden.

Lösung: Die Fadenspannungen T_A und T_B sind von A nach D bzw. von B nach C gerichtet. Die Reaktionen R_A und R_B stehen auf den entsprechenden Ebenen senkrecht. Die Gleichgewichtsbedingungen ergeben als Lösung

$$R_B = P\,, \qquad T_B = \frac{P}{2} \cot\alpha\,,$$

$$R_A = T_B \sin\beta\,, \qquad T_A = T_B \cos\beta\,.$$

4. Zwei Stäbe der Länge l sind oben mit einem Scharnier und unten mit einem Faden AB verbunden (Abb. 54). In der Mitte des einen Stabes greift eine Kraft F an (das Gewicht der Stäbe vernachlässigen wir). Bestimme die Reaktionskräfte.

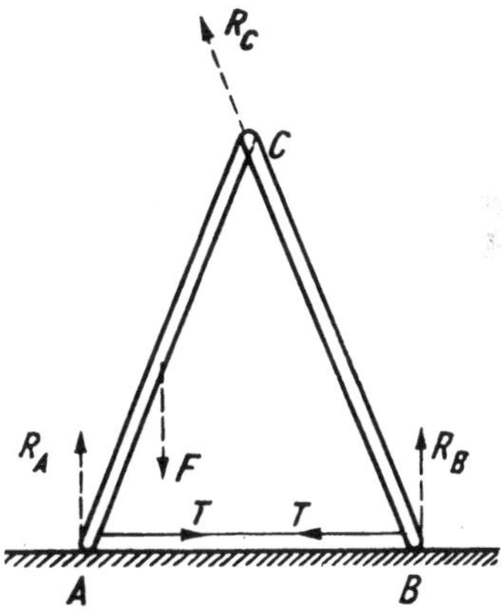

Abb. 54

Lösung: Die Spannung T des Fadens wirkt im Punkt A von A nach B und im Punkt B von B nach A. Die Reaktionen R_A und R_B in den Punkten A und B stehen senkrecht auf der Unterstützungsebene. Wir bezeichnen mit $\boldsymbol{R}_C$ die Reaktionskraft im Scharnier, die auf den Stab AC wirkt; dann greift am Stab BC die Reaktion $-\boldsymbol{R}_C$ an. Die Bedingung, daß die Summe der Momente der Kräfte $\boldsymbol{R}_B$, $\boldsymbol{T}$ und $-\boldsymbol{R}_C$, die am Stab BC angreifen, verschwinden soll, führt zu dem Ergebnis, daß der Vektor $\boldsymbol{R}_C$ in der Richtung von BC liegt. Die übrigen Gleichgewichtsbedingungen (für jeden der beiden Stäbe) liefern

$$R_A = \frac{3}{4} F\,, \qquad R_B = \frac{F}{4}\,, \qquad R_C = \frac{F}{4 \sin\alpha}\,, \qquad T = \frac{1}{4} F \cot\alpha\,,$$

wo α den Winkel BAC bezeichnet.

§ 39. Bewegung in einem beschleunigten Bezugssystem

Bei der Untersuchung der Bewegung eines beliebigen mechanischen Systems haben wir bisher stets Inertialsysteme benutzt. Nur in einem Inertialsystem hat die LAGRANGE-Funktion beispielsweise eines einzelnen Teilchens im äußeren

Feld die Form

$$L_0 = \frac{m\,\boldsymbol{v}_0^2}{2} - U\,, \tag{39,1}$$

der die Bewegungsgleichung

$$m\,\frac{d\boldsymbol{v}_0}{dt} = -\,\frac{\partial U}{\partial \boldsymbol{r}_0}$$

entspricht (wir werden in diesem Paragraphen Größen, die sich auf ein Inertialsystem beziehen, mit einem Index 0 bezeichnen).

Wir wenden uns nun der Frage zu, wie die Bewegungsgleichungen eines Teilchens in einem beschleunigten Bezugssystem aussehen. Der Ausgangspunkt bei der Beantwortung dieser Frage ist wiederum das Prinzip der kleinsten Wirkung, dessen Anwendbarkeit in keiner Weise durch die Wahl des Bezugssystems eingeschränkt ist; damit bleiben auch die LAGRANGEschen Gleichungen

$$\frac{d}{dt}\frac{\partial L}{\partial \boldsymbol{v}} = \frac{\partial L}{\partial \boldsymbol{r}} \tag{39,2}$$

gültig. Die LAGRANGE-Funktion jedoch hat nun nicht mehr die Form (39,1), und zu ihrer Bestimmung muß man die Funktion L_0 entsprechend transformieren.

Diese Transformation nehmen wir in zwei Schritten vor. Zunächst betrachten wir ein Bezugssystem K', das sich relativ zum Inertialsystem K_0 mit der Translationsgeschwindigkeit $\boldsymbol{V}(t)$ bewegt. Die Geschwindigkeiten $\boldsymbol{v}_0$ und $\boldsymbol{v}'$ des Teilchens bezüglich der Systeme K_0 und K' sind miteinander durch die Beziehung

$$\boldsymbol{v}_0 = \boldsymbol{v}' + \boldsymbol{V}(t) \tag{39,3}$$

verknüpft. Wenn wir diesen Ausdruck in (39,1) einsetzen, erhalten wir als LAGRANGE-Funktion im System K'

$$L' = \frac{m\,\boldsymbol{v}'^2}{2} + m\,\boldsymbol{v}'\,\boldsymbol{V} + \frac{m}{2}\,\boldsymbol{V}^2 - U\,.$$

$\boldsymbol{V}^2(t)$ ist aber eine vorgegebene Zeitfunktion; sie kann als totale zeitliche Ableitung einer anderen Funktion dargestellt werden, so daß das dritte Glied in dem angeschriebenen Ausdruck unterdrückt werden kann. Ferner gilt $\boldsymbol{v}' = d\boldsymbol{r}'/dt$, wo $\boldsymbol{r}'$ den Radiusvektor des Teilchens im Koordinatensystem K' bedeutet. Damit ergibt sich

$$m\,\boldsymbol{V}(t)\,\boldsymbol{v}' = m\,\boldsymbol{V}\frac{d\boldsymbol{r}'}{dt} = \frac{d}{dt}(m\,\boldsymbol{V}\,\boldsymbol{r}') - m\,\boldsymbol{r}'\,\frac{d\boldsymbol{V}}{dt}\,.$$

Wenn wir diesen Ausdruck in die LAGRANGE-Funktion einsetzen und wiederum die totale zeitliche Ableitung weglassen, erhalten wir schließlich

$$L' = \frac{m\,\boldsymbol{v}'^2}{2} - \boldsymbol{W}(t)\,m\,\boldsymbol{r}' - U\,, \tag{39,4}$$

wobei $\boldsymbol{W} = d\boldsymbol{V}/dt$ die Beschleunigung der Translationsbewegung des Bezugssytems K' darstellt.

Die zu (39,4) gehörenden LAGRANGEschen Gleichungen lauten

$$m\frac{d\boldsymbol{v}'}{dt} = -\frac{\partial U}{\partial \boldsymbol{r}'} - m\,\boldsymbol{W}(t)\,. \tag{39,5}$$

Wir sehen, daß für die Bewegungsgleichungen des Teilchens eine beschleunigte Translationsbewegung des Bezugssystems äquivalent ist mit dem Auftreten eines homogenen Kraftfeldes, dessen Kraft gleich dem Produkt aus der Masse des Teilchens und der Beschleunigung $\boldsymbol{W}$ ist und die entgegengesetzte Richtung von $\boldsymbol{W}(t)$ hat.

Wir führen nun noch ein Bezugssystem K ein, das mit dem System K' einen gemeinsamen Nullpunkt hat, sich aber gegen K' mit der Winkelgeschwindigkeit $\boldsymbol{\Omega}(t)$ dreht; im Inertialsystem K_0 führt das System K sowohl eine Translations- als auch eine Rotationsbewegung aus.

Die Geschwindigkeit $\boldsymbol{v}'$ des Teilchens bezüglich des Systems K' setzt sich aus seiner Geschwindigkeit $\boldsymbol{v}$ im System K und aus der Geschwindigkeit $\boldsymbol{\Omega}\times\boldsymbol{r}$ seiner Rotation zusammen, die es mit dem System K gemeinsam durchführt, also

$$\boldsymbol{v}' = \boldsymbol{v} + \boldsymbol{\Omega}\times\boldsymbol{r}$$

(die Radiusvektoren $\boldsymbol{r}$ und $\boldsymbol{r}'$ des Teilchens in den Systemen K und K' fallen zusammen). Wir setzen diesen Ausdruck in die LAGRANGE-Funktion (39,4) ein und erhalten

$$L = \frac{m\boldsymbol{v}^2}{2} + m\boldsymbol{v}\,\boldsymbol{\Omega}\times\boldsymbol{r} + \frac{m}{2}(\boldsymbol{\Omega}\times\boldsymbol{r})^2 - m\boldsymbol{W}\boldsymbol{r} - U\,. \tag{39,6}$$

Dies ist die allgemeine Form der LAGRANGE-Funktion eines Teilchens in einem beliebigen beschleunigten Bezugssystem. Wir weisen darauf hin, daß die Rotation des Bezugssystems zum Auftreten eines Gliedes ganz besonderer Form in der LAGRANGE-Funktion führt, nämlich eines Gliedes, in das die Geschwindigkeit des Teilchens linear eingeht.

Zur Berechnung der Ableitungen, welche in die LAGRANGEschen Gleichungen eingehen, bilden wir das totale Differential

$$\begin{aligned} dL &= m\boldsymbol{v}\,d\boldsymbol{v} + m\,d\boldsymbol{v}(\boldsymbol{\Omega}\times\boldsymbol{r}) + m\boldsymbol{v}(\boldsymbol{\Omega}\times d\boldsymbol{r}) + m(\boldsymbol{\Omega}\times\boldsymbol{r})(\boldsymbol{\Omega}\times d\boldsymbol{r}) \\ &\quad - m\boldsymbol{W}d\boldsymbol{r} - \frac{\partial U}{\partial \boldsymbol{r}}d\boldsymbol{r} = m\boldsymbol{v}\,d\boldsymbol{v} + m\,d\boldsymbol{v}(\boldsymbol{\Omega}\times\boldsymbol{r}) + m\,d\boldsymbol{r}(\boldsymbol{v}\times\boldsymbol{\Omega}) \\ &\quad + m((\boldsymbol{\Omega}\times\boldsymbol{r})\times\boldsymbol{\Omega})\,d\boldsymbol{r} - m\boldsymbol{W}d\boldsymbol{r} - \frac{\partial U}{\partial \boldsymbol{r}}d\boldsymbol{r}\,. \end{aligned}$$

Indem wir die Glieder mit $d\boldsymbol{v}$ und $d\boldsymbol{r}$ sammeln, ergibt sich

$$\frac{\partial L}{\partial \boldsymbol{v}} = m\boldsymbol{v} + m\boldsymbol{\Omega}\times\boldsymbol{r}\,,$$

$$\frac{\partial L}{\partial \boldsymbol{r}} = m\boldsymbol{v}\times\boldsymbol{\Omega} + m(\boldsymbol{\Omega}\times\boldsymbol{r})\times\boldsymbol{\Omega} - m\boldsymbol{W} - \frac{\partial U}{\partial \boldsymbol{r}}\,.$$

Einsetzen dieser Ausdrücke in (39,2) liefert die gesuchte Bewegungsgleichung

$$m\frac{d\boldsymbol{v}}{dt} = -\frac{\partial U}{\partial \boldsymbol{r}} - m\boldsymbol{W} + m\boldsymbol{r} \times \dot{\boldsymbol{\Omega}} + 2m\boldsymbol{v} \times \boldsymbol{\Omega} + m\boldsymbol{\Omega} \times (\boldsymbol{r} \times \boldsymbol{\Omega}). \quad (39,7)$$

Wir sehen, daß sich die „Trägheitskräfte", die durch die Rotation des Bezugssystems bedingt sind, aus drei Teilen zusammensetzen. Die Kraft $m\boldsymbol{r} \times \dot{\boldsymbol{\Omega}}$ ist die Folge einer ungleichförmigen Rotation, während die beiden anderen Kräfte auch bei gleichförmiger Drehung auftreten. Der Term $2m\boldsymbol{v} \times \boldsymbol{\Omega}$ heißt CORIOLIS-*Kraft*; im Gegensatz zu sämtlichen früher betrachteten (nichtdissipativen) Kräften hängt sie von der Geschwindigkeit des Teilchens ab. Der Ausdruck $m\boldsymbol{\Omega} \times (\boldsymbol{r} \times \boldsymbol{\Omega})$ trägt den Namen *Zentrifugalkraft*. Sie wirkt in der durch $\boldsymbol{r}$ gehenden und zur Drehachse (d. h. senkrecht zu $\boldsymbol{\Omega}$) senkrechten Ebene und ist von der Drehachse weg gerichtet; ihr Betrag ist $m\varrho\Omega^2$, wo ϱ den senkrechten Abstand des Teilchens von der Drehachse darstellt.

Wir betrachten nun den speziellen Fall der gleichmäßigen Rotation eines Koordinatensystems ohne Translationsbeschleunigung. Wenn wir in (39,6) und (39,7) $\boldsymbol{\Omega} = \text{const}$ und $\boldsymbol{W} = 0$ setzen, erhalten wir die LAGRANGE-Funktion

$$L = \frac{m\boldsymbol{v}^2}{2} + m\boldsymbol{v}(\boldsymbol{\Omega} \times \boldsymbol{r}) + \frac{m}{2}(\boldsymbol{\Omega} \times \boldsymbol{r})^2 - U \quad (39,8)$$

und die Bewegungsgleichung

$$m\frac{d\boldsymbol{v}}{dt} = -\frac{\partial U}{\partial \boldsymbol{r}} + 2m\boldsymbol{v} \times \boldsymbol{\Omega} + m\boldsymbol{\Omega} \times (\boldsymbol{r} \times \boldsymbol{\Omega}). \quad (39,9)$$

Wir wollen noch die Energie des Teilchens in diesem Fall berechnen. Wenn wir

$$\boldsymbol{p} = \frac{\partial L}{\partial \boldsymbol{v}} = m\boldsymbol{v} + m\boldsymbol{\Omega} \times \boldsymbol{r} \quad (39,10)$$

in $E = \boldsymbol{p}\boldsymbol{v} - L$ einsetzen, ergibt sich

$$E = \frac{m\boldsymbol{v}^2}{2} - \frac{m}{2}(\boldsymbol{\Omega} \times \boldsymbol{r})^2 + U. \quad (39,11)$$

Wir weisen darauf hin, daß in der Energie kein Glied auftritt, das die Geschwindigkeit linear enthält. Die Rotation des Bezugssystems erzeugt ein Zusatzglied in der Energie, das nur von den Koordinaten des Teilchens abhängt und dem Quadrat der Winkelgeschwindigkeit proportional ist. Diese zusätzliche potentielle Energie $-\frac{m}{2}(\boldsymbol{\Omega} \times \boldsymbol{r})^2$ heißt *Zentrifugalenergie.*

Die Geschwindigkeit $\boldsymbol{v}$ des Teilchens im gleichförmig rotierenden Bezugssystem ist mit seiner Geschwindigkeit $\boldsymbol{v}_0$ bezüglich des Inertialsystems K_0 durch die Beziehung

$$\boldsymbol{v}_0 = \boldsymbol{v} + \boldsymbol{\Omega} \times \boldsymbol{r} \quad (39,12)$$

verknüpft. Infolgedessen fällt der Impuls $\boldsymbol{p}$ des Teilchens im K-System nach (39,10) mit einem Impuls $\boldsymbol{p}_0 = m\,\boldsymbol{v}_0$ im K_0-System zusammen. Gleichzeitig nehmen auch die Drehimpulse $\boldsymbol{M}_0 = \boldsymbol{r} \times \boldsymbol{p}_0$ und $\boldsymbol{M} = \boldsymbol{r} \times \boldsymbol{p}$ dieselben Werte an. Die Energien des Teilchens in den Systemen K und K_0 sind dagegen verschieden. Wenn wir $\boldsymbol{v}$ aus (39,12) in (39,11) einsetzen, erhalten wir

$$E = \frac{m\,\boldsymbol{v}_0^2}{2} - m\,\boldsymbol{v}_0\,\boldsymbol{\Omega} \times \boldsymbol{r} + U = \frac{m\,\boldsymbol{v}_0^2}{2} + U - m\,(\boldsymbol{r} \times \boldsymbol{v}_0)\,\boldsymbol{\Omega}\,.$$

Die beiden ersten Glieder stellen die Energie E_0 im System K_0 dar. Einführen des Drehimpulses in das letzte Glied ergibt

$$E = E_0 - \boldsymbol{M}\,\boldsymbol{\Omega}\,. \tag{39,13}$$

Diese Formel bestimmt das Transformationsgesetz der Energie bei Übergang zu einem gleichförmig rotierenden Koordinatensystem. Wir haben sie zwar für ein einziges Teilchen abgeleitet; es ist jedoch offensichtlich, daß die Rechnung unmittelbar auf den Fall eines beliebigen Teilchensystems verallgemeinert werden kann und zu derselben Formel (39,13) führt.

Aufgaben

1. Berechne die durch die Erddrehung bedingte Ablenkung eines frei fallenden Körpers von der Vertikalen (die Rotationsgeschwindigkeit ist als klein anzunehmen).

Lösung: Im Schwerefeld gilt $U = -m\,\boldsymbol{g}\,\boldsymbol{r}$, wo $\boldsymbol{g}$ den Beschleunigungsvektor der Schwerkraft darstellt; unter Vernachlässigung der Zentrifugalkraft in (39,9), die das Quadrat von Ω enthält, ergibt sich die Bewegungsgleichung in der Form

$$\dot{\boldsymbol{v}} = 2\,\boldsymbol{v} \times \boldsymbol{\Omega} + \boldsymbol{g}\,. \tag{1}$$

Wir lösen diese Gleichung durch sukzessive Approximation. Zu diesem Zweck setzen wir $\boldsymbol{v} = \boldsymbol{v}_1 + \boldsymbol{v}_2$, wo $\boldsymbol{v}_1$ die Lösung der Gleichung $\dot{\boldsymbol{v}}_1 = \boldsymbol{g}$ ist, d. h. $\boldsymbol{v}_1 = \boldsymbol{g}\,t + \boldsymbol{v}_0$ ($\boldsymbol{v}_0$ ist die Anfangsgeschwindigkeit). Wenn wir $\boldsymbol{v} = \boldsymbol{v}_1 + \boldsymbol{v}_2$ in (1) einsetzen und auf der rechten Seite nur $\boldsymbol{v}_1$ berücksichtigen, erhalten wir für $\boldsymbol{v}_2$ die Gleichung

$$\dot{\boldsymbol{v}}_2 = 2\,\boldsymbol{v}_1 \times \boldsymbol{\Omega} = 2\,t\,\boldsymbol{g} \times \boldsymbol{\Omega} + 2\,\boldsymbol{v}_0 \times \boldsymbol{\Omega}\,.$$

Integration liefert

$$\boldsymbol{r} = \boldsymbol{h} + \boldsymbol{v}_0 t + \frac{\boldsymbol{g}\,t^2}{2} + \frac{t^3}{3}\boldsymbol{g} \times \boldsymbol{\Omega} + t^2\,\boldsymbol{v}_0 \times \boldsymbol{\Omega}\,, \tag{2}$$

wo $\boldsymbol{h}$ den Vektor der Anfangslage des Teilchens darstellt.

Wählen wir die z-Achse vertikal nach oben und die x-Achse in Richtung des Meridians zum Pol, so gilt

$$g_x = g_y = 0\,, \qquad g_z = -g\,, \qquad \Omega_x = \Omega\cos\lambda\,, \qquad \Omega_y = 0\,, \qquad \Omega_z = \Omega\sin\lambda\,;$$

λ ist die Breite (wir nehmen der Eindeutigkeit halber nördliche Breite an). Wenn wir in (2) $\boldsymbol{v}_0 = 0$ setzen, finden wir

$$x = 0\,, \qquad y = -\frac{t^3}{3}\,g\,\Omega\cos\lambda\,.$$

Einsetzen der Fallzeit $t \approx \sqrt{2\,h/g}$ ergibt schließlich

$$x = 0\,, \qquad y = -\frac{1}{3}\left(\frac{2\,h}{g}\right)^{3/2} g\,\Omega\cos\lambda$$

(negative Werte von y entsprechen einer Ablenkung nach Osten).

2. Bestimme die Ablenkung eines Körpers aus einer Ebene, der von der Erdoberfläche mit der Anfangsgeschwindigkeit $\boldsymbol{v}_0$ fortgeworfen wird.

Lösung: Wir wählen die xz-Ebene so, daß die Geschwindigkeit $\boldsymbol{v}_0$ in ihr liegt. Die Anfangshöhe sei $\boldsymbol{h} = 0$. Für die seitliche Auslenkung erhalten wir aus (2) (Aufgabe 1):

$$y = -\frac{t^3}{3} g\, \Omega_x + t^3 (\Omega_x v_{0z} - \Omega_z v_{0x})$$

oder nach Einsetzen der Flugzeit $t \approx 2\, v_{0z}\, g$:

$$y = \frac{4\, v_{0z}^2}{g^2} \left(\frac{1}{3} v_{0z}\, \Omega_x - v_{0x}\, \Omega_z \right)$$

3. Berechne den Einfluß der Erddrehung auf kleine Pendelschwingungen (sogenanntes Foucault*sches Pendel*).

Lösung: Wenn man die Amplitude der vertikalen Bewegung des Pendels als kleine Größe zweiter Ordnung vernachlässigt, so kann man annehmen, daß die Bewegung des Körpers in der horizontalen xy-Ebene verläuft. Wir unterdrücken wieder die Glieder mit Ω^2 und schreiben die Bewegungsgleichung in der Form

$$\ddot{x} + \omega^2 x = 2\, \Omega_z \dot{y}\,, \qquad \ddot{y} + \omega^2 y = -2\, \Omega_z \dot{x}\,,$$

wo ω die Schwingungsfrequenz des Pendels ohne Berücksichtigung der Erddrehung ist. Indem wir die zweite Gleichung mit i multiplizieren und zur ersten addieren, erhalten wir eine einzige Gleichung, nämlich

$$\ddot{\xi} + 2\, i\, \Omega_z \dot{\xi} + \omega^2 \xi = 0$$

für die komplexe Größe $\xi = x + i\, y$. Für $\Omega_z \ll \omega$ heißt die Lösung dieser Gleichung

$$\xi = e^{-i \Omega_z t} (A_1 e^{i \omega t} + A_2 e^{-i \omega t})$$

oder

$$x + i\, y = e^{-i \Omega_z t} (x_0 + i\, y_0)\,,$$

wo die Funktionen $x_0(t)$ und $y_0(t)$ die Bahn des Pendels ohne Berücksichtigung der Erddrehung liefern. Folglich führt der Einfluß dieser Rotation zu einer Drehung der Bahn um die Vertikale mit der Winkelgeschwindigkeit Ω_z.

VII DIE KANONISCHEN GLEICHUNGEN

§ 40. Die HAMILTONschen Gleichungen

Bei der Formulierung der Gesetze der Mechanik mit Hilfe der LAGRANGE-Funktion (und der aus ihr abgeleiteten LAGRANGEschen Gleichungen) wird der mechanische Zustand eines Systems durch seine verallgemeinerten Koordinaten und Geschwindigkeiten beschrieben. Eine solche Beschreibung ist jedoch nicht die einzig mögliche. Eine Reihe von Vorteilen, insbesondere bei der Untersuchung verschiedener allgemeiner Probleme der Mechanik, bietet sich bei Verwendung von verallgemeinerten Koordinaten und Impulsen des Systems. So erhebt sich die Frage, wie man die Bewegungsgleichungen findet, die einer solchen Formulierung der Mechanik entsprechen.

Den Übergang von einer Gesamtheit unabhängiger Veränderlicher zu einer anderen kann man durch eine Transformation ausführen, die in der Mathematik unter der Bezeichnung LEGENDRE-Transformation bekannt ist. Im vorliegenden Fall bedeutet sie folgendes:

Das totale Differential der LAGRANGE-Funktion als Funktion der Koordinaten und Geschwindigkeiten ist

$$dL = \sum_i \frac{\partial L}{\partial q_i} dq_i + \sum_i \frac{\partial L}{\partial \dot{q}_i} d\dot{q}_i \,.$$

Diesen Ausdruck kann man in der Form

$$dL = \sum_i \dot{p}_i \, dq_i + \sum_i p_i \, d\dot{q}_i \tag{40,1}$$

schreiben, da die Ableitungen $\partial L/\partial \dot{q}_i$ definitionsgemäß gleich den verallgemeinerten Impulsen p_i sind und da wegen der LAGRANGEschen Gleichungen $\partial L/\partial q_i = \dot{p}_i$ gilt.

Wir formen nun das zweite Glied in (40,1) um:

$$\sum_i p_i \, d\dot{q}_i = d\left(\sum_i p_i \dot{q}_i\right) - \sum_i \dot{q}_i \, dp_i \,,$$

bringen das totale Differential $d(\sum_i p_i \dot{q}_i)$ auf die linke Seite der Gleichung und vertauschen alle Vorzeichen; dann erhalten wir aus (40,1)

$$d\left(\sum_i p_i \dot{q}_i - L\right) = -\sum_i \dot{p}_i \, dq_i + \sum_i \dot{q}_i \, dp_i \,.$$

Die Größe unter dem Differentialzeichen stellt die Energie des Systems dar (s. § 6); ausgedrückt durch die Koordinaten und Impulse heißt sie die HAMILTON-*Funktion* des Systems:

$$H(p, q, t) = \sum_i p_i \dot{q}_i - L \,. \tag{40,2}$$

Aus der Beziehung

$$dH = -\sum_i \dot{p}_i\, dq_i + \sum_i \dot{q}_i\, dp_i \tag{40,3}$$

zwischen den Differentialen, wo die Koordinaten und Impulse als unabhängige Variable aufgefaßt werden, folgen die Gleichungen

$$\dot{q}_i = \frac{\partial H}{\partial p_i}, \qquad \dot{p}_i = -\frac{\partial H}{\partial q_i}. \tag{40,4}$$

Dies sind die gesuchten Bewegungsgleichungen in den Veränderlichen p und q; sie heißen HAMILTON*sche Gleichungen* und bilden ein System von $2s$ Differentialgleichungen erster Ordnung für die $2s$ unbekannten Funktionen $p(t)$ und $q(t)$ (s ist die Anzahl der Freiheitsgrade); sie ersetzen die s Gleichungen zweiter Ordnung der LAGRANGEschen Methode. In Anbetracht ihrer formalen Einfachheit und Symmetrie nennt man sie auch *kanonische Gleichungen.*

Die totale zeitliche Ableitung der HAMILTON-Funktion lautet

$$\frac{dH}{dt} = \frac{\partial H}{\partial t} + \sum_i \frac{\partial H}{\partial q_i}\dot{q}_i + \sum_i \frac{\partial H}{\partial p_i}\dot{p}_i .$$

Beim Einsetzen von $\dot{q}_i$ und $\dot{p}_i$ aus (40,4) heben sich die beiden letzten Glieder gegenseitig auf, so daß sich ergibt

$$\frac{dH}{dt} = \frac{\partial H}{\partial t}. \tag{40,5}$$

Wenn die HAMILTON-Funktion von der Zeit nicht explizit abhängt, so wird $dH/dt = 0$, d. h., wir bekommen wiederum den Erhaltungssatz der Energie.

Neben den dynamischen Variablen q, $\dot{q}$ bzw. q, p enthalten die LAGRANGE- und die HAMILTON-Funktion verschiedene Parameter, welche die Eigenschaften des mechanischen Systems selbst oder des äußeren Feldes charakterisieren. λ sei einer dieser Parameter. Wenn wir ihn als veränderliche Größe ansehen, erhalten wir statt (40,1)

$$dL = \sum_i \dot{p}_i\, dq_i + \sum_i p_i\, d\dot{q}_i + \frac{\partial L}{\partial \lambda} d\lambda ,$$

woraus mit (40,2)

$$dH = -\sum_i \dot{p}_i\, dq_i + \sum_i \dot{q}_i\, dp_i - \frac{\partial L}{\partial \lambda} d\lambda$$

folgt. Wir finden damit die Beziehung

$$\left(\frac{\partial H}{\partial \lambda}\right)_{p,q} = -\left(\frac{\partial L}{\partial \lambda}\right)_{\dot{q},q}, \tag{40,6}$$

welche die partiellen Ableitungen der LAGRANGE-Funktion und die der HAMILTON-Funktion nach dem Parameter λ verknüpft; die Indizes bei den Ableitungen weisen darauf hin, daß die Differentiation in dem einen Fall bei konstantem p und q, im anderen Fall bei konstantem q und $\dot{q}$ durchzuführen ist.

Dieses Resultat kann auch unter einem anderen Gesichtspunkt dargestellt werden. Angenommen, die LAGRANGE-Funktion habe die Form $L = L_0 + L'$, wo L' ein kleines Zusatzglied zur eigentlichen Funktion L_0 bedeutet. Dann besteht zwischen dem entsprechenden Zusatzglied in der HAMILTON-Funktion $H = H_0 + H'$ und L' die Beziehung

$$(H')_{p,q} = -(L')_{\dot{q},q} \,. \tag{40,7}$$

Wir bemerken, daß wir bei der Transformation von (40,1) zu (40,3) das Glied mit dt, welches eine eventuelle explizite Abhängigkeit der LAGRANGE-Funktion von der Zeit berücksichtigt, nicht angeschrieben haben, da dieses Glied bei unserer Betrachtungsweise nur die Rolle eines Parameters spielen würde, zu der durchgeführten Transformation aber in keiner Beziehung steht. Analog der Formel (40,6) sind die partiellen Ableitungen von L und H nach der Zeit durch die Beziehung

$$\left(\frac{\partial H}{\partial t}\right)_{p,q} = -\left(\frac{\partial L}{\partial t}\right)_{\dot{q},q} \tag{40,8}$$

miteinander verknüpft.

Aufgaben

1. Bestimme die HAMILTON-Funktion für einen einzelnen Massenpunkt in kartesischen, zylindrischen und sphärischen Koordinaten.

Lösung: In kartesischen Koordinaten x, y, z:

$$H = \frac{1}{2m}(p_x^2 + p_y^2 + p_z^2) + U(x, y, z) \,.$$

In zylindrischen Koordinaten r, φ, z:

$$H = \frac{1}{2m}\left(p_r^2 + \frac{p_\varphi^2}{r^2} + p_z^2\right) + U(r, \varphi, z) \,.$$

In sphärischen Koordinaten r, Θ, φ:

$$H = \frac{1}{2m}\left(p_r^2 + \frac{p_\Theta^2}{r^2} + \frac{p_\varphi^2}{r^2 \sin^2 \Theta}\right) + U(r, \Theta, \varphi) \,.$$

2. Bestimme die HAMILTON-Funktion eines Teilchens in einem gleichförmig rotierenden Bezugssystem.

Lösung: Wenn man in dem Ausdruck (39,11) für die Energie die Geschwindigkeit $\boldsymbol{v}$ durch den Impuls $\boldsymbol{p}$ gemäß (39,10) ausdrückt, erhält man

$$H = \frac{p^2}{2m} - \boldsymbol{\Omega}(\boldsymbol{r} \times \boldsymbol{p}) + U \,.$$

3. Bestimme die HAMILTON-Funktion eines Systems aus einem Teilchen der Masse M und n Teilchen der Masse m unter Elimination der Schwerpunktsbewegung (siehe Aufgabe zu § 13).

Lösung: Die Energie E erhält man aus der in der Aufgabe zu § 13 gefundenen LAGRANGE-Funktion durch Änderung des Vorzeichens vor U. Die verallgemeinerten Impulse sind

$$\boldsymbol{p}_a = \frac{\partial L}{\partial \boldsymbol{v}_a} = m\,\boldsymbol{v}_a - \frac{m^2}{\mu} \sum_{a'} \boldsymbol{v}_{a'} \,.$$

Daraus folgt

$$\sum_a \boldsymbol{p}_a = m \sum_a \boldsymbol{v}_a - \frac{n\,m^2}{\mu} \sum_a \boldsymbol{v}_a = \frac{m\,M}{\mu} \sum_a \boldsymbol{v}_a \,,$$

$$\boldsymbol{v}_a = \frac{\boldsymbol{p}_a}{m} + \frac{1}{M} \sum_{a'} \boldsymbol{p}_{a'} \,.$$

In E eingesetzt, erhalten wir

$$H = \frac{1}{2\,m} \sum_a \boldsymbol{p}_a^2 + \frac{1}{2\,M} \left(\sum_a \boldsymbol{p}_a \right)^2 + U \,.$$

§ 41. Die ROUTHsche Funktion

In einigen Fällen kann es zweckmäßig sein, beim Übergang zu neuen Variablen nicht sämtliche verallgemeinerten Geschwindigkeiten durch die Impulse zu ersetzen, sondern nur einige von ihnen. Die entsprechende Transformation ist völlig analog der im vorhergehenden Paragraphen durchgeführten.

Der Einfachheit halber nehmen wir zunächst an, daß nur zwei Koordinaten vorhanden sind, die wir mit q und ξ bezeichnen; wir wollen eine Transformation von den Variablen $q, \xi, \dot{q}, \dot{\xi}$ zu den Variablen $q, \xi, p, \dot{\xi}$ vornehmen, wobei p den verallgemeinerten Impuls darstellt, welcher der Koordinate q entspricht.

Das Differential der LAGRANGE-Funktion $L(q, \xi, \dot{q}, \dot{\xi})$ ist

$$dL = \frac{\partial L}{\partial q} dq + \frac{\partial L}{\partial \dot{q}} d\dot{q} + \frac{\partial L}{\partial \xi} d\xi + \frac{\partial L}{\partial \dot{\xi}} d\dot{\xi} = \dot{p}\,dq + p\,d\dot{q} + \frac{\partial L}{\partial \xi} d\xi + \frac{\partial L}{\partial \dot{\xi}} d\dot{\xi} \,,$$

woraus sich ergibt

$$d\,(L - p\,\dot{q}) = \dot{p}\,dq - \dot{q}\,dp + \frac{\partial L}{\partial \xi} d\xi + \frac{\partial L}{\partial \dot{\xi}} d\dot{\xi} \,.$$

Wir führen die Funktion (sogenannte ROUTHsche Funktion)

$$R(q, p, \dot{\xi}, \xi) = p\,\dot{q} - L \tag{41,1}$$

ein, in der die Geschwindigkeit $\dot{q}$ durch den Impuls p mittels der Gleichung $p = \partial L / \partial \dot{q}$ auszudrücken ist. Das Differential von R lautet

$$dR = -\,\dot{p}\,dq + \dot{q}\,dp - \frac{\partial L}{\partial \xi} d\xi - \frac{\partial L}{\partial \dot{\xi}} d\dot{\xi} \,. \tag{41,2}$$

Daraus folgt

$$\dot{q} = \frac{\partial R}{\partial p}, \qquad \dot{p} = -\frac{\partial R}{\partial q}, \tag{41,3}$$

$$\frac{\partial L}{\partial \xi} = -\frac{\partial R}{\partial \xi}, \qquad \frac{\partial L}{\partial \dot{\xi}} = -\frac{\partial R}{\partial \dot{\xi}}. \tag{41,4}$$

Wenn wir die letzten Gleichungen in die LAGRANGEsche Gleichung für die Koordinate ξ einsetzen, erhalten wir

$$\frac{d}{dt}\frac{\partial R}{\partial \dot{\xi}} = \frac{\partial R}{\partial \xi}. \tag{41,5}$$

Das bedeutet, daß die ROUTHsche Funktion eine HAMILTON-Funktion bezüglich der Koordinate q (Gleichung (41,3)) und eine LAGRANGE-Funktion bezüglich der Koordinate ξ (Gleichung (41,5)) darstellt.

Nach der allgemeinen Definition der Energie eines Systems wird

$$E = \dot{q}\frac{\partial L}{\partial \dot{q}} + \dot{\xi}\frac{\partial L}{\partial \dot{\xi}} - L = p\,\dot{q} + \dot{\xi}\frac{\partial L}{\partial \dot{\xi}} - L\,.$$

Durch Einsetzen von (41,1) und (41,4) ergibt sich für die Energie in Abhängigkeit von der ROUTHschen Funktion

$$E = R - \dot{\xi}\frac{\partial R}{\partial \dot{\xi}}. \tag{41,6}$$

Die Verallgemeinerung obiger Formeln auf den Fall, daß mehrere Koordinaten q und ξ vorhanden sind, liegt auf der Hand.

Die Verwendung der ROUTHschen Funktion kann z. B. zweckmäßig sein, wenn zyklische Koordinaten auftreten. Zyklische Koordinaten q gehen in die LAGRANGE-Funktion und damit auch in die ROUTH-Funktion nicht explizit ein, so daß letztere nur von p, ξ, $\dot{\xi}$ abhängt. Die Impulse p, die den zyklischen Koordinaten entsprechen, sind aber konstant (das folgt aus der zweiten Gleichung (41,3), die in diesem Sinne nichts Neues liefert). Nach Ersetzen der Impulse p durch ihre vorgegebenen konstanten Werte gehen die Gleichungen (41,5), d. h.

$$\frac{d}{dt}\frac{\partial R(p, \xi, \dot{\xi})}{\partial \dot{\xi}} = \frac{\partial R\,(p, \xi, \dot{\xi})}{\partial \xi},$$

in Gleichungen über, die nur noch die Koordinaten ξ enthalten, so daß die zyklischen Koordinaten damit vollständig eliminiert sind. Wenn diese Gleichungen gelöst und die Funktionen $\xi(t)$ aufgefunden sind, ergeben sich nach Einsetzen von $\xi(t)$ in die rechte Seite der Gleichungen

$$\dot{q} = \frac{\partial R(p, \xi, \dot{\xi})}{\partial p}$$

die Funktionen $q(t)$ durch direkte Integration.

Aufgabe

Bestimme die ROUTH-Funktion des symmetrischen Kreisels in einem äußeren Feld $U(\varphi, \Theta)$ durch Eliminierung der zyklischen Koordinate ψ (ψ, φ, Θ sind die EULERschen Winkel).

Lösung: Die LAGRANGE-Funktion heißt

$$L = \frac{I_1'}{2}(\dot{\Theta}^2 + \dot{\varphi}^2 \sin^2 \Theta) + \frac{I_3}{2}(\dot{\psi} + \dot{\varphi}\cos\Theta)^2 - U(\varphi, \Theta)$$

(vgl. Aufgabe 1, § 35). Daher ergibt sich als ROUTH-Funktion

$$R = p_\psi \dot{\psi} - L = \frac{p_\psi^2}{2\,I_3} - p_\psi \dot{\varphi}\cos\Theta - \frac{I_1'}{2}(\dot{\Theta}^2 + \dot{\varphi}^2 \sin^2 \Theta) + U(\varphi, \Theta);$$

das erste Glied in diesem Ausdruck ist eine Konstante, die weggelassen werden kann.

§ 42. Die POISSONschen Klammern

Angenommen, $f(p, q, t)$ sei irgendeine Funktion der Koordinaten, der Impulse und der Zeit. Ihre totale zeitliche Ableitung lautet

$$\frac{df}{dt} = \frac{\partial f}{\partial t} + \sum_k \left(\frac{\partial f}{\partial q_k}\dot{q}_k + \frac{\partial f}{\partial p_k}\dot{p}_k\right).$$

Einsetzen der Ausdrücke für $\dot{q}_k$ und $\dot{p}_k$ aus den HAMILTONschen Gleichungen (40,4) liefert

$$\frac{df}{dt} = \frac{\partial f}{\partial t} + \{Hf\}\,, \tag{42,1}$$

wobei die Bezeichnung

$$\{Hf\} = \sum_k \left(\frac{\partial H}{\partial p_k}\frac{\partial f}{\partial q_k} - \frac{\partial H}{\partial q_k}\frac{\partial f}{\partial p_k}\right) \tag{42,2}$$

eingeführt worden ist. Der Ausdruck (42,2) wird als POISSON*sche Klammer* für die Größen H und f bezeichnet.

Funktionen von dynamischen Veränderlichen, die bei der Bewegung eines Systems konstant bleiben, heißen, wie wir wissen, *Bewegungsintegrale*. Aus (42,1) sehen wir, daß man die Bedingung dafür, daß die Größe f ein Bewegungsintegral ist ($df/dt = 0$), in der Form

$$\frac{\partial f}{\partial t} + \{Hf\} = 0 \tag{42,3}$$

schreiben kann. Wenn das Bewegungsintegral nicht explizit von der Zeit abhängt, so wird

$$\{Hf\} = 0\,, \tag{42,4}$$

d. h., seine POISSON-Klammer mit der HAMILTON-Funktion muß verschwinden.

Für zwei beliebige Größen f und g sind die POISSONschen Klammern analog zu (42,2) definiert, nämlich durch

$$\{f\,g\} = \sum_k \left(\frac{\partial f}{\partial p_k}\frac{\partial g}{\partial q_k} - \frac{\partial f}{\partial q_k}\frac{\partial g}{\partial p_k}\right). \tag{42,5}$$

Die POISSONschen Klammern besitzen folgende Eigenschaften, die aus der Definition leicht herzuleiten sind.

Wenn man die Funktionen vertauscht, ändern die Klammern ihr Vorzeichen; wenn eine der Funktionen eine Konstante (c) ist, werden die Klammern zu Null:

$$\{f\,g\} = -\{g\,f\}, \tag{42,6}$$

$$\{f\;c\} = 0. \tag{42,7}$$

Ferner gilt

$$\{f_1 + f_2, g\} = \{f_1\,g\} + \{f_2\,g\}, \tag{42,8}$$

$$\{f_1 f_2, g\} = f_1\{f_2\,g\} + f_2\{f_1\,g\}. \tag{42,9}$$

Durch partielle Ableitung von (42,5) nach der Zeit folgt

$$\frac{\partial}{\partial t}\{f\,q\} = \left\{\frac{\partial f}{\partial t}\,g\right\} + \left\{f\,\frac{\partial g}{\partial t}\right\}. \tag{42,10}$$

Wenn eine der Funktionen f oder g ein Impuls oder eine Koordinate ist, reduzieren sich die POISSONschen Klammern einfach auf partielle Ableitungen, nämlich

$$\{f\,q_k\} = \frac{\partial f}{\partial p_k}, \tag{42,11}$$

$$\{f\,p_k\} = -\frac{\partial f}{\partial q_k}. \tag{42,12}$$

Die Formel (42,11) z. B. erhält man, wenn man in (42,5) $g = q_k$ nimmt; die ganze Summe reduziert sich dabei auf ein einziges Glied, denn es gilt $\frac{\partial q_k}{\partial q_l} = \delta_{kl}$ und $\frac{\partial q_k}{\partial p_l} = 0$. Wenn wir in (42,11) und (42,12) die Funktion f gleich q_i bzw. p_i setzen, erhalten wir

$$\{q_i\,q_k\} = 0, \qquad \{p_i\,p_k\} = 0, \qquad \{p_i\,q_k\} = \delta_{ik}. \tag{42,13}$$

Zwischen den POISSONschen Klammern, die aus drei Funktionen gebildet sind, besteht die Beziehung

$$\{f\{g\,h\}\} + \{g\{h\,f\}\} + \{h\{f\,g\}\} = 0; \tag{42,14}$$

sie heißt JACOBI*sche Identität.*

Zu ihrem Beweis bemerken wir folgendes. Nach der Definition (42,5) sind die POISSONschen Klammern $\{f\,g\}$ bilineare homogene Funktionen der ersten Ableitungen von f und g. Infolgedessen stellt z. B. die Klammer $\{h\{f\,g\}\}$ eine lineare homogene Funktion der zweiten Ableitungen von f und g dar. Die gesamte linke Seite der Gleichung (42,14) ist eine lineare homogene Funktion der zweiten Ableitungen aller drei Funktionen f, g, h. Wir sammeln nun die Glieder, die zweite Ableitungen von f enthalten. In der ersten Klammer kommen keine davon vor, in ihr treten nur die ersten Ableitungen von f auf. Die Summe der zweiten und dritten Klammer schreiben wir in eine symbolische Form um, wobei wir die linearen Differentialoperatoren D_1 und D_2 gemäß

$$D_1(\varphi) = \{g\,\varphi\}\,, \qquad D_2(\varphi) = \{h\,\varphi\}$$

einführen. Dann ergibt sich

$$\begin{aligned}\{g\{h\,f\}\} + \{h\{f\,g\}\} &= \{g\{h\,f\}\} - \{h\{g\,f\}\} \\ &= D_1(D_2(f)) - D_2(D_1(f)) = (D_1 D_2 - D_2 D_1)\,f\,.\end{aligned}$$

Es ist jedoch leicht zu sehen, daß eine solche Kombination von linearen Differentialoperatoren keine zweiten Ableitungen von f enthalten kann. Denn diese linearen Differentialoperatoren haben die allgemeine Form

$$D_1 = \sum_k \xi_k \frac{\partial}{\partial x_k}\,, \quad D_2 = \sum_k \eta_k \frac{\partial}{\partial x_k}\,,$$

wobei ξ_k und η_k beliebige Funktionen der Variablen $x_1, x_2, \ldots$ sind. Daraus folgt

$$\begin{aligned}D_1\,D_2 &= \sum_{k,l} \xi_k\,\eta_l \frac{\partial^2}{\partial x_k\,\partial x_l} + \sum_{k,l} \xi_k \frac{\partial \eta_l}{\partial x_k} \frac{\partial}{\partial x_l}\,, \\ D_2\,D_1 &= \sum_{k,l} \eta_k\,\xi_l \frac{\partial^2}{\partial x_k\,\partial x_l} + \sum_{k,l} \eta_k \frac{\partial \xi_l}{\partial x_k} \frac{\partial}{\partial x_l}\,,\end{aligned}$$

und die Differenz dieser Produkte

$$D_1\,D_2 - D_2\,D_1 = \sum_{k,l} \left(\xi_k \frac{\partial \eta_l}{\partial x_k} - \eta_k \frac{\partial \xi_l}{\partial x_k}\right) \frac{\partial}{\partial x_l}$$

ist wiederum ein Operator, der aber nur erste Ableitungen enthält. Das bedeutet, daß sich auf der linken Seite der Gleichung (42,14) alle Glieder mit zweiten Ableitungen von f gegenseitig aufheben. Da dasselbe offenbar auch für die Funktionen g und h gilt, wird der gesamte Ausdruck identisch gleich Null.

Eine wichtige Eigenschaft der Poissonschen Klammern besteht darin, daß die aus zwei Bewegungsintegralen f und g gebildeten Klammern wiederum ein Bewegungsintegral darstellen, d. h.

$$\{f\,g\} = \text{const} \tag{42,15}$$

(sogenanntes Poisson*sches Theorem*).

Der Beweis dieses Theorems ist sehr einfach, wenn f und g nicht explizit von der Zeit abhängen. Wenn wir in der Jacobischen Identität $h = H$ setzen, erhalten wir

$$\{H\{f\,g\}\} + \{f\{g\,H\}\} + \{g\{H\,f\}\} = 0\,.$$

Hieraus sieht man, daß $\{H\{f\,g\}\} = 0$ aus $\{H\,g\} = 0$ und $\{H\,f\} = 0$ folgt, was zu beweisen war.

Wenn die Bewegungsintegrale f und g explizit von der Zeit abhängen, schreiben wir nach (42,1)

$$\frac{d}{dt}\{f\,g\} = \frac{\partial}{\partial t}\{f\,g\} + \{H\{f\,g\}\}\,.$$

Mit Formel (42,10) und nach Ersetzen der Klammern $\{H\{f\,g\}\}$ durch zwei andere mittels der JACOBIschen Identität ergibt sich

$$\frac{d}{dt}\{f\,g\} = \left\{\frac{\partial f}{\partial t}\,g\right\} + \left\{f\,\frac{\partial g}{\partial t}\right\} - \{f\{g\,H\}\} - \{g\{H\,f\}\}$$

$$= \left\{\frac{\partial f}{\partial t} + \{H\,f\},\,g\right\} + \left\{f,\,\frac{\partial g}{\partial t} + \{H\,g\}\right\}$$

oder

$$\frac{d}{dt}\{f\,g\} = \left\{\frac{df}{dt}\,g\right\} + \left\{f\,\frac{dg}{dt}\right\}, \tag{42,16}$$

woraus der Beweis des POISSONschen Theorems im allgemeinen Fall folgt.

Die Anwendung des POISSONschen Theorems liefert selbstverständlich nicht immer neue Bewegungsintegrale, da deren Anzahl begrenzt ist (es gibt $2\,s - 1$ Stück, wo s die Anzahl der Freiheitsgrade bedeutet). In einigen Fällen kann sich das triviale Resultat ergeben, daß die POISSONschen Klammern auf eine Konstante führen. In anderen Fällen kann sich zeigen, daß das neue Integral einfach eine Funktion der Ausgangsintegrale f und g ist. Wenn weder das eine noch das andere zutrifft, liefern die POISSONschen Klammern ein neues Bewegungsintegral.

Aufgaben

1. Bestimme die POISSONschen Klammern, die aus den kartesischen Komponenten des Impulses $\boldsymbol{p}$ und des Drehimpulses $\boldsymbol{M} = \boldsymbol{r} \times \boldsymbol{p}$ eines Massenpunktes gebildet sind.

Lösung: Mit Hilfe von (42,12) finden wir

$$\{M_x\,p_y\} = -\frac{\partial M_x}{\partial y} = -\frac{\partial}{\partial y}(y\,p_z - z\,p_y) = -p_z$$

und analog die beiden Formeln

$$\{M_x\,p_x\} = 0\,, \qquad \{M_x\,p_z\} = p_y\,.$$

Die übrigen Klammern ergeben sich hieraus durch zyklische Vertauschung der Indizes x, y, z.

2. Bestimme die POISSONschen Klammern, die aus den Komponenten von $\boldsymbol{M}$ gebildet sind.

Lösung: Direkte Ausrechnung nach Formel (42,5) liefert

$$\{M_x\,M_y\} = -M_z\,, \qquad \{M_y\,M_z\} = -M_x\,, \qquad \{M_z\,M_x\} = -M_y\,.$$

Da die Impulse und Koordinaten verschiedener Teilchen voneinander unabhängige Variable darstellen, ist leicht zu sehen, daß die in den Aufgaben 1 und 2 erhaltenen Formeln auch für den Gesamtimpuls und Gesamtdrehimpuls eines beliebigen Teilchensystems gelten.

3. Zeige, daß

$$\{\varphi\, M_z\} = 0$$

gilt, wobei φ eine beliebige skalare Funktion der Koordinaten und des Impulses des Teilchens ist.

Lösung: Eine skalare Funktion kann von den Komponenten der Vektoren $\boldsymbol{r}$ und $\boldsymbol{p}$ nur in den Kombinationen $\boldsymbol{r}^2$, $\boldsymbol{p}^2$, $\boldsymbol{r}\boldsymbol{p}$ abhängen. Infolgedessen gilt

$$\frac{\partial\varphi}{\partial\boldsymbol{r}} = \frac{\partial\varphi}{\partial(\boldsymbol{r}^2)}\, 2\,\boldsymbol{r} + \frac{\partial\varphi}{\partial(\boldsymbol{p}\,\boldsymbol{r})}\,\boldsymbol{p}$$

und das Entsprechende für $\partial\varphi/\partial\boldsymbol{p}$. Die gesuchte Beziehung wird durch direkte Ausrechnung nach Formel (42,5) unter Berücksichtigung der erwähnten Differentiationsregeln verifiziert.

4. Zeige, daß

$$\{\boldsymbol{f}\, M_z\} = \boldsymbol{f} \times \boldsymbol{n}$$

gilt, wobei $\boldsymbol{f}$ eine Vektorfunktion der Koordinaten und des Impulses des Teilchens und $\boldsymbol{n}$ den Einheitsvektor in Richtung der z-Achse darstellt.

Lösung: Der beliebige Vektor $\boldsymbol{f}(\boldsymbol{r},\boldsymbol{p})$ kann in der Form $\boldsymbol{f} = \boldsymbol{r}\,\varphi_1 + \boldsymbol{p}\,\varphi_2 + \boldsymbol{r}\times\boldsymbol{p}\,\varphi_3$ geschrieben werden, wobei φ_1, φ_2, φ_3 skalare Funktionen sind. Die gesuchte Beziehung wird durch direkte Ausrechnung mittels der Formeln (42,9), (42,11), (42,12) und der in Aufgabe 3 angegebenen Formeln verifiziert.

§ 43. Die Wirkung als Funktion der Koordinaten

Bei der Formulierung des Prinzips der kleinsten Wirkung haben wir das Integral

$$S = \int_{t_1}^{t_2} L\, dt \tag{43,1}$$

betrachtet, welches entlang der Bahn zwischen zwei vorgegebenen Lagen $q^{(1)}$ und $q^{(2)}$ genommen wurde, die das System in den gegebenen Zeitpunkten t_1 und t_2 einnimmt. Bei der Variation der Wirkung wurden die Werte dieses Integrals für benachbarte Bahnen mit ein und denselben Werten $q(t_1)$ und $q(t_2)$ verglichen. Nur eine dieser Bahnen entspricht der wirklichen Bewegung, und zwar diejenige, für die das Integral S ein Minimum wird.

Wir wollen nun den Begriff der Wirkung unter einem anderen Gesichtspunkt betrachten. Und zwar werden wir S als eine Größe ansehen, welche die Bewegung auf wahren Bahnen charakterisiert, und die Werte vergleichen, die sie für Bahnen mit gleicher Anfangslage $q(t_1) = q^{(1)}$, aber verschiedenen Endlagen im Zeitpunkt t_2 annimmt. Mit anderen Worten, wir werden das Wirkungsintegral für wirkliche Bahnen als Funktion der Koordinaten der oberen Integrationsgrenze betrachten.

Die Änderung der Wirkung beim Übergang von einer Bahn zu einer benachbarten ist (im Fall eines Freiheitsgrades) durch den Ausdruck (2,5) gegeben, also durch

$$\delta S = \frac{\partial L}{\partial\dot q}\,\delta q\,\Big|_{t_1}^{t_2} + \int_{t_1}^{t_2}\left(\frac{\partial L}{\partial q} - \frac{d}{dt}\frac{\partial L}{\partial\dot q}\right)\delta q\, dt\,.$$

Da die Bahn der wirklichen Bewegung den LAGRANGEschen Gleichungen genügt, verschwindet das hier auftretende Integral. Im ersten Glied nehmen wir an der unteren Grenze $\delta q(t_1) = 0$ an und bezeichnen den Wert $\delta q(t_2)$ einfach mit δq. Ferner ersetzen wir $\partial L/\partial \dot{q}$ durch p und erhalten schließlich $\delta S = p\,\delta q$ oder, im allgemeinen Fall bei beliebig vielen Freiheitsgraden,

$$\delta S = \sum_i p_i\,\delta q_i\,. \tag{43,2}$$

Aus dieser Beziehung folgt, daß die partiellen Ableitungen der Wirkung nach den Koordinaten gleich den entsprechenden Impulsen sind:

$$\frac{\partial S}{\partial q_i} = p_i\,. \tag{43,3}$$

Analog kann man die Wirkung als explizite Funktion der Zeit auffassen, indem man Bahnen betrachtet, welche zu einem gegebenen Zeitpunkt t_1 in der Lage $q^{(1)}$ beginnen, jedoch zu verschiedenen Zeitpunkten $t_2 = t$ in der vorgegebenen Lage $q^{(2)}$ enden. Die in diesem Sinne verstandene partielle Ableitung $\partial S/\partial t$ kann man durch entsprechende Variation des Integrals finden. Es ist jedoch einfacher, die bereits bekannte Formel (43,3) zu benutzen und folgendermaßen zu verfahren.

Nach der Definition der Wirkung ist ihre totale zeitliche Ableitung längs einer Bahn

$$\frac{dS}{dt} = L\,. \tag{43,4}$$

Wenn man andererseits S als Funktion der Koordinaten und der Zeit in dem oben beschriebenen Sinne betrachtet und Formel (43,3) benutzt, erhält man

$$\frac{dS}{dt} = \frac{\partial S}{\partial t} + \sum_i \frac{\partial S}{\partial q_i}\dot{q}_i = \frac{\partial S}{\partial t} + \sum_i p_i\,\dot{q}_i\,.$$

Vergleich beider Ausdrücke liefert

$$\frac{\partial S}{\partial t} = L - \sum_i p_i\,\dot{q}_i$$

und schließlich

$$\frac{\partial S}{\partial t} = -H\,. \tag{43,5}$$

Die Formeln (43,3) und (43,5) lassen sich zusammenfassen in dem Ausdruck

$$dS = \sum_i p_i\,dq_i - H\,dt \tag{43,6}$$

für das totale Differential der Wirkung als Funktion der Koordinaten und der Zeit an der oberen Integrationsgrenze in (43,1). Wir nehmen nun an, daß nicht nur die Koordinaten (und die Zeit) des Endpunktes, sondern auch die des Anfangspunktes variabel sind. Offensichtlich ergibt sich die entsprechende Änderung von S als Differenz der Ausdrücke (43,6) in den beiden Endpunkten, d. h.

$$dS = \sum_i p_i^{(2)} dq_i^{(2)} - H^{(2)} dt^{(2)} - \sum_i p_i^{(1)} dq_i^{(1)} + H^{(1)} dt^{(1)} . \tag{43,7}$$

Diese Beziehung an sich zeigt schon, daß der Endzustand des Systems keine beliebige Funktion des Anfangszustandes sein kann, wie auch immer die äußere Einwirkung auf das System während der Bewegung beschaffen sein mag; es sind nur solche Bewegungen möglich, bei denen der Ausdruck auf der rechten Seite der Gleichung (43,7) ein totales Differential darstellt. Auf diese Weise wird schon allein durch die Existenz des Prinzips der kleinsten Wirkung, unabhängig von der konkreten Form der LAGRANGE-Funktion, die Gesamtheit der möglichen Bewegungen eingeschränkt. Man kann z. B. eine Reihe allgemeiner Gesetzmäßigkeiten (unabhängig von der Form der äußeren Felder) für einen Teilchenstrahl angeben, der von einem festen Raumpunkt ausgesendet wird. Die Untersuchung dieser Gesetzmäßigkeiten ist der Gegenstand der sogenannten geometrischen Optik (siehe Band II).

Es ist interessant, daß die HAMILTONschen Gleichungen aus der Minimumbedingung der Wirkung formal abgeleitet werden können, wenn man letztere nach (43,6) in Integralform schreibt,

$$S = \int \Big(\sum_i p_i \, dq_i - H \, dt \Big) , \tag{43,8}$$

und die Koordinaten und Impulse als unabhängig voneinander zu variierende Größen betrachtet. Wir nehmen der Kürze halber wiederum an, daß im ganzen nur eine Koordinate (und ein Impuls) vorhanden ist. Für die Variation der Wirkung ergibt sich

$$\delta S = \int \left\{ \delta p \, dq + dp \, \delta q - \frac{\partial H}{\partial q} \delta q \, dt - \frac{\partial H}{\partial p} \delta p \, dt \right\} ,$$

und Umwandlung des zweiten Gliedes (partielle Integration) liefert

$$\delta S = \int \delta p \left(dq - \frac{\partial H}{\partial p} dt \right) + p \, \delta q \Big| - \int \delta q \left(dp + \frac{\partial H}{\partial q} dt \right) .$$

An den Integrationsgrenzen ist $\delta q = 0$ zu setzen, so daß das integrierte Glied wegfällt. Der restliche Ausdruck kann bei beliebigen unabhängigen δp und δq nur unter der Bedingung verschwinden, daß die Integranden in beiden Integralen zu Null werden, also

$$dq = \frac{\partial H}{\partial p} dt , \qquad dp = - \frac{\partial H}{\partial q} dt ,$$

d. h., wir erhalten nach Division durch dt die HAMILTONschen Gleichungen.

§ 44. Das Prinzip von MAUPERTUIS

Durch das Prinzip der kleinsten Wirkung ist die Bewegung eines mechanischen Systems vollständig bestimmt; denn durch Lösung der aus diesem Prinzip folgenden Bewegungsgleichungen lassen sich sowohl die Form der Bahn als auch die Zeiten, zu denen ihre Punkte durchlaufen werden, auffinden.

Wenn man sich nur für die Bahnform (und nicht für den zeitlichen Teil des Problems) interessiert, kann man das Prinzip der kleinsten Wirkung in vereinfachter Form formulieren.

Wir nehmen an, daß die LAGRANGE- und mit ihr die HAMILTON-Funktion die Zeit nicht explizit enthält, so daß die Energie des Systems eine Erhaltungsgröße ist: $H(p, q) = E = \text{const.}$

Nach dem Prinzip der kleinsten Wirkung ist die Variation der Wirkung, die durch die Koordinaten des Anfangs- und Endpunktes sowie durch die Anfangs- und Endzeit (t_0 bzw. t genannt) gegeben ist, gleich Null. Wenn wir jedoch die Endzeit t variieren, so sind die Koordinaten des Anfangs- und Endpunktes festgelegt, und wir haben (s. (43,7))

$$\delta S = -H\,\delta t\,. \tag{44,1}$$

Wir vergleichen nun nicht alle virtuellen Bewegungen des Systems, sondern nur solche, die den Erhaltungssatz der Energie befriedigen. Für diese Bahnen können wir H in (44,1) durch eine Konstante E ersetzen, die durch

$$\delta S + E\,\delta t = 0 \tag{44,2}$$

gegeben ist.

Wenn wir die Wirkung in der Form (43,8) schreiben und darin die Funktion H wieder durch die Konstante E ersetzen, erhalten wir

$$S = \int \sum_i p_i\, dq_i - E\,(t - t_0)\,. \tag{44,3}$$

Das erste Glied dieses Ausdruckes

$$S_0 = \int \sum_i p_i\, dq_i \tag{44,4}$$

wird manchmal als *verkürzte Wirkung* bezeichnet. Setzen wir (44,3) in (44,2) ein, finden wir

$$\delta S_0 = 0\,. \tag{44,5}$$

Die verkürzte Wirkung hat also ein Minimum hinsichtlich aller Bahnen, die den Erhaltungssatz der Energie befriedigen und in einem beliebigen Zeitpunkt durch den Endpunkt gehen. Um ein solches Variationsprinzip aufzustellen, muß man zunächst die Impulse und damit den gesamten Integranden in (44,4) durch die Koordinaten q und ihre Differentiale dq ausdrücken. Dazu sind die Gleichungen

$$p_i = \frac{\partial}{\partial \dot{q}_i} L\left(q, \frac{dq}{dt}\right), \tag{44,6}$$

welche die Impulse definieren, und die Gleichung der Energieerhaltung

$$E\left(q, \frac{dq}{dt}\right) = E \tag{44,7}$$

zu benutzen. Wenn wir aus der letzten Gleichung das Differential dt als Funktion der Koordinaten q und ihrer Differentiale dq entnehmen und in die Formel (44,6) einsetzen, so drücken wir dadurch die Impulse durch q und dq aus, wobei die Energie E die Rolle eines Parameters spielt. Das auf diese Weise erhaltene Variationsprinzip bestimmt die Bahn des Systems; es wird gewöhnlich *Prinzip von* MAUPERTUIS genannt (obwohl seine genaue Formulierung von EULER und LAGRANGE stammt).

Die LAGRANGE-Funktion hat gewöhnlich die Form (5,5), d. h.

$$L = \frac{1}{2} \sum_{i,k} a_{ik}(q)\, \dot{q}_i\, \dot{q}_k - U(q)\ ,$$

besteht also aus der Differenz von kinetischer und potentieller Energie. Für diesen Fall wollen wir nun das beschriebene Vorgehen explizit ausführen. Für die Impulse gilt hier

$$p_i = \frac{\partial L}{\partial \dot{q}_i} = \sum_k a_{ik}(q)\, \dot{q}_k$$

und für die Energie

$$E = \frac{1}{2} \sum_{i,k} a_{ik}(q)\, \dot{q}_i\, \dot{q}_k + U(q)\,.$$

Aus der letzten Gleichung folgt

$$dt = \sqrt{\frac{\sum a_{ik}\, dq_i\, dq_k}{2\,(E - U)}}\,, \tag{44,8}$$

und durch Einsetzen in

$$\sum_i p_i\, dq_i = \sum_{i,k} a_{ik} \frac{dq_k}{dt}\, dq_i$$

finden wir die verkürzte Wirkung in der Form

$$S_0 = \int \sqrt{2\,(E - U) \sum_{i,k} a_{ik}\, dq_i\, dq_k}\,. \tag{44,9}$$

Ein einzelner Massenpunkt z. B. hat die kinetische Energie

$$T = \frac{m}{2}\left(\frac{dl}{dt}\right)^2$$

(wobei m die Masse des Teilchens und dl das Bahnelement ist), und das Variationsprinzip zur Bestimmung der Bahnform lautet

$$\delta \int \sqrt{2\,m\,(E - U)}\, dl = 0\,, \tag{44,10}$$

wobei das Integral zwischen zwei vorgegebenen Raumpunkten genommen wird. In dieser Form ist es von JACOBI aufgestellt worden.

Bei der freien Bewegung eines Teilchens wird $U = 0$, und (44,10) liefert das triviale Resultat $\delta \int dl = 0$, d. h., das Teilchen bewegt sich auf dem kürzesten Weg — auf einer Geraden.

Wir kehren nun wieder zu dem Ausdruck (44,3) für die Wirkung zurück und führen diesmal die Variation auch nach dem Parameter E durch;

$$\delta S = \frac{\partial S_0}{\partial E}\,\delta E - (t - t_0)\,\delta E - E\,\delta t.$$

Dies in (44,2) eingesetzt, ergibt

$$\frac{\partial S_0}{\partial E} = t - t_0\,. \tag{44,11}$$

Für die verkürzte Wirkung in der Form (44,9) führt das auf die Beziehung

$$\int \sqrt{\frac{\Sigma\, a_{ik}\, dq_i\, dq_k}{2\,(E - U)}} = t - t_0\,, \tag{44,12}$$

welche nichts anderes als das Integral der Gleichung (44,8) darstellt. Zusammen mit der Bahngleichung bestimmt sie die Bewegung vollständig.

Aufgabe

Leite aus dem Variationsprinzip (44,10) die Differentialgleichung der Bahn ab.

Lösung: Die Variation ergibt

$$\delta \int \sqrt{E - U}\, dl = -\int \left\{ \frac{\partial U}{\partial \boldsymbol{r}} \frac{\delta \boldsymbol{r}}{2\sqrt{E - U}}\, dl - \sqrt{E - U}\, \frac{d\boldsymbol{r}}{dl}\, d\delta\boldsymbol{r} \right\}.$$

Im zweiten Glied ist berücksichtigt worden, daß $dl^2 = d\boldsymbol{r}^2$ und damit $dl\, d\delta l = d\boldsymbol{r}\, d\delta\boldsymbol{r}$ ist; wir führen in diesem Glied eine partielle Integration durch, setzen dann den Koeffizient bei $\delta\boldsymbol{r}$ im Integranden gleich Null und erhalten als Differentialgeichung der Bahn

$$2\sqrt{E - U}\, \frac{d}{dl}\left(\sqrt{E - U}\, \frac{d\boldsymbol{r}}{dl}\right) = -\frac{\partial U}{\partial \boldsymbol{r}}\,.$$

Nach Ausrechnen der Ableitung auf der linken Seite der Gleichung und Einführen der Kraft $\boldsymbol{F} = -\partial U/\partial \boldsymbol{r}$ läßt sich diese Gleichung auf die Form

$$\frac{d^2\boldsymbol{r}}{dl^2} = \frac{\boldsymbol{F} - (\boldsymbol{F}\,\boldsymbol{t})\,\boldsymbol{t}}{2\,(E - U)}$$

bringen, wobei $\boldsymbol{t} = d\boldsymbol{r}/dl$ der Einheitsvektor in Richtung der Bahntangente ist. Die Differenz $\boldsymbol{F} - (\boldsymbol{F}\,\boldsymbol{t})\,\boldsymbol{t}$ gibt die Normalkomponente der Kraft bezüglich der Bahn an. Die Ableitung $d^2\boldsymbol{r}/dl^2 = d\boldsymbol{t}/dl$ ist, wie aus der Differentialgeometrie bekannt, gleich $\boldsymbol{n}/R$, wo R den Krümmungsradius der Bahn und $\boldsymbol{n}$ den Einheitsvektor der Hauptnormalen darstellt. Wenn wir ferner $E - U$ durch $m\,v^2/2$ ersetzen, erhalten wir

$$\boldsymbol{n}\, \frac{m\, v^2}{R} = \boldsymbol{F}_n$$

in Übereinstimmung mit dem bekannten Ausdruck für die Normalbeschleunigung bei Bewegung auf einer gekrümmten Bahn.

§ 45. Kanonische Transformationen

Die Wahl der verallgemeinerten Koordinaten q ist durch keinerlei Bedingungen eingeschränkt; man kann s beliebige Größen verwenden, welche die Lage des Systems im Raum eindeutig bestimmen. Die Form der LAGRANGEschen Gleichungen (2,6) hängt von dieser Wahl nicht ab, und in diesem Sinn kann man sagen, daß die LAGRANGEschen Gleichungen invariant sind gegenüber einer Transformation von den Koordinaten $q_1, q_2, \ldots$ zu beliebigen anderen unabhängigen Größen $Q_1, Q_2, \ldots$ Die neuen Koordinaten Q sind Funktionen der alten Koordinaten q, wobei wir auch die Möglichkeit zulassen wollen, daß diese Funktionen die Zeit explizit enthalten. Es handelt sich also um Transformationen der Form

$$Q_i = Q_i(q, t) \tag{45,1}$$

(sie werden zuweilen *Punkttransformationen* genannt).

Außer den LAGRANGEschen Gleichungen behalten selbstverständlich auch die HAMILTONschen Gleichungen bei der Transformation (45,1) ihre Form. Letztere lassen aber eine noch wesentlich größere Klasse von Transformationen zu. Das hängt natürlich damit zusammen, daß in der HAMILTONschen Methode die Impulse p neben den Koordinaten q die Rolle gleichberechtigter unabhängiger Veränderlicher spielen. Infolgedessen kann der Begriff der Transformation dahin erweitert werden, daß er die Transformation aller $2s$ unabhängigen Veränderlichen p und q zu neuen Veränderlichen P und Q nach den Formeln

$$Q_i = Q_i(p, q, t)\,, \qquad P_i = P_i(p, q, t) \tag{45,2}$$

umfaßt. Diese Erweiterung der Klasse der zugelassenen Transformationen stellt einen der wesentlichsten Vorteile der HAMILTONschen Methode der Mechanik dar.

Die Bewegungsgleichungen behalten jedoch nicht bei beliebigen Transformationen (45,2) ihre kanonische Form. Wir wollen nun die Bedingungen ableiten, denen die Transformation genügen muß, damit die Bewegungsgleichungen in den neuen Veränderlichen P und Q die Form

$$\dot{Q}_i = \partial H'/\partial P_i\,, \qquad \dot{P}_i = -\,\partial H'/\partial Q_i \tag{45,3}$$

mit einer neuen HAMILTON-Funktion $H'(P, Q)$ haben. Unter solchen Transformationen sind die sogenannten *kanonischen* Transformationen besonders wichtig.

Zu den Formeln für die kanonischen Transformationen kann man auf folgendem Weg gelangen. Am Ende von § 43 war gezeigt worden, daß man die HAMILTONschen Gleichungen aus dem Prinzip der kleinsten Wirkung erhalten kann, wenn man es in der Form

$$\delta \int \Big(\sum_i p_i \, dq_i - H \, dt \Big) = 0 \tag{45,4}$$

darstellt (wobei alle Koordinaten und Impulse unabhängig voneinander variiert werden). Damit die neuen Veränderlichen P und Q ebenfalls den HAMILTONschen Gleichungen genügen, muß auch für sie das Prinzip der kleinsten Wirkung

$$\delta \int \Big(\sum_i P_i \, dQ_i - H' \, dt \Big) = 0 \tag{45,5}$$

gelten. Die beiden Prinzipien (45,4) und (45,5) sind aber nur unter der Bedingung einander äquivalent, daß sich ihre Integranden höchstens um ein totales Differential einer Funktion F der Koordinaten, der Impulse und der Zeit voneinander unterscheiden; denn dann ist der Unterschied zwischen beiden Integralen belanglos, da die Variation einer Konstanten (der Differenz der Werte von F an den Integrationsgrenzen) verschwindet. Infolgedessen muß gelten:

$$\sum_i p_i \, dq_i - H \, dt = \sum_i P_i \, dQ_i - H' \, dt + dF \, .$$

Veränderliche, die diese Forderung erfüllen, nennt man auch kanonisch[1]). Jede kanonische Transformation ist durch ihre Funktion F charakterisiert, die erzeugende Funktion der Transformation heißt.

Aus der letzten Gleichung, umgeschrieben in

$$dF = \sum p_i \, dq_i - \sum P_i \, dQ_i + (H' - H) \, dt \, , \tag{45,6}$$

folgt

$$p_i = \frac{\partial F}{\partial q_i} \, , \qquad P_i = - \frac{\partial F}{\partial Q_i} \, , \qquad H' = H + \frac{\partial F}{\partial t} \, ; \tag{45,7}$$

hierbei ist angenommen, daß die erzeugende Funktion von den alten und den neuen Koordinaten (und von der Zeit) abhängt: $F = F(q, Q, t)$. Für eine gegebene Funktion F stellen die Formeln (45,7) die Verbindung zwischen den alten (p, q) und den neuen (P, Q) Veränderlichen dar und liefern außerdem den Ausdruck für die neue HAMILTON-Funktion.

Es kann sich als zweckmäßig erweisen, die erzeugende Funktion nicht durch die Variablen q und Q, sondern durch die alten Koordinaten q und die neuen Impulse P auszudrücken. Zur Ableitung der Formeln der kanonischen Transformationen muß man in diesem Fall in der Beziehung (45,6) die entsprechende LEGENDRE-Transformation durchführen. Dazu schreiben wir (45,6) als

$$d \Big(F + \sum P_i \, Q_i\Big) = \sum p_i \, dq_i + \sum Q_i \, dP_i + (H' - H) \, dt \, .$$

Der Ausdruck unter dem Differentialzeichen auf der linken Seite stellt als Funktion der Veränderlichen q und P die neue erzeugende Funktion dar. Wir

---

1) Wir weisen darauf hin, daß außer kanonischen Transformationen auch solche Transformationen die kanonische Form invariant lassen, bei denen sich die Integranden in (45,4) und (45,5) nur um einen konstanten Faktor unterscheiden. Ein Beispiel ist die Transformation $P_i = a \, p_i$, $Q_i = q_i$, $H' = a \, H$, wobei a eine willkürliche Konstante ist.

bezeichnen sie mit $\Phi(q, P, t)$ und erhalten[1])

$$p_i = \frac{\partial \Phi}{\partial q_i}, \qquad Q_i = \frac{\partial \Phi}{\partial P_i}, \qquad H' = H + \frac{\partial \Phi}{\partial t}. \tag{45,8}$$

Auf analoge Weise kann man zu Formeln für kanonische Transformationen gelangen, deren erzeugende Funktionen von der Veränderlichen p und Q oder p und P abhängen.

Wir weisen darauf hin, daß zwischen der neuen und der alten HAMILTON-Funktion stets der gleiche Zusammenhang besteht: Die Differenz $H' - H$ ergibt sich als partielle zeitliche Ableitung der erzeugenden Funktion. Wenn letztere nicht von der Zeit abhängt, wird $H' = H$. In diesem Fall findet man die neue HAMILTON-Funktion einfach so, daß man in H die Größen p und q, ausgedrückt durch die neuen Veränderlichen P und Q, einsetzt.

Durch die große Allgemeinheit der kanonischen Transformationen geht bei der HAMILTONschen Methode der ursprüngliche Sinn der Begriffe verallgemeinerter Koordinaten und Impulse fast völlig verloren. Da die Transformationen (45,2) jede der Größen P und Q sowohl mit den Koordinaten q als auch mit den Impulsen p verknüpfen, haben die Variablen Q schon nicht mehr die Bedeutung reiner Raumkoordinaten. Der Unterschied zwischen beiden Gruppen von Veränderlichen wird im Grunde zu einer Frage der Nomenklatur. Das tritt besonders anschaulich z. B. bei der Transformation $Q_i = p_i$, $P_i = -q_i$[2]) zu Tage, welche offenbar nicht die kanonische Form der Gleichungen ändert und einfach zu einer wechselseitigen Umbenennung von Koordinaten und Impulsen führt.

Da die Bedeutung der Benennungen also ziemlich verwaschen ist, werden die Veränderlichen p und q in der HAMILTONschen Methode oft einfach als *kanonisch konjugierte Größen* bezeichnet.

Die Bedingung für kanonische Konjugation läßt sich mit Hilfe der POISSONschen Klammern ausdrücken. Dazu beweisen wir zunächst ein allgemeines Theorem über die Invarianz der POISSONschen Klammern gegenüber kanonischen Transformationen.

Angenommen, $\{f\,g\}_{p,q}$ seien die POISSONschen Klammern der Größen f und g, wobei nach den Veränderlichen p und q differenziert wird, und $\{f\,g\}_{P,Q}$ seien die POISSONschen Klammern derselben Größe, wobei nach den kanonischen Veränderlichen P und Q differenziert wird. Dann gilt

$$\{f\,g\}_{p,q} = \{f\,g\}_{P,Q}\,. \tag{45,9}$$

---

[1]) Wir erwähnen, daß eine erzeugende Funktion der Form

$$\Phi = \sum_i f_i(q, t)\, P_i$$

(f_i sind beliebige Funktionen) zu einer Transformation führt, bei der die neuen Koordinaten durch $Q_i = f_i(q, t)$ gegeben sind, also nur von den alten Koordinaten (aber nicht von den Impulsen) abhängen. Diese sind Punkttransformationen, welche natürlich einen Spezialfall der kanonischen Transformationen darstellen.

[2]) Ihr entspricht die erzeugende Funktion $F = \sum_i q_i\, Q_i$.

Von der Richtigkeit dieser Beziehung kann man sich durch direkte Ausrechnung unter Benutzung der Formeln der kanonischen Transformation überzeugen. Die Rechnungen lassen sich jedoch mit Hilfe folgender Überlegungen umgehen. Zunächst bemerken wir, daß die Zeit in den kanonischen Transformationen (45,7) oder (45,8) die Rolle eines Parameters spielt. Wenn wir also das Theorem (45,9) für Größen beweisen, die nicht explizit von der Zeit abhängen, so wird es auch im allgemeinen Fall gelten. Wir wollen nun ganz formal die Größe g als HAMILTON-Funktion irgendeines fiktiven Systems betrachten. Dann wird nach Formel (42,1) $\{fg\}_{p,q} = -df/dt$. Die Ableitung df/dt kann aber nur von den Eigenschaften der Bewegung (unseres fiktiven Systems) an sich abhängen, nicht aber von der Wahl der Veränderlichen. Infolgedessen können sich auch die POISSONschen Klammern $\{fg\}$ beim Übergang zu neuen kanonischen Variablen nicht ändern.

Aus den Formeln (42,13) und dem Theorem (45,9) erhalten wir

$$\{Q_i\, Q_k\}_{p,q} = 0\,, \qquad \{P_i\, P_k\}_{p,q} = 0\,, \qquad \{P_i\, Q_k\}_{p,q} = \delta_{ik}\,. \tag{45,10}$$

Das sind die mit Hilfe der POISSONschen Klammern geschriebenen Bedingungen, denen die neuen Veränderlichen genügen müssen, damit die Transformation $p, q \to P, Q$ kanonisch ist.

Es ist interessant zu bemerken, daß man die Änderung der Größen p und q bei der Bewegung selbst als kanonische Transformation ansehen kann. Der Sinn dieser Behauptung besteht in folgendem: q_t, p_t seien die Werte der kanonischen Variablen zum Zeitpunkt t und $q_{t+\tau}$, $p_{t+\tau}$ ihre Werte zu einem anderen Zeitpunkt $t+\tau$. Letztere sind Funktionen von ersteren (und von der Größe des Intervalls als Parameter), d. h.

$$q_{t+\tau} = q\,(q_t\,, p_t\,, t, \tau)\,, \qquad p_{t+\tau} = p\,(q_t\,, p_t\,, t, \tau)\,.$$

Wenn man diese Formeln als Transformation von den Veränderlichen q_t, p_t zu den Veränderlichen $q_{t+\tau}$, $p_{t+\tau}$ betrachtet, so wird diese Transformation eine kanonische. Das ist aus dem Ausdruck $dS = \sum (p_{t+\tau}\, dq_{t+\tau} - p_t dq_t) - (H_{t+\tau} - H_t)\, dt$ für das Differential der Wirkung $S\,(q_{t+\tau}, q_t\,, t)$, genommen längs der wahren Trajektorie, die zu den gegebenen Zeitpunkten t und $t+\tau$ durch die Punkte q_t und $q_{t+\tau}$ geht, klar ersichtlich (siehe (43,7)). Der Vergleich dieser Formel mit (45,6) zeigt, daß $-S$ die erzeugende Funktion der Transformation ist.

§ 46. LIOUVILLEscher Satz

Zur geometrischen Interpretation mechanischer Erscheinungen wird häufig der Begriff des sogenannten *Phasenraumes* benutzt, eines Raumes mit $2s$ Dimensionen, auf dessen Koordinatenachsen die Werte der s verallgemeinerten Koordinaten und der s Impulse des gegebenen mechanischen Systems abgetragen werden. Jeder Punkt dieses Raumes entspricht einem bestimmten Zustand des

Systems. Bei einer Bewegung des Systems beschreibt der Punkt, der das System darstellt, eine entsprechende Kurve im Phasenraum, die sogenannte Phasenbahn.

Das Produkt der Differentiale

$$d\Gamma = dq_1 \ldots dq_s\, dp_1 \ldots dp_s$$

kann als „Volumenelement“ des Phasenraumes angesehen werden. Wir betrachten nun das Integral $\int d\Gamma$, das über einen gewissen Bereich des Phasenraumes genommen ist und dessen Rauminhalt darstellt. Wir wollen zeigen, daß diese Größe Invarianzeigenschaften unter kanonischen Transformationen besitzt: Wenn man eine kanonische Transformation von der Veränderlichen p, q zu den Veränderlichen P, Q vornimmt, sind die Volumina der sich entsprechenden Gebiete der Räume p, q und P, Q einander gleich, d. h.

$$\int \ldots \int dq_1 \ldots dq_s\, dp_1 \ldots dp_s = \int \ldots \int dQ_1 \ldots dQ_s\, dP_1 \ldots dP_s\,. \tag{46,1}$$

Eine Variablentransformation in einem Mehrfachintegral wird bekanntlich nach der Formel

$$\int \ldots \int dQ_1 \ldots dQ_s\, dP_1 \ldots dP_s = \int \ldots \int D\, dq_1 \ldots dq_s\, dp_1 \ldots dp_s$$

durchgeführt, wobei

$$D = \frac{\partial(Q_1, \ldots, Q_s, P_1, \ldots, P_s)}{\partial(q_1, \ldots, q_s, p_1, \ldots, p_s)} \tag{46,2}$$

die sogenannte Funktionaldeterminante der Transformation ist. Infolgedessen führt der Beweis des Theorems (46,1) darauf hinaus, zu zeigen, daß die Funktionaldeterminante einer beliebigen kanonischen Transformation gleich Eins ist:

$$D = 1\,. \tag{46,3}$$

Wir benutzen die bekannte Eigenschaft der Funktionaldeterminante, nach der man sie in gewissem Sinne wie einen Bruch behandeln darf. „Division von Zähler und Nenner“ durch $\partial(q_1, \ldots, q_s, P_1, \ldots, P_s)$ liefert

$$D = \frac{\partial(Q_1, \ldots, Q_s, P_1, \ldots, P_s)}{\partial(q_1, \ldots, q_s, P_1, \ldots, P_s)} \bigg/ \frac{\partial(q_1, \ldots, q_s, p_1, \ldots, p_s)}{\partial(q_1, \ldots, q_s, P_1, \ldots, P_s)}\,.$$

Nach einer anderen bekannten Regel reduziert sich eine Funktionaldeterminante, in der in „Zähler“ und „Nenner“ gleiche Größen auftreten, auf eine solche mit einer kleineren Anzahl von Veränderlichen, wobei für sämtliche Differentiationen die ausgefallenen gleichen Größen als Konstante anzusehen sind. Infolgedessen gilt

$$D = \left\{\frac{\partial(Q_1, \ldots, Q_s)}{\partial(q_1, \ldots, q_s)}\right\}_{P=\text{const}} \bigg/ \left\{\frac{\partial(p_1, \ldots, p_s)}{\partial(P_1, \ldots, P_s)}\right\}_{q=\text{const}}\,. \tag{46,4}$$

Wir betrachten nun die Funktionaldeterminante im Zähler dieses Ausdrucks. Definitionsgemäß ist dies eine Determinante der Ordnung s, die aus den Elementen $\partial Q_i/\partial q_k$ besteht (Element im Schnittpunkt der i-ten Zeile und k-ten Spalte). Wir stellen nun die kanonische Transformation mit Hilfe der erzeugenden Funktion $\Phi(q, P)$ in der Form (45,8) dar und erhalten

$$\frac{\partial Q_i}{\partial q_k} = \frac{\partial^2 \Phi}{\partial q_k \, \partial P_i}.$$

Auf dieselbe Weise finden wir, daß das Element (i, k) der Determinante im Nenner von (46,4) gleich $\partial^2\Phi/\partial q_i \, \partial P_k$ ist. Das bedeutet, daß sich die beiden Determinanten nur durch Vertauschung der Zeilen und Spalten voneinander unterscheiden. Sie sind infolgedessen gleich, so daß das Verhältnis (46,4) Eins wird, was zu beweisen war.

Wir wollen uns nun vorstellen, daß sich jeder Punkt eines gegebenen Bereichs des Phasenraumes mit der Zeit so verschiebt, wie es den Bewegungsgleichungen des betrachteten mechanischen Systems entspricht. Es wird sich also auch der gesamte Bereich verschieben. Dabei bleibt sein Volumen unverändert:

$$\int d\Gamma = \text{const}\,. \tag{46,5}$$

Diese Behauptung (der sogenannte LIOUVILLE*sche Satz*) folgt unmittelbar aus der Invarianz des Phasenraumvolumens bei kanonischen Transformationen und daraus, daß man die Änderung der p und q selbst bei der Bewegung als kanonische Transformation ansehen kann (wie am Ende des vorhergehenden Paragraphen gezeigt wurde).

Ganz analog läßt sich die Invarianz der Integrale

$$\int\int \sum_i dq_i \, dp_i \,,$$

$$\int\int\int\int \sum_{i \neq k} dq_i \, dp_i \, dq_k \, dp_k \,,$$

$$\dots\dots\dots\dots\dots,$$

beweisen, in denen die Integration über vorgegebene zwei-, vier-, usw. -dimensionale Gesamtheiten im Phasenraum durchgeführt wird.

§ 47. Die HAMILTON-JACOBIsche Differentialgleichung

In § 43 war der Begriff der Wirkung als Funktion der Koordinaten und der Zeit eingeführt worden. Wir hatten gezeigt, daß die partielle zeitliche Ableitung der Funktion $S(q, t)$ mit der HAMILTON-Funktion durch die Beziehung

$$\frac{\partial S}{\partial t} + H(q, p, t) = 0$$

verknüpft ist und daß ihre partiellen Ableitungen nach den Koordinaten mit den Impulsen zusammenfallen. Wenn wir dementsprechend die Impulse p in der HAMILTON-Funktion durch die Ableitungen $\partial S/\partial q$ ersetzen, erhalten wir die Gleichung

$$\frac{\partial S}{\partial t} + H\left(q_1, \ldots, q_s; \frac{\partial S}{\partial q_1}, \ldots, \frac{\partial S}{\partial q_s}; t\right) = 0\,, \tag{47,1}$$

der die Funktion $S(q, t)$ genügen muß. Dies ist eine partielle Differentialgleichung erster Ordnung und heißt HAMILTON-JACOBI*sche Differentialgleichung*.

Neben den LAGRANGEschen und den kanonischen Gleichungen stellt auch die HAMILTON-JACOBIsche Differentialgleichung die Grundlage einer allgemeinen Methode zur Integration der Bewegungsgleichungen dar. Indem wir nun zur Darlegung dieser Methode übergehen, erinnern wir zunächst daran, daß jede partielle Differentialgleichung erster Ordnung eine Lösung hat, die von einer beliebigen Funktion abhängt; eine solche Lösung heißt allgemeines Integral der Gleichung. In den mechanischen Anwendungen spielt die Hauptrolle jedoch nicht das allgemeine Integral der HAMILTON-JACOBIschen Differentialgleichung, sondern das sogenannte *vollständige Integral.* Damit ist eine Lösung einer partiellen Differentialgleichung gemeint, die gerade so viele unabhängige beliebige Konstanten enthält, wie unabhängige Veränderliche vorhanden sind.

In der HAMILTON-JACOBIschen Differentialgleichung treten die Zeit und die Koordinaten als unabhängige Variable auf. Infolgedessen muß das vollständige Integral dieser Gleichung für ein System mit s Freiheitsgraden $s + 1$ freie Konstanten enthalten. Da von der Funktion S in der Differentialgleichung nur die Ableitungen vorkommen, ist eine der freien Konstanten additiv, d. h., das vollständige Integral der HAMILTON-JACOBIschen Differentialgleichung hat die Form

$$S = f(t, q_1, \ldots, q_s, \alpha_1, \ldots, \alpha_s) + A\,, \tag{47,2}$$

wo $\alpha_1, \ldots, \alpha_s$ und A die freien Konstanten darstellen.[1])

[1]) Obwohl wir das allgemeine Integral der HAMILTON-JACOBIschen Differentialgleichung nicht brauchen, wollen wir doch darauf hinweisen, daß man es finden kann, wenn das vollständige Integral bekannt ist. Zu diesem Zweck sehen wir die Größe A als beliebige Funktion der übrigen Konstanten an:

$$S = f(t, q_1, \ldots, q_s, \alpha_1, \ldots, \alpha_s) + A(\alpha_1, \ldots, \alpha_s)\,.$$

Wenn wir hier nun die Größen α_i durch Funktionen der Koordinaten und der Zeit ersetzen, welche sich aus den s Bedingungen

$$\frac{\partial S}{\partial \alpha_i} = 0$$

ergeben, so erhalten wir das allgemeine Integral, das von der Form der freien Funktion $A(\alpha_1, \ldots, \alpha_s)$ abhängt; denn für die so bestimmte Funktion S gilt

$$\frac{\partial S}{\partial q_i} = \left(\frac{\partial S}{\partial q_i}\right)_\alpha + \sum_k \left(\frac{\partial S}{\partial \alpha_k}\right)_q \frac{\partial \alpha_k}{\partial q_i} = \left(\frac{\partial S}{\partial q_i}\right)_\alpha .$$

Die Größen $(\partial S/\partial q_i)_\alpha$ genügen aber der HAMILTON-JACOBIschen Differentialgleichung, da die Funktion $S(t, q; \alpha)$ laut Voraussetzung ein vollständiges Integral dieser Gleichung darstellt. Infolgedessen genügen ihr auch die Ableitungen $\partial S/\partial q_i$.

Wir wollen nun den Zusammenhang zwischen dem vollständigen Integral der HAMILTON-JACOBIschen Differentialgleichung und der uns interessierenden Lösung der Bewegungsgleichungen klären. Dazu führen wir eine kanonische Transformation von den Größen q, p zu neuen Variablen durch, wobei wir $f(t, q, \alpha)$ als erzeugende Funktion und die $\alpha_1, \alpha_2, \ldots, \alpha_s$ als neue Impulse wählen. Die neuen Koordinaten bezeichnen wir mit $\beta_1, \beta_2, \ldots, \beta_s$. Da die erzeugende Funktion von den alten Koordinaten und den neuen Impulsen abhängt, müssen wir die Formel (45,8) anwenden und bekommen

$$p_i = \frac{\partial f}{\partial q_i}, \qquad \beta_i = \frac{\partial f}{\partial \alpha_i}, \qquad H' = H + \frac{\partial f}{\partial t}.$$

Da die Funktion f der HAMILTON-JACOBIschen Differentialgleichung genügt, verschwindet die neue HAMILTON-Funktion identisch:

$$H' = H + \frac{\partial f}{\partial t} = H + \frac{\partial S}{\partial t} = 0\,.$$

Infolgedessen nehmen die kanonischen Gleichungen für die neuen Variablen die Form $\dot{\alpha}_i = 0$, $\dot{\beta}_i = 0$ an, woraus folgt

$$\alpha_i = \text{const}\,, \qquad \beta_i = \text{const}\,. \tag{47,3}$$

Andererseits geben die Gleichungen

$$\frac{\partial f}{\partial \alpha_i} = \beta_i$$

die Möglichkeit, die s Koordinaten q durch die Zeit und die $2\,s$ Konstanten α und β auszudrücken. Auf diese Weise finden wir das allgemeine Integral der Bewegungsgleichungen.

Zur Lösung des Bewegungsproblems eines mechanischen Systems nach der HAMILTON-JACOBIschen Methode sind demnach folgende Operationen auszuführen.

Mit der HAMILTON-Funktion wird die HAMILTON-JACOBIsche Differentialgleichung aufgestellt und ihr vollständiges Integral (47,2) bestimmt. Dessen Ableitungen nach den freien Konstanten α werden neuen Konstanten β gleichgesetzt, wodurch ein System von s algebraischen Gleichungen entsteht, nämlich

$$\frac{\partial S}{\partial \alpha_i} = \beta_i\,. \tag{47,4}$$

Die Lösung dieses Systems liefert die Koordinaten q als Funktionen der Zeit und der $2\,s$ freien Konstanten. Schließlich ergibt sich die Abhängigkeit der Impulse von der Zeit aus den Gleichungen $p_i = \partial f/\partial q_i$.

Wenn man ein unvollständiges Integral der HAMILTON-JACOBIschen Differentialgleichung kennt, das von weniger als s freien Konstanten abhängt, so läßt sich zwar mit seiner Hilfe das allgemeine Integral der Bewegungsgleichungen nicht direkt bestimmen, wohl aber etwas leichter finden. Wenn z. B. eine Funktion S bekannt ist, die eine freie Konstante α enthält, so liefert die Beziehung

$$\frac{\partial S}{\partial \alpha} = \text{const}$$

eine Gleichung, welche $q_1, \ldots, q_s$ und t miteinander verknüpft.[1])

Die HAMILTON-JACOBIsche Differentialgleichung nimmt eine etwas einfachere Form an, wenn in der Funktion H die Zeit explizit nicht vorkommt, d. h., wenn man es mit einem konservativen System zu tun hat. Die Abhängigkeit der Wirkung von der Zeit reduziert sich hierbei auf den Summanden $-E\,t$:

$$S = S_0(q) - E\,t \tag{47,5}$$

(s. § 44), und Einsetzen in (47,1) liefert für die verkürzte Wirkung $S_0(q)$ die HAMILTON-JACOBIsche Differentialgleichung in der Form

$$H\left(q_1, \ldots, q_s; \frac{\partial S_0}{\partial q_1}, \ldots, \frac{\partial S_0}{\partial q_s}\right) = E\,. \tag{47,6}$$

§ 48. Separation der Variablen

In einer Reihe wichtiger Fälle kann das vollständige Integral der HAMILTON-JACOBIschen Differentialgleichung mit Hilfe der sogenannten *Separation der Variablen* aufgefunden werden. Diese Methode besteht in folgendem:

Angenommen, eine der Koordinaten — wir bezeichnen sie mit q_1 — und die entsprechende Ableitung $\partial S/\partial q_1$ gehen in die HAMILTON-JACOBIsche Differentialgleichung nur in einer Kombination $\varphi\left(q_1, \frac{\partial S}{\partial q_1}\right)$ ein, die keine anderen Koordinaten (auch nicht die Zeit) und Ableitungen enthält, so daß die Gleichung lautet:

$$\Phi\left\{q_i, t, \frac{\partial S}{\partial q_i}, \frac{\partial S}{\partial t}, \varphi\left(q_1, \frac{\partial S}{\partial q_1}\right)\right\} = 0\,, \tag{48,1}$$

wo q_i die Gesamtheit aller Koordinaten mit Ausnahme von q_1 bezeichnet.

Wir werden in diesem Fall die Lösung in Form einer Summe suchen:

$$S = S'(q_i, t) + S_1(q_1)\,. \tag{48,2}$$

Einsetzen dieses Ausdruckes in Gleichung (48,1) liefert

$$\Phi\left\{q_i, t, \frac{\partial S'}{\partial q_i}, \frac{\partial S'}{\partial t}, \varphi\left(q_1, \frac{dS_1}{dq_1}\right)\right\} = 0\,. \tag{48,3}$$

Wir nehmen nun an, daß die Lösung (48,2) bereits gefunden ist. Dann muß Gleichung (48,3) nach Einsetzen von (48,2) zu einer Identität werden, die für jeden Wert der Koordinate q_1 gilt. Eine Änderung von q_1 wirkt sich aber nur

---

[1]) Man hat dann bei der weiteren Lösung eine unabhängige Variable weniger zu berücksichtigen.

auf die Funktion φ aus; weil nun die Gleichung (48,3) identisch erfüllt ist, muß die Funktion φ selbst eine Konstante sein. Damit zerfällt (48,3) in zwei Gleichungen, nämlich

$$\varphi\left(q_1, \frac{dS_1}{dq_1}\right) = \alpha_1 , \tag{48,4}$$

$$\Phi\left\{q_i, t, \frac{\partial S'}{\partial q_i}, \frac{\partial S'}{\partial t}, \alpha_1\right\} = 0 , \tag{48,5}$$

wo α_1 eine freie Konstante bedeutet. Die erste von ihnen ist eine gewöhnliche Differentialgleichung, aus der sich die Funktion $S_1(q_1)$ durch gewöhnliche Integration bestimmen läßt. Danach stellt die zweite Gleichung eine partielle Differentialgleichung mit einer schon um Eins kleineren Anzahl unabhängiger Variablen dar.

Wenn man auf diese Weise sämtliche s Koordinaten und die Zeit sukzessive abtrennen kann, reduziert sich die Bestimmung des vollständigen Integrals der Hamilton-Jacobischen Differentialgleichung auf Quadraturen. Im Fall eines konservativen Systems handelt es sich faktisch nur um die Separation von s Variablen (Koordinaten) in Gleichung (47,6), und bei vollständiger Separation lautet das gesuchte Integral

$$S = \sum_k S_k(q_k; \alpha_1, \ldots, \alpha_s) - E(\alpha_1, \ldots, \alpha_s)\, t , \tag{48,6}$$

wobei jede der Funktionen S_k nur von einer einzigen Koordinate abhängt; die Energie E als Funktion der freien Konstanten $\alpha_1, \ldots, \alpha_s$ ergibt sich durch Einsetzen von $S_0 = \sum S_k$ in Gleichung (47,6).

Um einen Sonderfall der Separation handelt es sich bei Vorhandensein einer zyklischen Variablen q_1. Diese geht nicht explizit in die Hamilton-Funktion und damit auch nicht in die Hamilton-Jacobische Differentialgleichung ein. Die Funktion $\varphi\left(q_1, \dfrac{\partial S}{\partial q_1}\right)$ reduziert sich hier einfach auf $\partial S/\partial q_1$; Gleichung (48,4) liefert dann $S_1 = \alpha_1 q_1$, und damit wird

$$S = S'(q_i, t) + \alpha_1 q_1 . \tag{48,7}$$

Die Konstante α_1 stellt hierbei nichts anderes als den konstanten Wert des Impulses $p_1 = \partial S/\partial q_1$ dar, welcher der zyklischen Koordinate zugeordnet ist. Wir weisen darauf hin, daß die Abtrennung der Zeit im Summanden $-E\,t$ bei konservativen Systemen einer Separation der „zyklischen Variablen" t entspricht.

Auf diese Weise werden alle früher betrachteten Fälle einer Vereinfachung der Integration der Bewegungsgleichungen durch Benutzung zyklischer Variablen von der Methode der Separation der Variablen in der Hamilton-Jacobischen Differentialgleichung erfaßt. Hinzu kommt noch eine Reihe von Fällen, in denen die Separation der Variablen möglich ist, obwohl die Koordinaten nicht zyklisch sind. Das alles führt dazu, daß die HAMILTON-JACOBIsche Methode das mächtigste Instrument zur Auffindung der allgemeinen Lösung der Bewegungsgleichungen darstellt.

Für die Separation der Variablen in der HAMILTON-JACOBIschen Differentialgleichung ist eine zweckmäßige Wahl der Koordinaten wesentlich. Wir wollen einige Beispiele für die Separation der Variablen in verschiedenen Koordinatensystemen betrachten, die von physikalischem Interesse sein können, wenn es sich um Bewegungsprobleme eines Massenpunktes in verschiedenen äußeren Feldern handelt.

1. *Kugelkoordinaten.* In diesen Koordinaten (r, Θ, φ) lautet die HAMILTON-Funktion

$$H = \frac{1}{2m}\left(p_r^2 + \frac{p_\Theta^2}{r^2} + \frac{p_\varphi^2}{r^2 \sin^2 \Theta}\right) + U(r, \Theta, \varphi)\,,$$

und Separation der Variablen ist möglich, wenn gilt

$$U = a(r) + \frac{b(\Theta)}{r^2} + \frac{c(\varphi)}{r^2 \sin^2 \Theta}\,,$$

wobei $a(r)$, $b(\Theta)$, $c(\varphi)$ beliebige Funktionen darstellen. Das letzte Glied in diesem Ausdruck wird kaum von physikalischem Interesse sein; darum betrachten wir das Feld

$$U = a(r) + \frac{b(\Theta)}{r^2}\,. \tag{48,8}$$

In diesem Fall heißt die HAMILTON-JACOBIsche Differentialgleichung für die Funktion S_0

$$\frac{1}{2m}\left(\frac{\partial S_0}{\partial r}\right)^2 + a(r) + \frac{1}{2m\,r^2}\left[\left(\frac{\partial S_0}{\partial \Theta}\right)^2 + 2m\,b(\Theta)\right] + \frac{1}{2m\,r^2 \sin^2 \Theta}\left(\frac{\partial S_0}{\partial \varphi}\right)^2 = E\,.$$

Indem wir berücksichtigen, daß die Koordinate φ zyklisch ist, suchen wir die Lösung in der Form

$$S_0 = p_\varphi\, \varphi + S_1(r) + S_2(\Theta)\,.$$

Für die Funktionen $S_1(r)$ und $S_2(\Theta)$ erhalten wir dann die Gleichungen

$$\left(\frac{dS_2}{d\Theta}\right)^2 + 2m\,b(\Theta) + \frac{p_\varphi^2}{\sin^2 \Theta} = \beta\,,$$

$$\frac{1}{2m}\left(\frac{dS_1}{dr}\right)^2 + a(r) + \frac{\beta}{2m\,r^2} = E\,.$$

Ihre Integration liefert schließlich

$$S = -E\,t + p_\varphi \varphi + \int \sqrt{\beta - 2m\,b(\Theta) - \frac{p_\varphi^2}{\sin^2 \Theta}}\,d\Theta + \int \sqrt{2m\,[E - a(r)] - \frac{\beta}{r^2}}\,dr\,. \tag{48,9}$$

Die freien Konstanten sind hier p_φ, β, E; indem wir die Ableitungen nach diesen Konstanten neuen Konstanten gleichsetzen, finden wir die allgemeine Lösung der Bewegungsgleichungen.

2. *Parabolische Koordinaten.* Der Übergang von zylindrischen Koordinaten (die wir in diesem Paragraphen mit ϱ, φ, z bezeichnen werden) zu parabolischen Koordinaten ξ, η, φ geschieht nach den Formeln

$$z = \frac{1}{2}(\xi - \eta)\,, \qquad \varrho = \sqrt{\xi\eta}\,. \tag{48,10}$$

Die Koordinaten ξ und η durchlaufen die Werte von Null bis ∞; die Oberflächen $\xi = \text{const}$ und $\eta = \text{const}$ stellen, wie man leicht sieht, zwei Scharen von Rotationsparaboloiden dar (mit der z-Achse als Symmetrieachse). Die Beziehung (48,10) läßt sich noch in einer anderen Form schreiben, wenn man den Abstand

$$r = \sqrt{z^2 + \varrho^2} = \frac{1}{2}(\xi + \eta) \tag{48,11}$$

einführt. Dann ergibt sich

$$\xi = r + z\,, \qquad \eta = r - z\,. \tag{48,12}$$

Wir stellen nun die LAGRANGE-Funktion eines Massenpunktes in den Koordinaten ξ, η, φ auf. Differentiation von (48,10) nach der Zeit und Einsetzen in

$$L = \frac{m}{2}(\dot{\varrho}^2 + \varrho^2\dot{\varphi}^2 + \dot{z}^2) - U(\varrho, \varphi, z)$$

(die LAGRANGE-Funktion in Zylinderkoordinaten) liefert

$$L = \frac{m}{8}(\xi + \eta)\left(\frac{\dot{\xi}^2}{\xi} + \frac{\dot{\eta}^2}{\eta}\right) + \frac{m}{2}\xi\eta\dot{\varphi}^2 - U(\xi, \eta, \varphi)\,. \tag{48,13}$$

Die Impulse werden

$$p_\xi = \frac{m}{4\xi}(\xi + \eta)\,\dot{\xi}\,, \qquad p_\eta = \frac{m}{4\eta}(\xi + \eta)\,\dot{\eta}\,, \qquad p_\varphi = m\,\xi\,\eta\,\dot{\varphi}\,,$$

und die HAMILTON-Funktion lautet

$$H = \frac{2}{m}\,\frac{\xi p_\xi^2 + \eta p_\eta^2}{\xi + \eta} + \frac{p_\varphi^2}{2m\xi\eta} + U(\xi, \eta, \varphi)\,. \tag{48,14}$$

Physikalisch interessant ist die Separation der Variablen in diesen Koordinaten, wenn die potentielle Energie die Form

$$U = \frac{a(\xi) + b(\eta)}{\xi + \eta} = \frac{a(r + z) + b(r - z)}{2r} \tag{48,15}$$

hat. Es gilt dann

$$\frac{2}{m(\xi + \eta)}\left[\xi\left(\frac{\partial S_0}{\partial \xi}\right)^2 + \eta\left(\frac{\partial S_0}{\partial \eta}\right)^2\right] + \frac{1}{2m\xi\eta}\left(\frac{\partial S_0}{\partial \varphi}\right)^2 + \frac{a(\xi) + b(\eta)}{\xi + \eta} = E\,.$$

Die zyklische Koordinate φ wird in der Form $p_\varphi \varphi$ absepariert. Dann multiplizieren wir die Gleichung mit $m(\xi + \eta)$, gruppieren die Glieder um und erhalten

$$2\xi\left(\frac{\partial S_0}{\partial \xi}\right)^2 + m\,a(\xi) - m E \xi + \frac{p_\varphi^2}{2\xi} + 2\eta\left(\frac{\partial S_0}{\partial \eta}\right)^2 + m\,b(\eta) - m E \eta + \frac{p_\varphi^2}{2\eta} = 0\,.$$

Indem wir

$$S_0 = p_\varphi \varphi + S_1(\xi) + S_2(\eta)$$

setzen, ergeben sich die beiden Gleichungen

$$2\xi\left(\frac{dS_1}{d\xi}\right)^2 + m\,a(\xi) - m E \xi + \frac{p_\varphi^2}{2\xi} = \beta\,;$$

$$2\eta\left(\frac{dS_2}{d\eta}\right)^2 + m\,b(\eta) - m E \eta + \frac{p_\varphi^2}{2\eta} = -\beta$$

ihre Integration liefert schließlich

$$S = -Et + p_\varphi \varphi + \int \sqrt{\frac{mE}{2} + \frac{\beta}{2\xi} - \frac{m\,a(\xi)}{2\xi} - \frac{p_\varphi^2}{4\xi^2}}\,d\xi + \int \sqrt{\frac{mE}{2} - \frac{\beta}{2\eta} - \frac{m\,b(\eta)}{2\eta} - \frac{p_\varphi^2}{4\eta^2}}\,d\eta \qquad (48{,}16)$$

mit den freien Konstanten p_φ, β, E.

3. *Elliptische Koordinaten.* Diese Koordinaten ξ, η, φ werden gemäß

$$\varrho = \sigma\sqrt{(\xi^2 - 1)(1 - \eta^2)}\,, \qquad z = \sigma\,\xi\,\eta \qquad (48{,}17)$$

eingeführt. Die Konstante σ ist ein Transformationsparameter. Die Koordinate ξ läuft von 1 bis ∞, η von -1 bis $+1$. Geometrisch anschaulichere Beziehungen ergeben sich, wenn man die Abstände r_1 und r_2 von den Punkten A_1 und A_2 auf der z-Achse mit den Koordinaten $z = \sigma$ und $z = -\sigma$ einführt.[1]) Durch Einsetzen von (48,17) in $r_1 = \sqrt{(z-\sigma)^2 + \varrho^2}$, $r_2 = \sqrt{(z+\sigma)^2 + \varrho^2}$ entsteht

$$\left.\begin{aligned} r_1 &= \sigma(\xi - \eta)\,, & r_2 &= \sigma(\xi + \eta)\,, \\ \xi &= \frac{r_2 + r_1}{2\sigma}\,, & \eta &= \frac{r_2 - r_1}{2\sigma}\,. \end{aligned}\right\} \qquad (48{,}18)$$

[1]) Die Linien mit konstantem ξ bilden eine Schar von Ellipsoiden

$$\frac{z^2}{\sigma^2\xi^2} + \frac{\varrho^2}{\sigma^2(\xi^2 - 1)} = 1$$

mit den Brennpunkten in A_1 und A_2, die Linien mit konstantem η eine Schar von Hyperboloiden

$$\frac{z^2}{\sigma^2\eta^2} - \frac{\varrho^2}{\sigma^2(1 - \varrho^2)} = 1$$

mit denselben Brennpunkten.

Durch Transformation der LAGRANGE-Funktion von Zylinderkoordinaten zu elliptischen erhalten wir

$$L = \frac{m\,\sigma^2}{2}(\xi^2 - \eta^2)\left(\frac{\dot\xi^2}{\xi^2 - 1} + \frac{\dot\eta^2}{1 - \eta^2}\right)$$

$$+ \frac{m\,\sigma^2}{2}(\xi^2 - 1)(1 - \eta^2)\dot\varphi^2 - U(\xi, \eta, \varphi) \tag{48,19}$$

und daraus für die HAMILTON-Funktion

$$H = \frac{1}{2\,m\,\sigma^2\,(\xi^2 - \eta^2)}\left[(\xi^2 - 1)\,p_\xi^2 + (1 - \eta^2)\,p_\eta^2 + \left(\frac{1}{\xi^2 - 1} + \frac{1}{1 - \eta^2}\right)p_\varphi^2\right]$$

$$+ U(\xi, \eta, \varphi)\,. \tag{48,20}$$

Physikalisch interessante Fälle der Separation dieser Variablen treten auf bei einer potentiellen Energie

$$U = \frac{a(\xi) + b(\eta)}{\xi^2 - \eta^2} = \frac{\sigma^2}{r_1\,r_2}\left\{a\left(\frac{r_2 + r_1}{2\,\sigma}\right) + b\left(\frac{r_2 - r_1}{2\,\sigma}\right)\right\}, \tag{48,21}$$

wobei $a(\xi)$ und $b(\eta)$ beliebige Funktionen sind. Das Resultat der Separation der Variablen in der HAMILTON-JACOBIschen Differentialgleichung lautet

$$S = -E\,t + p_\varphi\,\varphi + \int \sqrt{2\,m\,\sigma^2\,E + \frac{\beta - 2\,m\,\sigma^2\,a(\xi)}{\xi^2 - 1} - \frac{p_\varphi^2}{(\xi^2 - 1)^2}}\,d\xi$$

$$+ \int \sqrt{2\,m\,\sigma^2\,E - \frac{\beta + 2\,m\,\sigma^2\,b(\eta)}{1 - \eta^2} - \frac{p_\varphi^2}{(1 - \eta^2)^2}}\,d\eta\,. \tag{48,22}$$

Aufgaben

1. Bestimme das vollständige Integral der HAMILTON-JACOBIschen Differentialgleichung für die Bewegung eines Teilchens in dem Feld

$$U = \frac{\alpha}{r} - F\,z$$

(Überlagerung eines COULOMB- und eines homogenen Feldes).

Lösung: Das vorgegebene Feld gehört zu dem Typ (48,15), wobei gilt

$$a(\xi) = \alpha - \frac{F}{2}\xi^2\,, \qquad b(\eta) = \alpha + \frac{F}{2}\eta^2\,.$$

Das vollständige Integral der HAMILTON-JACOBIschen Differentialgleichung folgt aus Formel (48,16) unter Benutzung dieser Funktionen $a(\xi)$ und $b(\eta)$.

Um die Bedeutung der Konstanten β zu erklären, schreiben wir folgende Gleichungen auf:

$$2\,\xi\,p_\xi^2 + m\,a(\xi) - m\,E\,\xi + \frac{p_\varphi^2}{2\,\xi} = \beta\,,$$

$$2\,\eta\,p_\eta^2 + m\,b(\eta) - m\,E\,\eta + \frac{p_\varphi^2}{2\,\eta} = -\beta\,.$$

Subtrahieren wir beide Gleichungen voneinander und drücken die Impulse $p_\xi = \partial S/\partial \xi$ und $p_\eta = \partial S/\partial \eta$ durch die Impulse $p_\varrho = \partial S/\partial \varrho$ und $p_z = \partial S/\partial z$ in zylindrischen Koordinaten aus, so erhalten wir

$$\beta = -m\left[\frac{\alpha z}{r} + \frac{p_\varrho}{m}(z p_\varrho - \varrho p_z) + \frac{p_\varphi^2}{m \varrho^2} z\right] - \frac{m}{2} F \varrho^2 .$$

Der Ausdruck in den eckigen Klammern stellt ein für das reine COULOMB-Feld spezifisches Bewegungsintegral dar (z-Komponente des Vektors (15,17)).

2. Dasselbe in dem Feld

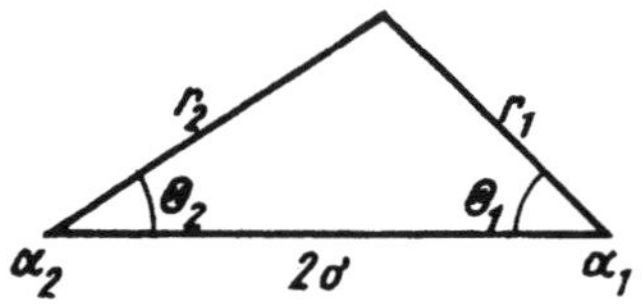

Abb. 55

$$U = \frac{\alpha_1}{r_1} + \frac{\alpha_2}{r_2}$$

(COULOMB-Feld zweier fester Zentren, die sich im Abstand 2σ voneinander befinden).

Lösung: Das gegebene Feld ist vom Typ (48,21), wobei gilt

$$a(\xi) = \frac{\alpha_1 + \alpha_2}{\sigma}\xi , \qquad b(\eta) = \frac{\alpha_1 - \alpha_2}{\sigma}\eta .$$

Die Wirkung $S(\xi, \eta, \varphi, t)$ erhält man durch Substitution dieser Ausdrücke in (48,22). Die Bedeutung der Konstanten β ist analog zu Aufgabe 1; sie entspricht in diesem Falle der Erhaltung der Größe

$$\beta = \sigma^2\left(p_\varrho^2 + \frac{p_\varphi^2}{\varrho^2}\right) - M^2 + 2 m \sigma (\alpha_1 \cos \Theta_1 + \alpha_2 \cos \Theta_2) ,$$

wobei

$$M^2 = (r \times p)^2 = p_\varrho^2 z^2 + p_z^2 \varrho^2 + \frac{r^2 p_\varphi^2}{\varrho^2} - 2 z \varrho p_z p_\varrho .$$

Die Winkel Θ_1 und Θ_2 sind in Abb. 55 erklärt.

§ 49. Adiabatische Invarianten

Wir wollen nun ein mechanisches System betrachten, welches eine eindimensionale finite Bewegung ausführt und durch einen Parameter λ charakterisiert wird, der die Eigenschaften des Systems selbst oder eines äußeren Feldes bestimmt, in dem sich das System befindet.[1])

Wir nehmen an, daß sich der Parameter λ unter dem Einfluß irgendwelcher äußeren Ursachen langsam (adiabatisch, wie man sagt) mit der Zeit ändert; „langsam“ ist hier so zu verstehen, daß sich λ während einer Bewegungsperiode T des Systems nur wenig ändert, d. h.

$$T\frac{d\lambda}{dt} \ll \lambda . \tag{49,1}$$

Bei konstantem λ wäre das System abgeschlossen und würde eine streng periodische Bewegung mit fester Energie E und vollständig bestimmter Periode $T(E)$ ausführen. Bei veränderlichem Parameter λ dagegen ist das System nicht abge-

[1]) Der Einfachheit halber führen wir nur einen solchen Parameter ein. Jedoch bleiben alle Resultate auch bei einer beliebigen Anzahl von Parametern gültig.

schlossen, und seine Energie bleibt nicht konstant. Da sich aber λ nur sehr langsam ändern soll, wird auch die zeitliche Änderung $\dot{E}$ der Energie klein sein. Mitteln wir diese zeitliche Änderung über die Periode T und glätten damit die „schnellen" Schwankungen, so definiert der so entstehende Wert $\overline{\dot{E}}$ die Geschwindigkeit der systematischen langsamen Änderung der Systemenergie. Diese zeitliche Änderung der Energie wird proportional zur zeitlichen Änderung $\dot{\lambda}$ des Parameters λ sein. Das bedeutet mit anderen Worten, daß sich die im geschilderten Sinne langsam veränderliche Größe E wie eine Funktion von λ verhält. Diese Abhängigkeit E von λ läßt sich durch die Konstanz einer geeigneten Kombination von E und λ ausdrücken. Eine solche Größe, die bei der Bewegung eines Systems mit langsam veränderlichem Parameter konstant bleibt, heißt *adiabatische Invariante.*

$H(p, q; \lambda)$ sei die vom Parameter λ abhängige HAMILTON-Funktion eines Systems. Nach Formel (40,5) lautet die totale zeitliche Ableitung der Energie

$$\frac{dE}{dt} = \frac{\partial H}{\partial t} = \frac{\partial H}{\partial \lambda}\frac{d\lambda}{dt}. \tag{49,2}$$

Der Ausdruck auf der rechten Seite dieser Formel hängt nicht nur von dem langsam veränderlichen Parameter λ ab, sondern auch von den schnell veränderlichen Größen p und q. Da wir uns für die systematische Änderung der Energie interessieren, mitteln wir entsprechend dem Obengesagten Gleichung (49,2) über eine Bewegungsperiode. Wegen der langsamen Veränderlichkeit von λ (und damit auch von $\dot{\lambda}$) darf $\dot{\lambda}$ vor das Mittelungszeichen gezogen werden:

$$\overline{\frac{dE}{dt}} = \frac{d\lambda}{dt}\overline{\frac{\partial H}{\partial \lambda}}. \tag{49,3}$$

In der zu mittelnden Funktion $\partial H/\partial \lambda$ werden nur die Größen p und q, nicht aber λ, als veränderlich angesehen, d. h., die Mittelung wird so durchgeführt, als finde die Bewegung des Systems bei einem vorgegebenen konstanten Wert von λ statt.

Explizit lautet die Mittelung

$$\overline{\frac{dH}{d\lambda}} = \frac{1}{T}\int_0^T \frac{\partial H}{\partial \lambda}\,dt\,.$$

Nach der HAMILTONschen Gleichung $\dot{q} = \partial H/\partial p$ ergibt sich

$$dt = \frac{dq}{\partial H/\partial p}.$$

Mit Hilfe dieser Gleichung ersetzen wir die Integration über die Zeit durch eine Integration über die Koordinate, wobei sich die Periode T in der Form

$$T = \int_0^T dt = \oint \frac{dq}{\partial H/\partial p} \tag{49,4}$$

schreiben läßt; das Zeichen $\oint$ bedeutet hier Integration über die vollständige Änderung der Koordinate („hin" und „zurück") während einer Periode.[1]) Damit erhalten wir

$$\overline{\frac{dE}{dt}} = \frac{d\lambda}{dt} \frac{\oint \frac{\partial H/\partial\lambda}{\partial H/\partial p}\, dq}{\oint \frac{dq}{\partial H/\partial p}}. \tag{49,5}$$

Wie schon erwähnt, müssen die Integrationen in dieser Formel entlang der Bahn der Bewegung bei gegebenem konstantem Wert von λ ausgeführt werden. Längs einer solchen Bahn bleibt die Hamilton-Funktion konstant gleich E, und der Impuls stellt eine bestimmte Funktion der veränderlichen Koordinate q und der beiden unabhängigen konstanten Parameter E und λ dar. Indem wir den Impuls nun als eine solche Funktion $p(q; E, \lambda)$ auffassen und die Gleichung $H(p, q; \lambda) = E$ nach dem Parameter λ differenzieren, erhalten wir

$$\frac{\partial H}{\partial\lambda} + \frac{\partial H}{\partial p}\frac{\partial p}{\partial\lambda} = 0$$

oder

$$\frac{\partial H/\partial\lambda}{\partial H/\partial p} = -\frac{\partial p}{\partial\lambda}.$$

Wenn wir dies in das obere Integral in (49,5) einsetzen und im unteren den Integranden als $\partial p/\partial E$ schreiben, so ergibt sich

$$\overline{\frac{dE}{dt}} = -\frac{d\lambda}{dt} \frac{\oint \frac{\partial p}{\partial\lambda}\, dq}{\oint \frac{\partial p}{\partial E}\, dq}$$

oder

$$\oint \left(\frac{\partial p}{\partial E}\overline{\frac{dE}{dt}} + \frac{\partial p}{\partial\lambda}\frac{d\lambda}{dt}\right) dq = 0\,.$$

Diese Gleichung läßt sich schließlich auf die Form

$$\overline{\frac{dI}{dt}} = 0 \tag{49,6}$$

bringen, in der I das Integral

$$I = \frac{1}{2\pi}\oint p\, dq \tag{49,7}$$

bedeutet, das entlang der Bahn bei vorgegebenen E und λ zu nehmen ist. Dieses Ergebnis besagt, daß die Größe I in der betrachteten Näherung bei Änderung des Parameters λ konstant bleibt, also eine adiabatische Invariante darstellt.

---

[1]) Wenn die Bewegung des Systems eine Rotation und die Koordinate q den Drehwinkel φ darstellt, so muß die Integration über $d\varphi$ über einen „vollen Umlauf", d. h. von 0 bis 2π, ausgeführt werden.

Die Größe I hängt von der Energie des Systems (und vom Parameter λ) ab. Ihre partielle Ableitung nach der Energie bestimmt die Periode der Bewegung. Unter Berücksichtigung von (49,4) entsteht

$$2\pi \frac{\partial I}{\partial E} = \oint \frac{\partial p}{\partial E} dq = T \tag{49,8}$$

oder auch

$$\frac{\partial E}{\partial I} = \omega \,, \tag{49,9}$$

wobei $\omega = 2\pi/T$ die Schwingungsfrequenz des Systems ist.

Dem Integral (49,7) kann man einen anschaulichen geometrischen Sinn geben, wenn man den Begriff der Phasenbahn des Systems benutzt. In unserem Fall (ein Freiheitsgrad) reduziert sich der Phasenraum auf den zweidimensionalen Raum der Koordinaten p und q, und die Phasenbahn des Systems stellt bei periodischer Bewegung eine geschlossene Kurve in dieser Ebene dar. Das Integral (49,7) längs dieser Kurve ist gleich der von ihr eingeschlossenen Fläche. Es kann auch als zweidimensionales Flächenintegral

$$I = \frac{1}{2\pi}\int dp\, dq \tag{49,10}$$

geschrieben werden.

Als Beispiel wollen wir die adiabatische Invariante des eindimensionalen Oszillators bestimmen. Seine HAMILTON-Funktion lautet

$$H = \frac{p^2}{2m} + \frac{m\,\omega^2 q^2}{2}\,, \tag{49,11}$$

wobei ω die Eigenfrequenz des Oszillators ist. Die Gleichung der Phasenbahn ergibt sich aus dem Erhaltungssatz der Energie $H(p, q) = E$. Sie stellt eine Ellipse mit den Halbachsen $\sqrt{2\,m\,E}$ und $\sqrt{2\,E/m\,\omega^2}$ und der (durch 2π geteilten) Fläche

$$I = \frac{E}{\omega} \tag{49.12}$$

dar. Die adiabatische Invarianz dieser Größe bedeutet, daß sich die Energie bei langsamer Änderung der Parameter des Oszillators (m oder k in (21,3)) proportional zur Frequenz ändert.

§ 50. Kanonische Variable

Der Parameter λ sei im folgenden konstant, d. h., das System wird als abgeschlossen betrachtet.

Wir führen nun eine kanonische Transformation der Variablen p, q durch, wobei wir die Größe I als neuen „Impuls" einführen. Die Rolle der erzeugenden

Funktion muß hierbei die verkürzte Wirkung S_0 als Funktion von q und I spielen. S_0 berechnet sich aus

$$S_0(q, E; \lambda) = \int p(q, E; \lambda)\, dq\,, \tag{50,1}$$

wobei die Werte für die Energie E (und den Parameter λ) vorgegeben sind. Für ein abgeschlossenes System hängt I nur von der Energie ab, so daß man S_0 ebensogut in der Form $S_0(q, I; \lambda)$ ausdrücken kann und die partielle Ableitung $(\partial S_0/\partial q)_E = p$ mit der partiellen Ableitung $(\partial S_0/\partial q)_I$ bei konstantem I identisch ist. Damit gilt

$$p = \frac{\partial S_0(q, I; \lambda)}{\partial q} \tag{50,2}$$

in Übereinstimmung mit der ersten Formel für die kanonische Transformation (45,8). Die zweite Formel definiert die neue „Koordinate", die wir mit w bezeichnen:

$$w = \frac{\partial S_0(q, I; \lambda)}{\partial I}\,. \tag{50,3}$$

Die Veränderlichen I und w heißen *kanonische Variable*, wobei I in diesem Zusammenhang als *Wirkungsvariable* und w als *Winkelvariable* bezeichnet wird.

Da die erzeugende Funktion $S_0(q, I; \lambda)$ nicht explizit von der Zeit abhängt, stimmt die neue HAMITLON-Funktion H' mit der alten HAMILTON-Funktion H überein, ausgedrückt als Funktion der neuen Variablen. Mit anderen Worten, H' ist die Energie als Funktion der Wirkungsvariablen, d. h. $H' = E(I)$. Dementsprechend lauten die HAMILTONschen Gleichungen für die kanonischen Variablen

$$\dot{I} = 0\,, \qquad \dot{w} = \frac{dE(I)}{dI}\,. \tag{50,4}$$

Aus der ersten Gleichung folgt, wie es sein muß, $I = \text{const}$; zusammen mit der Energie ist auch die Größe I eine Konstante. Die zweite Gleichung besagt, daß die Winkelvariable eine lineare Funktion der Zeit ist, d. h.

$$w = \frac{dE}{dI}\, t + \text{const} = \omega(I)\, t + \text{const}\,. \tag{50,5}$$

Die Variable w kennzeichnet damit die Schwingungsphase.

Die Wirkung $S_0(q, I)$ hängt nicht eindeutig von den Koordinaten ab. Nach jeder Periode nimmt diese Funktion nicht wieder ihren Anfangswert an, sondern erfährt den Zuwachs

$$\Delta S_0 = 2\pi I\,. \tag{50,6}$$

Dies folgt aus (50,1) und der Definition (49,7) für I. Gleichzeitig wächst die Winkelvariable um

$$\Delta w = \Delta \frac{\partial S_0}{\partial I} = \frac{\partial}{\partial I} \Delta S_0 = 2\pi\,. \tag{50,7}$$

Wenn wir umgekehrt q und p (oder eine beliebige eindeutige Funktion $F(p, q)$) durch die kanonischen Variablen ausdrücken, so werden diese Funktionen bei Änderung von w um 2π (bei gegebenem I) ihren Wert beibehalten. Mit anderen Worten, jede eindeutige Funktion $F(p, q)$, ausgedrückt durch die kanonischen Variablen, stellt eine periodische Funktion von w mit der Periode 2π dar.

Für nichtabgeschlossene Systeme mit von der Zeit abhängigem Parameter λ können die Bewegungsgleichungen ebenfalls mit Hilfe der kanonischen Variablen aufgeschrieben werden. Die Transformation auf diese Variablen erfolgt über die Beziehungen (50,2) und (50,3), wobei sich die erzeugende Funktion S_0 aus dem Integral (50,1) berechnet. Dabei ist S_0 durch die Variable I, die durch das Integral (49,7) definiert wird, auszudrücken. Bei der Berechnung des unbestimmten Integrals (50,1) und des bestimmten Integrals (49,7) wird ein vorgegebener fester Wert für den Parameter $\lambda(t)$ angenommen. Mit anderen Worten, $S_0(q, I; \lambda(t))$ entspricht der früheren, bei konstantem λ berechneten Funktion. Der Parameter λ wird lediglich durch die gegebene Funktion $\lambda(t)$ ersetzt.[1])

Da die erzeugende Funktion nun (zusammen mit dem Parameter λ) explizit von der Zeit abhängt, wird die neue HAMILTON-Funktion H' nicht mehr mit der alten, d. h. mit der Energie $E(I)$, identisch sein. Gemäß den allgemeinen Gleichungen für die kanonische Transformation (45,8) entsteht

$$H' = E(I; \lambda) + \frac{\partial S_0}{\partial t} = E(I; \lambda) + \Lambda \dot{\lambda}, \tag{50,8}$$

wobei

$$\Lambda = \left(\frac{\partial S_0}{\partial \lambda}\right)_{q, I}. \tag{50,9}$$

Die Größe Λ muß dabei (nach Ausführung der Differentiation nach λ) mit Hilfe von (50,3) durch I und w ausgedrückt werden.

Die HAMILTONschen Gleichungen lauten dann

$$\dot{I} = -\frac{\partial H'}{\partial w} = -\left(\frac{\partial \Lambda}{\partial w}\right)_{I, \lambda} \dot{\lambda}, \tag{50,10}$$

$$\dot{w} = \frac{\partial H'}{\partial I} = \omega(I; \lambda) + \left(\frac{\partial \Lambda}{\partial I}\right)_{w, \lambda} \dot{\lambda}, \tag{50,11}$$

wobei $\omega = (\partial E/\partial I)_\lambda$ die Schwingungsfrequenz ist (die wiederum für festgehaltenes λ berechnet wird).

Aufgabe

Stelle die Bewegungsgleichungen in kanonischen Variablen für einen harmonischen Oszillator auf (HAMILTON-Funktion (49,11)), dessen Frequenz von der Zeit abhängt.

---

[1]) Wir betonen jedoch, daß die so bestimmte Funktion S_0 durchaus nicht mit der wirklichen verkürzten Wirkung für ein System identisch ist, dessen HAMILTON-Funktion von der Zeit abhängt.

Lösung: Da (50,1) bis (50,3) für festgehaltenes λ (dessen Rolle hier von der Frequenz ω selbst übernommen wird) berechnet werden, besitzt die Verknüpfung von p und q mit w die gleiche Gestalt wie im Falle einer konstanten Frequenz (wenn $w = \omega t$):

$$q = \sqrt{\frac{2E}{m\omega^2}} \sin w = \sqrt{\frac{2I}{m\omega}} \sin w, \qquad p = \sqrt{2I\omega m} \cos w .$$

Hieraus folgt

$$S_0 = \int p\, dq = \int p \left(\frac{\partial q}{\partial w}\right)_{I,\omega} dw = 2I \int \cos^2 w\, dw$$

und damit

$$\Lambda = \left(\frac{\partial S_0}{\partial \omega}\right)_{q,I} = \left(\frac{\partial S_0}{\partial w}\right)_I \left(\frac{\partial w}{\partial \omega}\right)_q = \frac{1}{2\omega} \sin 2w .$$

Für die Bewegungsgleichungen (50,10), (50,11) entsteht

$$\dot{I} = -I \frac{\dot{\omega}}{\omega} \cos 2w, \qquad \dot{w} = \omega + \frac{\dot{\omega}}{2\omega} \sin 2w .$$

§ 51. Die Genauigkeit der Erhaltung der adiabatischen Invarianten

Von der adiabatischen Invarianz der Wirkungsvariablen kann man sich auch mit Hilfe der Bewegungsgleichung (50,10) überzeugen.

Die Funktion $S_0(q, I; \lambda)$ ist keine eindeutige Funktion von q; kehren wir mit der Koordinate zum Ausgangswert zurück, so vermehrt sich S_0 um ein ganzzahliges Vielfaches von $2\pi I$. Die Ableitung (50,9) ist dagegen eine eindeutige Funktion, da die Differentiation bei konstantem I erfolgt, so daß die erwähnten Zusatzterme wegfallen. Wie jede eindeutige Funktion ist auch die Funktion Λ, ausgedrückt durch die Winkelvariable w, eine periodische Funktion dieser Variablen. Der über eine Periode genommene Mittelwert der Ableitung $\partial\Lambda/\partial w$ verschwindet. Mitteln wir Gleichung (50,10) und ziehen dabei $\dot{\lambda}$ (bei langsamer Änderung von λ) neben das Mittelungszeichen, so erhalten wir deshalb

$$\bar{\dot{I}} = -\overline{\left(\frac{\partial \Lambda}{\partial w}\right)_I}\, \dot{\lambda} = 0, \tag{51,1}$$

wie es gefordert wurde.

Aus den Bewegungsgleichungen (50,10), (50,11) läßt sich nun auch der Grad der Genauigkeit, mit der die adiabatische Invariante erhalten bleibt, ableiten. Dabei wollen wir in folgender Weise vorgehen: Der Parameter $\lambda(t)$ möge für $t \to -\infty$ und $t \to +\infty$ gegen die konstanten Grenzwerte λ_- und λ_+ streben. Bezeichnen wir den Anfangswert der adiabatischen Invariante (bei $t = -\infty$) mit I_-, so haben wir nach dem Zuwachs $\Delta I = I_+ - I_-$ für $t \to +\infty$ zu fragen.

Aus (50,10) folgt

$$\Delta I = -\int_{-\infty}^{\infty} \frac{\partial \Lambda}{\partial w} \dot{\lambda}\, di . \qquad 51,2)$$

Wie bereits erwähnt, ist die Größe Λ eine periodische Funktion der Variablen w mit der Periode 2π. Wir entwickeln Λ in eine FOURIER-Reihe:

$$\Lambda = \sum_{l=-\infty}^{\infty} e^{ilw} \Lambda_l \tag{51,3}$$

(da Λ reell ist, gilt für die Entwicklungskoeffizienten die Beziehung $\Lambda_{-l} = \Lambda_l^*$). Für die Ableitung $\partial\Lambda/\partial w$ erhalten wir damit

$$\frac{\partial \Lambda}{\partial w} = \sum_{l=-\infty}^{\infty} i\, l\, e^{ilw} \Lambda_l = 2 \operatorname{Re} \sum_{l=1}^{\infty} i\, l\, e^{ilw} \Lambda_l\,. \tag{51,4}$$

Für hinreichend kleines $\dot{\lambda}$ ist die Ableitung $\dot{w}$ positiv (ihr Vorzeichen stimmt mit dem Vorzeichen von ω überein, vgl. (50,11)), d. h., w ist eine monotone Funktion der Zeit t. Die Integrationsgrenzen bleiben deshalb bei einem Übergang von der Integration über t in (51,2) zu einer Integration über w unverändert;

$$\Delta I = -\int_{-\infty}^{\infty} \frac{\partial \Lambda}{\partial w} \frac{d\lambda}{dt} \frac{dt}{dw}\, dw\,. \tag{51,5}$$

Wir setzen nun die Entwicklung (51,4) in das Integral ein und betrachten bei dessen Umformung w formal als komplexe Veränderliche. Unter der Annahme, daß der Integrand keine Singularitäten für reelle Werte von w besitzt, können wir den Integrationsweg von der reellen Achse w in die obere Halbebene dieser Variablen verschieben. Dabei bleibt die Kontur an den Singularitäten des Integranden „hängen" und umfährt sie in der Weise, wie es schematisch in der Abb. 56 dargestellt wird. Mit w_0 bezeichnen wir den der reellen Achse am nächsten liegenden singulären Punkt, d. h. den Punkt mit dem kleinsten (positiven) Imaginärteil. Der Hauptbeitrag zum Integral (51,5) resultiert aus dieser Singularität, wobei jedes Glied der Reihe (51,4) einen Beitrag mit dem Faktor $\exp(-l \operatorname{Im} w_0)$ liefert. Berücksichtigen wir wiederum nur das Glied, das den dem absoluten Betrag nach kleinsten negativen Exponenten enthält (d. h. das Glied mit $l = 1$),[1] so finden wir

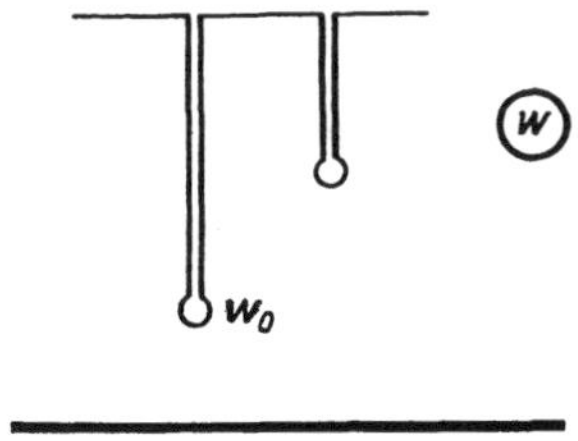

Abb. 56

$$\Delta I \sim \exp(-\operatorname{Im} w_0)\,. \tag{51,6}$$

[1]) Es kann in speziellen Fällen vorkommen, daß die Entwicklung (51,4) das Glied mit $l = 1$ nicht enthält (vgl. z. B. die Aufgabe zu diesem Paragraphen); in jedem Falle hat man dann das Glied der Reihe mit dem kleinsten Wert für l zu berücksichtigen.

Dem singulären Punkt w_0 entspricht ein „Zeitpunkt“ t_0 (komplexe Zahl!) gemäß $w(t_0) = w_0$. Der Größenordnung nach fällt $|t_0|$ im allgemeinen mit der charakteristischen Zeit für die Änderung der Systemparameter zusammen. Diese Zeit bezeichnen wir mit τ[1]. Die Größenordnung des Exponenten in (51,6) wird dann beschrieben durch

$$\operatorname{Im} w_0 \sim \omega \tau \sim \frac{\tau}{T} . \tag{51,7}$$

Unter der Voraussetzung $\tau \gg T$ ist dieser Exponent groß. Die Differenz $I_+ - I_-$ wird deshalb exponentiell klein bei einer Verringerung der Änderungsgeschwindigkeit der Systemparameter.[2]

Um w_0 in erster Näherung in T/τ zu berechnen (d. h. unter Berücksichtigung nur des Gliedes $\sim (T/\tau)^{-1}$ im Exponenten), kann man den kleinen Term in Gleichung (50,11), der $\dot{\lambda}$ enthält, vernachlässigen und schreiben

$$\frac{dw}{dt} = \omega\big(I, \lambda(t)\big) , \tag{51,8}$$

wobei das Argument I der Funktion $\omega(I, \lambda)$ als Konstante, sagen wir mit dem Wert I_-, anzusehen ist. Dann entsteht

$$w_0 = \int^{t_0} \omega\big(I, \lambda(t)\big)\, dt \tag{51,9}$$

(als untere Grenze kann man einen beliebigen reellen Wert t nehmen; von diesem Wert hängt der uns interessierende Imaginärteil von w_0 nicht ab)[3].

Das Integral (51,5) mit $\dot{w}$ aus (51,8) (und dem ersten Glied der Reihe (51,4) für $\partial \Lambda/\partial w$) erhält nunmehr die Form

$$\Delta I \sim \operatorname{Re} \int i\, e^{iw} \frac{\dot{\lambda}\, dw}{\omega(I, \lambda)} . \tag{51,10}$$

Hieraus ist ersichtlich, daß insbesondere die der reellen Achse am nächsten liegenden Singularitäten (Pole, Verzweigungspunkte) der Funktionen $\dot{\lambda}(t)$ und $1/\omega(t)$ eingehen. In diesem Zusammenhang sei daran erinnert, daß unsere Schlußfolgerung über die exponentielle Kleinheit von ΔI an die Annahme geknüpft ist, daß die genannten Funktionen keine Singularitäten auf der reellen Achse besitzen.

Aufgabe

1. Man schätze ΔI für einen harmonischen Oszillator ab, dessen Frequenz sich entsprechend der Beziehung

$$\omega^2 = \omega_0^2 \frac{1 + a\, e^{\alpha t}}{1 + e^{\alpha t}}$$

---

[1]) Wenn der langsam veränderliche Parameter λ nur in der Form $\xi = t/\tau$ mit großem τ von der Zeit abhängt, so gilt $t_0 = \tau\, \xi_0$, wobei ξ_0 der von τ unabhängige singuläre Punkt der Funktion $\lambda(\xi)$ ist.

[2]) Wenn Anfangs- und Endwert der Funktion $\lambda(t)$ zusammenfallen ($\lambda_+ = \lambda_-$), dann wird nicht nur die Differenz ΔI exponentiell klein, sondern auch die Differenz des End- und Anfangswertes der Energie $\Delta E = E_+ - E_-$; gemäß (49,9) gilt $\Delta E = \omega\, \Delta I$.

[3]) siehe Ergänzungen S. 232

langsam vom Wert $\omega_- = \omega_0$ bei $t = -\infty$ auf den Wert $\omega_+ = \sqrt{a}\,\omega_0$ für $t = +\infty$ ändert ($a > 0$, $\alpha \ll \omega_0$).[1])

Lösung: Verwenden wir als Parameter λ die Frequenz ω selbst, folgt

$$\frac{\dot{\lambda}}{\omega} = \frac{\alpha}{2}\left(\frac{a}{e^{-\alpha t} + a} - \frac{1}{e^{-\alpha t} + 1}\right).$$

Diese Funktion besitzt Pole bei $e^{-\alpha t} = -1$ und $e^{-\alpha t} = -a$. Die Berechnung des Integrals $\int \omega\, dt$ zeigt, daß der kleinste Wert für $\mathrm{Im}\, w_0$ aus einem der Pole $\alpha t_0 = -\ln(-a)$ resultiert:

$$\mathrm{Im}\, w_0 = \begin{cases} \omega_0 \pi/\alpha & \text{für} \quad a > 1\,, \\ \omega_0 \pi \sqrt{a}/\alpha & \text{für} \quad a < 1\,. \end{cases}$$

Für den harmonischen Oszillator gilt $\Lambda \sim \sin 2w$ (vgl. die Aufgabe zu § 50), d. h., die Reihe (51,3) beschränkt sich auf zwei Glieder (mit $l = \pm 2$). Deshalb erhält man für die gesuchte Differenz

$$\Delta I \propto \exp(-2\,\mathrm{Im}\, w_0)\,.$$

2. siehe Seite 232

§ 52. Bedingt-periodische Bewegung

Wir wollen nun ein System mit mehreren Freiheitsgraden betrachten, das eine finite Bewegung (in allen Koordinaten) ausführt. Wir setzen dabei voraus, daß das Problem eine vollständige Separation der Variablen bei der Hamilton-Jacobischen Methode zuläßt. Das bedeutet, daß bei entsprechender Wahl der Koordinaten die charakteristische Funktion aus einer Summe von Funktionen besteht,

$$S_0 = \sum_i S_i(q_i)\,, \tag{52,1}$$

von denen jede nur von einer einzigen Koordinate abhängt.

Da die verallgemeinerten Impulse gemäß

$$p_i = \frac{\partial S_0}{\partial q_i} = \frac{dS_i}{dq_i}$$

definiert sind, kann jede der Funktionen S_i in der Form

$$S_i = \int p_i\, dq_i \tag{52,2}$$

dargestellt werden.

Die Funktionen sind nicht eindeutig. Da die Bewegung finit ist, kann jede Koordinate nur Werte innerhalb eines bestimmten endlichen Intervalls annehmen. Läuft q_i in diesem Intervall „hin“ und „zurück“, so erfährt die Wirkung den Zuwachs

$$\Delta S_0 = \Delta S_i = 2\pi I_i\,, \tag{52,3}$$

[1]) Der harmonische Charakter des Oszillators äußert sich in der Unabhängigkeit der Schwingungsfrequenz von der Energie.

wobei I_i das Integral

$$I_i = \frac{1}{2\pi} \oint p_i \, dq_i \tag{52,4}$$

bedeutet, das über die angegebene Änderung von q_i zu nehmen ist.[1])

Wir führen nun eine kanonische Transformation durch, ganz analog wie im § 50 für den Fall eines Freiheitsgrades. Die neuen Veränderlichen werden die Wirkungsvariablen I_i und die Winkelvariablen

$$w_i = \frac{\partial S_0(q, I)}{\partial I_i} = \sum_k \frac{\partial S_k(q_k, I)}{\partial I_i}, \tag{52,5}$$

wobei die erzeugende Funktion wiederum die durch die Koordinaten und die Größen I_i ausgedrückte Wirkung ist; die Bewegungsgleichungen lauten in diesen Veränderlichen

$$\dot{I}_i = 0\,, \qquad \dot{w}_i = \frac{\partial E(I)}{\partial I_i}$$

und liefern

$$I_i = \text{const}\,, \tag{52,6}$$

$$w_i = \frac{\partial E(I)}{\partial I_i} t + \text{const}\,. \tag{52,7}$$

Weiter finden wir, analog zu (50,7), daß einer vollen Änderung der Koordinate q_i („hin" und „zurück") ein Zuwachs von w_i um 2π entspricht:

$$\Delta w_i = 2\pi\,. \tag{52,8}$$

Mit anderen Worten, die Größen $w_i(q, I)$ sind mehrdeutige Koordinatenfunktionen, die sich um ganzzahlige Vielfache von 2π geändert haben können, wenn die Koordinaten im Verlaufe der Bewegung zu ihren Ausgangswerten zurückkehren. Diese Tatsache läßt sich auch als Eigenschaft der Funktion $w_i(p, q)$ (ausgedrückt durch die Koordinaten und Impulse) im Phasenraum des Systems formulieren. Da die Größen I_i selbst eindeutige Funktionen von p und q sind, erhalten wir durch Einsetzen von $I_i(p, q)$ in $w_i(q, I)$ eine Funktion $w_i(p, q)$, die sich beim Umlauf um eine beliebige geschlossene Kurve im Phasenraum um ein ganzzahliges Vielfaches von 2π (oder um Null) ändern kann.

Hieraus folgt, daß jede eindeutige Funktion $F(p, q)$ des Zustandes des Systems[2]), ausgedrückt durch die kanonischen Variablen, eine periodische Funk-

---

[1]) Wir betonen jedoch, daß es sich hier um eine formale Änderung der Koordinate q_i in dem gesamten zugelassenen Wertebereich handelt, und nicht um die Änderung während einer Periode der wirklichen Bewegung (wie es im Fall der eindimensionalen Bewegung der Fall war). Die wirkliche finite Bewegung eines Systems mit mehreren Freiheitsgraden ist im allgemeinen Fall nicht nur im ganzen, sondern sogar in jeder einzelnen Koordinate nicht periodisch (s. weiter unten).

[2]) Die „Drehkoordinaten" — die Winkel φ (s. Fußnote auf Seite 192) — sind nicht eindeutig mit dem Zustand des Systems verknüpft, da Werte von φ, die sich um ein ganzzahliges Vielfaches von 2π voneinander unterscheiden, ein und derselben Lage des Systems entsprechen. Wenn sich also unter den Koordinaten q solche Winkel befinden, so können sie in die Funktion $F(q, p)$ nur über Ausdrücke wie $\cos\varphi$ oder $\sin\varphi$ eingehen, für die ein eindeutiger Zusammenhang mit dem Zustand des Systems besteht.

tion der Winkelvariablen darstellt, wobei die Periode jeder dieser Variablen gleich 2π ist. Man kann sie infolgedessen in eine mehrfache FOURIER-Reihe entwickeln, d. h.

$$F = \sum_{l_1=-\infty}^{\infty} \cdots \sum_{l_s=-\infty}^{\infty} A_{l_1 l_2 \ldots l_s} e^{i(l_1 w_1 + \cdots + l_s w_s)}$$

($l_1, l_2, \ldots, l_s$ sind ganze Zahlen). Durch Einsetzen von (52,7) ergibt sich für die zeitliche Abhängigkeit von F die Summe

$$F = \sum_{l_1=-\infty}^{\infty} \cdots \sum_{l_s=-\infty}^{\infty} A_{l_1 l_2 \ldots l_s} \exp\left\{i\, t \left(l_1 \frac{\partial E}{\partial I_1} + \cdots + l_s \frac{\partial E}{\partial I_s}\right)\right\}. \qquad (52,9)$$

Jedes Glied dieser Summe ist eine periodische Funktion der Zeit mit der Frequenz

$$l_1 \omega_1 + \cdots + l_s \omega_s\,, \qquad (52,10)$$

die eine Summe ganzzahliger Vielfacher der Grundfrequenzen

$$\omega_i = \frac{\partial E_i}{\partial I_i} \qquad (52,11)$$

darstellt. Da aber alle Frequenzen (52,10) im allgemeinen keine ganzzahligen Vielfachen (oder rationale Teile) einer der Frequenzen sind, so ist die gesamte Summe streng genommen keine periodische Funktion. Dies gilt insbesondere auch für die Koordinaten q und die Impulse p des Systems selbst.

Infolgedessen ist die Bewegung des Systems im allgemeinen nicht streng periodisch, und zwar weder im ganzen noch bezüglich jeder einzelnen Koordinate. Das System wird daher, nachdem es einen gewissen Zustand durchlaufen hat, diesen Zustand nicht ein zweites Mal in endlicher Zeit einnehmen. Man kann jedoch behaupten, daß das System nach Ablauf einer genügend langen Zeit einen Zustand erreichen wird, der dem ursprünglichen beliebig dicht benachbart ist. Diese Eigenschaft hat man im Auge, wenn man eine solche Bewegung *bedingt periodisch* nennt.

In verschiedenen speziellen Fällen können zwei (oder mehrere) der Grundfrequenzen $\omega_i = \partial E/\partial I_i$ kommensurabel sein (bei beliebigen Werten von I_i). In solchen Fällen spricht man von *Entartung*, und wenn sämtliche s Frequenzen kommensurabel sind, so heißt die Bewegung des Systems *vollständig entartet*. Im letzteren Fall ist die Bewegung offenbar streng periodisch, und die Bahnen sämtlicher Teilchen sind geschlossen.

Entartung führt in erster Linie zu einer Verringerung der Anzahl unabhängiger Größen (I_i), von denen die Energie des Systems abhängt. Angenommen die beiden Frequenzen ω_1 und ω_2 seien durch die Beziehung

$$n_1 \frac{\partial E}{\partial I_1} = n_2 \frac{\partial E}{\partial I_2} \qquad (52,12)$$

miteinander verknüpft, wobei n_1 und n_2 ganze Zahlen sind. Dann folgt hieraus, daß I_1 und I_2 in die Energie nur als Summe $n_2 I_1 + n_1 I_2$ eingehen.

Eine sehr wesentliche Besonderheit der entarteten Bewegungen ist die Vergrößerung der Anzahl der eindeutigen Bewegungsintegrale im Vergleich zum allgemeinen Fall eines nicht entarteten Systems (mit derselben Zahl von Freiheitsgraden). Ohne Entartung sind von allen $2s - 1$ Bewegungsintegralen im ganzen nur s Stück eindeutige Funktionen des Zustandes des Systems; ihre Gesamtheit bilden z. B. die s Größen I_i. Die übrigen $s - 1$ Integrale kann man als Differenzen

$$w_i \frac{\partial E}{\partial I_k} - w_k \frac{\partial E}{\partial I_i} \tag{52,13}$$

darstellen. Die Konstanz dieser Größen folgt unmittelbar aus Formel (52,7); wegen der Mehrdeutigkeit der Winkelvariablen sind dies jedoch keine eindeutigen Funktionen des Zustandes des Systems.

Bei Entartung ändert sich die Lage. Wegen der Verknüpfung (52,12) besteht die Mehrdeutigkeit des Integrals

$$w_i n_k - w_k n_i \tag{50,14}$$

nur in der möglichen Addition eines ganzzahligen Vielfachen von 2π. Es genügt daher, eine trigonometrische Funktion dieser Größe zu nehmen, um ein neues eindeutiges Bewegungsintegral zu erhalten.

Die Bewegung im Feld $U = -\alpha/r$ ist z. B. entartet (s. Aufgabe zu diesem Paragraphen). Eben dieser Umstand führt zum Auftreten des neuen spezifischen eindeutigen Bewegungsintegrals (15,17) neben den beiden (wir betrachten die ebene Bewegung) üblichen eindeutigen Integralen, die bei Bewegung im Zentralfeld vorkommen: dem Drehimpuls M und der Energie E.

Wir bemerken ferner, daß zusätzliche eindeutige Integrale ihrerseits noch zu folgender Eigenschaft entarteter Bewegungen führen: Sie lassen eine vollständige Separation der Variablen in verschiedenen Koordinatensystemen und nicht nur in einem bestimmten zu.[1]) Denn die Größen I_i stellen in solchen Koordinaten, welche die Separation der Variablen ermöglichen, eindeutige Bewegungsintegrale dar. Bei Entartung wird aber die Anzahl der eindeutigen Integrale größer als s, so daß die Wahl derjenigen von ihnen, die wir als die Größen I_i nehmen wollen, nicht eindeutig wird.

Als Beispiel erwähnen wir wiederum die Kepler-Bewegung, die sowohl in sphärischen als auch in Parabelkoordinaten Separation der Variablen zuläßt.

Im vorhergehenden Paragraphen war gezeigt worden, daß bei eindimensionaler endlicher Bewegung die Wirkungsvariable eine adiabatische Invariante darstellt. Dies bleibt auch für ein System mit mehreren Freiheitsgraden richtig. Der entsprechende Beweis ist eine direkte Verallgemeinerung des Verfahrens, wie es zu Beginn von § 51 diskutiert wurde.

---

[1]) Wir sehen hierbei von solch trivialen Koordinatentransformationen ab wie $q_1' = q_1'(q_1)$, $q_2' = q_2'(q_2)$.

Für ein mehrdimensionales System mit veränderlichem Parameter $\lambda(t)$ liefern die kanonischen Bewegungsgleichungen für die zeitliche Änderung der Wirkungsvariablen I_i Ausdrücke analog zu (50,10):

$$\dot{I}_i = -\frac{\partial \Lambda}{\partial w_i}\dot{\lambda}\,, \tag{52,15}$$

wobei wie früher $\Lambda = (\partial S_0/\partial\lambda)_I$ gilt. Die Mittelung dieser Gleichung muß über ein Zeitintervall erfolgen, das groß im Vergleich zu den Grundperioden des Systems ist, aber klein im Vergleich zu der Zeit, während der der Parameter $\lambda(t)$ sich wesentlich ändert. Deshalb kann man die Größe $\dot{\lambda}$ wiederum neben das Mittelungszeichen ziehen und bei der Mittelung der Ableitungen $\partial\Lambda/\partial w_i$ annehmen, daß die Bewegung bei konstantem λ verläuft und daher als bedingt-periodische anzusehen ist. In diesem Falle ist Λ eine eindeutige periodische Funktion der Winkelvariablen w_i, und die Mittelwerte der Ableitungen $\partial\Lambda/\partial w_i$ verschwinden.

Abschließend machen wir einige Bemerkungen über die Eigenschaften der finiten Bewegung eines abgeschlossenen Systems mit mehreren (s) Freiheitsgraden im allgemeinsten Fall, bei dem die Variablen in der entsprechenden Hamilton-Jacobischen Differentialgleichung nicht als separierbar vorausgesetzt werden.

Die Haupteigenschaft von Systemen mit separierbaren Variablen besteht in der Eindeutigkeit der Bewegungsintegrale I_i, deren Anzahl gleich der Zahl der Freiheitsgrade ist. Im allgemeinen Fall von Systemen mit nicht separierbaren Variablen sind die eindeutigen Bewegungsintegrale auf solche beschränkt, deren Konstanz Ausdruck der Homogenität und Isotropie von Raum und Zeit ist, d. h. auf die Erhaltungssätze von Energie, Impuls und Drehimpuls.

Die Phasenbahn des Systems verläuft durch diejenigen Gebiete des Phasenraumes, welche durch die vorgegebenen konstanten Werte der eindeutigen Bewegungsintegrale bestimmt sind. Für ein System mit separierbaren Variablen und s eindeutigen Integralen wird durch diese Bedingungen eine s-dimensionale Mannigfaltigkeit im Phasenraum bestimmt. Im Verlauf einer genügend langen Zeit überstreicht die Bahn des Systems diese Mannigfaltigkeit beliebig dicht.

Bei einem System mit nicht separierbaren Variablen und dementsprechend geringerer Anzahl eindeutiger Integrale (bei gleichem s) erfüllt die Phasenbahn im Phasenraum (vollständig oder teilweise) Gebiete (Mannigfaltigkeiten) höherer Dimension aus.

Schließlich weisen wir noch auf folgendes hin: Wenn die Hamilton-Funktion eines Systems sich nur durch kleine Glieder von einer Funktion unterscheidet, die eine Variablenseparation zuläßt, so ähnelt auch die Bewegung einer bedingt-periodischen, wobei der Grad dieser Ähnlichkeit wesentlich höher ist als der Kleinheitsgrad der Zusatzglieder in der Hamilton-Funktion.

Aufgabe

Berechne die Wirkungsvariablen für eine elliptische Bewegung in dem Feld $U = -\alpha/r$.

Lösung: In Polarkoordinaten r, φ in der Bewegungsebene gilt

$$I_\varphi = \frac{1}{2\pi}\int_0^{2\pi} p_\varphi d\varphi = M\,,$$

$$I_r = \frac{2}{2\pi}\int_{r_{\min}}^{r_{\max}} \sqrt{2m\left(E+\frac{\alpha}{r}\right)-\frac{M^2}{r^2}}\,dr = -M + \alpha\sqrt{\frac{m}{2|E|}}\,.$$

Hieraus ergibt sich für die Energie als Funktion der Wirkungsvariablen

$$E = -\frac{m\alpha^2}{2(I_r+I_\varphi)^2}\,.$$

Sie hängt nur von der Summe $I_r + I_\varphi$ ab, was Entartung der Bewegung bedeutet; beide Grundfrequenzen (für φ und für r) fallen zusammen.

Für die Abhängigkeit der Bahnparameter p und e (s. (15,4)) von I_r und I_φ gilt

$$p = \frac{I_\varphi^2}{m\alpha}\,, \qquad e^2 = 1 - \left(\frac{I_\varphi}{I_\varphi + I_r}\right)^2.$$

Infolge der adiabatischen Invarianz der Größen I_r, I_φ bleibt die Exzentrizität der Bahn bei langsamer Änderung des Koeffizienten α oder der Masse m konstant, während sich ihre Abmessungen umgekehrt proportional zu m und α ändern.

LEW DAVIDOWITSCH LANDAU

(1908–1968)[1]

Obwohl seit dem Tode von Lew Davidowitsch Landau am 1. April 1968 erst wenig Zeit vergangen ist, wollte es das Schicksal, daß wir schon jetzt wie aus einiger Entfernung auf ihn blicken. Aus diesem Abstand ist nicht nur die Größe des Wissenschaftlers — dessen Werk in seiner Bedeutung mit der Zeit wahrlich immer offensichtlicher wird —, sondern auch seine Größe als Mensch immer klarer erkennbar. Er war außergewöhnlich gerecht und wohlwollend. Zweifelsohne liegen auch darin die Wurzeln seiner Popularität als Wissenschaftler und Lehrer, die Wurzeln jener ungeteilten Liebe und Achtung, die ihm seine Schüler und alle, die von ihm lernten, entgegenbrachten und die sich mit außergewöhnlicher

[1]) Dieser biographische Artikel wurde für die „Gesammelten Arbeiten von L. D. LANDAU", erschienen im Verlag „Nauka", Moskau 1969, geschrieben. Am Ende dieses Artikels (S. 224) befindet sich ein Verzeichnis der Arbeiten, die in die erwähnte Sammlung aufgenommen wurden. Eine analoge Sammlung ist in Englisch im Verlag Pergamon Press 1965 erschienen.

Kraft während des Kampfes um die Rettung seines Lebens nach dem schrecklichen Unfall zeigten.

Er hatte das tragische Schicksal, zweimal zu sterben. Das erste Mal geschah es am 7. Januar 1962, als sein Auto auf der Straße von Moskau nach Dubna mit einem entgegenkommenden Lastkraftwagen zusammenstieß. Die dramatische Geschichte des nachfolgenden Kampfes zur Rettung des Lebens von Lew Davidowitsch ist vor allem die Geschichte der aufopferungsvollen Arbeit und Kunst unzähliger Ärzte und Schwestern. Sie ist dabei aber auch die Geschichte einer großen Kameradschaft. Der Unfall brachte die gesamte physikalische Öffentlichkeit in Bewegung und rief spontane und augenblickliche Reaktionen hervor. Das Krankenhaus, in dem Landau ohne Bewußtsein lag, wurde zum Zentrum für alle, für Schüler und Kollegen, die versuchten, den Ärzten bei dem verzweifelten Kampf um die Rettung des Lebens Lew Davidowitschs nach Kräften mitzuhelfen.

„Mit dem ersten Tag begann ihre aufopferungsvolle Kameradschaft.[1]) Hervorragende Wissenschaftler, die sich jedoch nicht in der Medizin auskannten, Akademiemitglieder, korrespondierende Akademiemitglieder, Doktoren, Kandidaten der Wissenschaften, Menschen aus der Generation des 54-jährigen Landau, seine Schüler und auch deren ganz junge Schüler — sie alle übernahmen von sich aus die Rolle von Kurieren, Chauffeuren, Mittelsmännern, Lieferanten, Sekretären, Wachhabenden, waren auch Gepäckträger und Hilfsarbeiter. Ihr spontan entstandener Stab richtete sich im Raum des Chefarztes des 50. Krankenhauses ein und wurde rund um die Uhr zum Organisationszentrum für bedingungslose und schnellstmögliche Ausführung der Anweisungen der behandelnden Ärzte.

87 Theoretiker und Experimentatoren waren Mitglieder dieser freiwilligen Rettungsgemeinschaft. Es entstand ein alphabetisches Telefon- und Adressenverzeichnis aller Personen und Institutionen, mit denen zu beliebiger Zeit eine Verbindung benötigt werden könnte. Es waren dort 223 Telefonnummern registriert: Andere Krankenhäuser, Kraftwagenzentren, Flugplätze, Zollämter, Apotheken, Ministerien, mögliche Aufenthaltsorte der zu konsultierenden Ärzte.

In den tragischsten Tagen, als es schien, daß „Dau stirbt", und das war mindestens viermal, standen 8 bis 10 Autos am Eingang des 7-geschossigen Krankenhauses bereit ...

Als alles von einer Maschine zur künstlichen Beatmung abhing, schlug am 12. Januar ein Theoretiker vor, sie unverzüglich in der Werkstatt des Instituts für Physikalische Probleme anzufertigen. Das war naiv und auch gar nicht nötig, aber was war es für eine bemerkenswerte Anteilnahme! Die Physiker holten das Gerät aus dem Institut zur Erforschung der spinalen Kinderlähmung und brachten es eigenhändig ins Krankenzimmer, wo Landau um Luft rang. Sie retteten damit ihren Kollegen, Lehrer und Freund.

---

[1]) Der folgende Auszug ist dem Artikel von D. Danin „Kameradschaft" (Literaturnaja Gaseta 21. 7. 1962) entnommen.

Vieles wäre noch zu erzählen .... Es war wahre brüderliche Kameradschaft der Physiker ....“

Ja, das Leben Landaus war gerettet. Aber als er nach 3 Monaten wieder zu Bewußtsein kam, war er schon nicht mehr der Mensch, den wir vorher gekannt hatten. Er konnte sich nicht von allen Folgen des Unfalls erholen und konnte auch seine außergewöhnlichen Fähigkeiten niemals mehr vollständig wiederherstellen. Die Geschichte der folgenden 6 Jahre ist allein eine Geschichte langwieriger Leiden und Schmerzen.

Lew Davidowitsch Landau wurde am 22. Januar 1908 in Baku in der Familie eines Erdölingenieurs geboren. Sein Vater arbeitete in der Erdölindustrie Bakus, seine Mutter war Ärztin und beschäftigte sich zeitweilig mit wissenschaftlichen Arbeiten auf dem Gebiet der Physiologie.

Lew Davidowitsch beendete die Schule mit 13 Jahren. Schon da begeisterte er sich für die exakten Wissenschaften, und seine mathematischen Fähigkeiten zeigten sich sehr früh. Er studierte selbständig die Analysis und sagte später, daß er sich kaum noch an die Zeiten erinnerte, wo er nicht differenzieren und integrieren konnte.

Die Eltern Lew Davidowitschs glaubten, daß der Sohn noch zu jung für eine Immatrikulation an der Universität sei, und so lernte er ein Jahr an der Ökonomischen Fachschule in Baku. 1922 wurde er an der Universität von Baku immatrikuliert, wo er gleichzeitig an zwei Fakultäten studierte, an der physikalisch-mathematischen und an der chemischen. Lew Davidowitsch setzte später seine Ausbildung auf dem Gebiet der Chemie nicht weiter fort, aber das Interesse für die Chemie blieb für das ganze Leben erhalten.

1924 wechselte Lew Davidowitsch zur physikalischen Abteilung der Leningrader Universität über. In dieser Stadt — dem Hauptzentrum der sowjetischen Physik in dieser Zeit — wandte sich L. D. erstmalig der echten theoretischen Physik zu, die gerade ihre Sturm- und Drangperiode erlebte. Mit seinem ganzen jugendlichen Enthusiasmus stürzte er sich in das Studium, und durch übermäßige Arbeit war er häufig derart übermüdet, daß er in der Nacht wegen der ihm erscheinenden Formeln nicht schlafen konnte.

Er erzählte später, wie er in dieser Zeit von der unglaublichen Schönheit der Allgemeinen Relativitätstheorie tief beeindruckt war (manchmal sagte er sogar, daß ein solches Entzücken beim ersten Bekanntwerden mit dieser Theorie seiner Meinung nach allgemein ein Merkmal eines jeden geborenen theoretischen Physikers sein muß). Er erzählte auch von der Ekstase, in die ihn das Studium der Arbeiten von Heisenberg und Schrödinger versetzte, in denen sich die Geburt der modernen Quantenmechanik offenbarte. Er sagte, daß sie ihn nicht nur in den Genuß wahrer wissenschaftlicher Schönheit brachten, sondern ihm auch ein tiefes Empfinden der Kraft menschlichen Genius vermittelten, dessen gewaltigster Triumph es ist, daß der Mensch fähig ist, Dinge zu verstehen, die er sich nicht mehr veranschaulichen kann. Und natürlich gehören gerade die Krümmung der Raum-Zeit und das Unbestimmtheitsprinzip dazu.

1927 beendete Lew Davidowitsch sein Studium an der Universität und wurde planmäßiger Aspirant am Leningrader Physikalisch-Technischen Institut, wo er schon seit 1926 eine außerplanmäßige Aspirantur hatte. In diesen Jahren schrieb er seine ersten wissenschaftlichen Arbeiten. 1926 wurden von ihm die Theorie der Intensität der Spektren zweiatomiger Moleküle [1][1]) und schon 1927 eine Arbeit über das Problem der Dämpfung in der Quantenmechanik veröffentlicht, in der erstmals die Beschreibung des Zustandes eines Systems mit Hilfe der Dichtematrix eingeführt wurde.

Die Begeisterung für die Physik und die ersten Erfolge auf dem Wege der Wissenschaft wurden jedoch überschattet von der in dieser Zeit krankhaften Schüchternheit im Umgang mit Menschen. Diese Eigenschaft fügte ihm viel Leiden zu und führte ihn manchmal bis zur Verzweiflung, wie er in späteren Jahren selbst sagte. Die Veränderungen, die im Laufe der Jahre in ihm vorgingen und ihn in einen lebensfrohen, sich überall und immer frei fühlenden Menschen verwandelten, waren in entscheidendem Maße das Resultat der für ihn sehr charakteristischen Selbstdisziplin und des Pflichtgefühls sich selbst gegenüber. Diese Eigenschaften, zusammen mit seinem nüchternen und selbstkritischen Geist, erlaubten es ihm, sich selbst zu erziehen und zu einem Menschen mit einer seltenen Eigenschaft zu werden, der Fähigkeit glücklich zu sein. Jene Nüchternheit des Geistes erlaubte es ihm immer, das Wahre im Leben zu unterscheiden von dem Gewöhnlichen, dem man nicht zu große Bedeutung beimessen soll, um sich gerade dadurch das seelische Gleichgewicht in schweren Augenblicken zu erhalten, die es auch in seinem Leben gab.

1929 wurde Lew Davidowitsch vom Volkskommissariat für Volksbildung ins Ausland delegiert und arbeitete im Verlaufe von eineinhalb Jahren in Dänemark, England und in der Schweiz. Am wichtigsten für ihn war der Aufenthalt in Kopenhagen, wo sich im Institut für Theoretische Physik bei dem großen Niels Bohr theoretische Physiker aus ganz Europa trafen und wo in den berühmten von Niels Bohr geleiteten Seminaren alle grundlegenden Fragen der theoretischen Physik jener Zeit diskutiert wurden. Die durch den Zauber der Persönlichkeit Bohrs geförderte wissenschaftliche Atmosphäre hatte einen entscheidenden Einfluß auf die Herausbildung des physikalischen Weltbildes Lew Davidowitschs, und in der Folge betrachtete er sich stets als Schüler von Niels Bohr. Noch zweimal besuchte er Kopenhagen, 1933 und 1934.

In die Zeit des Aufenthaltes Lew Davidowitschs im Ausland fallen insbesondere seine Arbeiten zur Theorie des Diamagnetismus des Elektronengases [4] und die Untersuchung der zusätzlichen Einschränkungen, die für die Meßbarkeit

---

[1]) Er wußte zu dieser Zeit jedoch nicht, daß diese Resultate bereits ein Jahr zuvor von Hönl und London veröffentlicht worden waren. (Die Zahlen in den eckigen Klammern beziehen sich hier und im weiteren auf das Verzeichnis der Arbeiten von L. D. Landau am Ende dieses Artikels S. 224).

physikalischer Größen in der relativistischen Quantentheorie gültig sind ([5], gemeinsam mit PEIERLS).

Nach der Rückkehr nach Leningrad im Jahr 1931 arbeitete Lew Davidowitsch im Leningrader Physikalisch-Technischen Institut und ging 1932 nach Charkow, wo er die theoretische Abteilung des neu gebildeten Ukrainischen Physikalisch-Technischen Instituts leitete, das aus dem Leningrader Physikalisch-Technischen Institut hervorgegangen ist. Gleichzeitig war er Professor für Theoretische Physik an der Physikalisch-Mechanischen Fakultät des Instituts für Mechanik und Maschinenbau, und 1935 wurde er Professor für allgemeine Physik an der Universität Charkow.

Die Charkower Periode war für Lew Davidowitsch eine Zeit angespannter und vielseitiger Forschungsarbeit[1]). Und gerade hier begann auch seine Tätigkeit als Lehrer, hier begann sich seine Schule der theoretischen Physik herauszubilden.

Die theoretische Physik des 20. Jahrhunderts ist reich an glänzenden Namen schöpferischer Persönlichkeiten. Zu ihnen gehört auch Landau. Aber sein Einfluß auf die Entwicklung der Wissenschaft erschöpft sich bei weitem nicht in seinem persönlichen wissenschaftlichen Beitrag. Er war ein überragender Physiker und gleichzeitig auch ein wahrhaft hervorragender Lehrer, ein Lehrer aus Berufung. In dieser Hinsicht könnte man vielleicht Lew Davidowitsch nur noch mit seinem eigenen Lehrer, NIELS BOHR, vergleichen.

Pädagogische Fragen der Ausbildung in theoretischer Physik wie in der Physik allgemein interessierten ihn schon, als er noch ganz jung war. Gerade hier in Charkow begann er zum ersten Mal ein Programm des für Experimentalphysiker notwendigen „theoretischen Minimums", also der Grundkenntnisse in theoretischer Physik auszuarbeiten, sowie ein anderes, das besonders für diejenigen notwendig ist, die sich in ihrem Beruf mit Forschungsarbeit auf dem Gebiet der theoretischen Physik befassen wollen. Dabei beschränkte er sich nicht nur auf die Ausarbeitung von Programmen, sondern hielt auch selbst Vorlesungen in theoretischer Physik für Mitarbeiter des Ukrainischen Physikalisch-Technischen Instituts und an der Physikalisch-Mechanischen Fakultät für Studenten. Begeistert von den Ideen der Umgestaltung des Lehrprozesses der Physik im Ganzen übernahm er die Leitung des Lehrstuhls für Allgemeine Physik an der Universität Charkow (und später, bereits nach dem Krieg, hielt er — nunmehr an der Physikalisch-Technischen Fakultät der Moskauer Universität — weiterhin Vorlesungen über allgemeine Physik).

---

[1]) Über den Grad der wissenschaftlichen Aktivität L. D.'s in dieser Zeit kann man sich schon anhand des Verzeichnisses seiner Arbeiten ein Urteil bilden, die von ihm im Verlaufe nur eines Jahres (1936) abgeschlossen wurden: Theorie der Phasenübergänge 2. Art [28, 29]; Theorie des Zwischenzustandes von Supraleitern [30]; Aufstellen einer kinetischen Gleichung für den Fall der Coulombwechselwirkung [23]; Theorie monomolekularer Reaktionen [22]; Eigenschaften von Metallen bei sehr tiefen Temperaturen [24]; Theorie der Dispersion und Absorption des Schalls [21, 27]; Theorie photoelektrischer Erscheinungen in Halbleitern [20].

Gerade hier in Charkow reifte die Idee und begann die Verwirklichung der Erarbeitung eines vollständigen Kurses der theoretischen Physik und eines Kurses der allgemeinen Physik. Während seines ganzen Lebens träumte Lew Davidowitsch davon, Bücher über Physik auf allen Niveaus zu schreiben, vom Schulbuch bis zum Kurs der theoretischen Physik für Spezialisten. Tatsächlich waren zu Lebzeiten Landaus bis zu dem folgenschweren Unfall fast alle Bände der „Theoretischen Physik“ und die ersten Bände vom „Kurs der Allgemeinen Physik“ und der „Physik für alle“ abgeschlossen. Er befaßte sich auch mit Plänen zur Ausarbeitung von Lehrbüchern der Mathematik für Physiker, die eine „Anleitung zum Handeln“ sein müßten, die praktische Anwendung der Mathematik auf die Physik lehren und frei von überflüssiger Strenge und Kompliziertheit sein sollten. Zur Ausführung dieses Programms kam er jedoch nicht mehr.

Der Beherrschung mathematischer Technik durch den theoretischen Physiker maß Lew Davidowitsch überhaupt sehr große Bedeutung bei. Der Grad dieser Beherrschung sollte dabei so sein, daß mathematische Schwierigkeiten nach Möglichkeit nicht von den physikalischen Problemen der Aufgabe ablenken, insbesondere dort, wo es um mathematische Standardmethoden geht. Das kann nur durch genügendes Training erreicht werden. Indessen zeigt die Erfahrung, daß der bestehende Stil und die Programme der Mathematikausbildung der Physiker an den Universitäten häufig nicht ein solches Training garantieren. Die Praxis zeigt auch, daß dem Physiker, der seine selbständige Forschungstätigkeit beginnt, das Studium der Mathematik im nachhinein als zu „langweilig“ erscheint.

Deshalb prüfte Lew Davidowitsch jeden in Mathematik, der in den Kreis seiner unmittelbaren Schüler aufgenommen werden wollte, und zwar in ihrer „praktischen“, rechnerischen Seite[1]). Hatte man diese Prüfung überstanden, so konnte man dann nacheinander die sieben Abschnitte des „theoretischen Minimums“, das das Grundwissen auf allen Teilgebieten der theoretischen Physik beinhaltet, studieren und die Prüfungen ablegen. Diese Kenntnisse sollten nach Meinung Lew Davidowitschs alle Theoretiker unabhängig von ihrer zukünftigen Spezialisierung haben. Selbstverständlich forderte er von keinem, so universell zu sein wie er selbst. Hier zeigte sich jedenfalls seine Überzeugung von der theoretischen Physik als einheitlicher Wissenschaft mit einheitlichen Methoden.

In der ersten Zeit nahm Lew Davidowitsch alle Prüfungen des theoretischen Minimums selbst ab. Später, als die Zahl der Prüflinge zu groß wurde, verteilte er diese Aufgaben auch unter seine engsten Mitarbeiter. Aber die erste Prüfung, das erste Bekanntmachen mit jedem neuen jungen Menschen nahm Lew Davido-

---

[1]) Es wurde gefordert: Die Fertigkeit, ein beliebiges unbestimmtes Integral (das durch elementare Funktionen ausgedrückt werden kann) berechnen zu können, eine beliebige gewöhnliche Differentialgleichung von einem Standardtyp zu lösen, Kenntnis der Vektoranalysis und Tensoralgebra und auch der Grundlagen der Theorie der Funktionen komplexer Veränderlicher (Residuentheorie, Laplacemethode). Es wurde dabei vorausgesetzt, daß solche Gebiete wie Tensoranalysis, Gruppentheorie u. a. zusammen mit denjenigen Bereichen der theoretischen Physik studiert werden, wo sie ihre Anwendung finden.

witsch immer selbst vor. Mit ihm treffen konnte sich jeder – es genügte ein Anruf und die Mitteilung des Wunsches.

Natürlich hatte nicht jeder, der das Studium des theoretischen Minimums aufnahm, die Fähigkeiten und die Beharrlichkeit, es auch zu beenden. Von 1934 bis 1961 gelang es 43 Physikern. Die Effektivität einer solchen Auswahl möge durch folgende formale Fakten charakterisiert werden: Von diesen 43 Physikern wurden bereits 7 Akademiemitglieder und 16 weitere Doktoren der Wissenschaften. (Siehe Ergänzungen Seite 232.)

Im Frühling 1937 ging Lew Davidowitsch nach Moskau, wo er der Leiter der theoretischen Abteilung des Instituts für Physikalische Probleme wurde, das kurz vorher für P. L. Kapitza aufgebaut worden war. Hier blieb er bis zum Ende seines Lebens[1]); in diesem Institut, das ihm zur Heimstatt wurde, erreichte seine vielseitige Tätigkeit ihre volle Blüte. Hier schuf Lew Davidowitsch in bemerkenswerter Zusammenarbeit mit der experimentellen Forschung das, was vielleicht das Hauptergebnis seines wissenschaftlichen Lebens ist, die Theorie der Quantenflüssigkeiten.

Hier erhielt er auch zahlreiche Zeichen der äußeren Anerkennung seiner Verdienste. 1946 wurde er zum ordentlichen Mitglied der Akademie der Wissenschaften der UdSSR gewählt. Als Auszeichnung sowohl für seine rein wissenschaftlichen Ergebnisse als auch für seinen Beitrag zur Erfüllung praktischer staatlicher Aufgaben wurden ihm viele Orden der UdSSR (darunter zweimal der Leninorden) sowie der Titel "Held der Sozialistischen Arbeit" verliehen. Dreimal erhielt er den Staatspreis und 1962 den Leninpreis. Es fehlte auch nicht an Ehrungen aus anderen Ländern. Schon 1951 wurde er zum Mitglied der Dänischen und 1956 der Niederländischen Akademie der Wissenschaften gewählt. 1959 wurde er Mitglied der Britischen Physikalischen Gesellschaft und 1960 auswärtiges Mitglied der Britischen Königlichen Gesellschaft. Im selben Jahr wurde er in die Nationale Akademie der Wissenschaften der USA und in die Amerikanische Akademie der Wissenschaften und Künste gewählt. 1960 wurde Lew Davidowitsch der F.-London-Preis (USA) und die Max-Planck-Medaille (BRD) verliehen. Schließlich wurde ihm 1962 der Nobelpreis für Physik "für Pionierforschung in der Theorie des kondensierten Zustandes der Materie, insbesondere des flüssigen Heliums" verliehen.

Der wissenschaftliche Einfluß Lew Davidowitschs beschränkte sich natürlich bei weitem nicht auf seine unmittelbaren Schüler. Er war zutiefst demokratisch im wissenschaftlichen Leben (wie übrigens auch im Leben allgemein; ihm waren jegliche Aufgeblasenheit und Verehrung von Titeln völlig fremd). Um Rat und Kritik, die immer klar und deutlich waren, konnte sich jeder unabhängig von seinen wissenschaftlichen Verdiensten und Titeln an ihn wenden. Voraussetzung war allerdings, daß es in dem Gespräch um einen echten Inhalt gehen mußte und nicht um leeres, inhalts- und ergebnisloses, hinter pseudowissenschaftlichen Schwierigkeiten verstecktes Geschwätz, das er besonders in der Wissenschaft haßte. Er hatte einen sehr kritischen Geist; diese Eigenschaft zusammen mit

---

1) In der Nacht vom 27. zum 28. 4. 1938 wurde Landau verhaftet; dank des couragierten Einspruchs von Kapitza wurde er am 29. 4. 1939 gegen dessen Bürgschaft aus dem Untersuchungsgefängnis wieder freigelassen. Bis 1989 war dies ein weißer Fleck in Landaus Biographie, s. G. GORELIK und H. ROTTER, Phys. Blätter **49** (2), 115 (1993). (Anm. d. Herausg.)

seinem zutiefst physikalischen Herangehen an die Probleme gestalteten die Diskussion mit ihm so fesselnd und nützlich.

In Diskussionen war er hitzig und heftig, aber nicht grob, war scharfsinnig und ironisch, aber nicht bissig. Eine Aufschrift — von ihm an den Türen seines Arbeitszimmers im Ukrainischen Physikalisch-Technischen Institut angebracht — lautete: „L. Landau. Vorsicht — beißt!“ Mit den Jahren wurden sein Charakter und seine Umgangsformen etwas weicher, aber sein Enthusiasmus in der Wissenschaft, seine kompromißlose wissenschaftliche Prinzipienfestigkeit blieben unverändert erhalten. Und immer waren hinter seiner äußerlichen Heftigkeit wissenschaftliche Unvoreingenommenheit, ein großes Herz und menschliche Güte verborgen. So heftig und schonungslos seine Kritik war, so heiß konnte auch seine Zustimmung sein und so aufrichtig war auch sein Wunsch, durch seinen Rat zum Erfolg anderer beizutragen.

Diese Züge der wissenschaftlichen Persönlichkeit und Begabung Lew Davidowitschs führten dazu, daß seine Schüler und Kollegen ihn als obersten wissenschaftlichen Richter ansahen[1]). Zweifelsohne bestimmte auch diese Seite des Wirkens Lew Davidowitschs, seine wissenschaftliche und moralische Autorität, wesentlich das hohe Niveau unserer theoretischen Physik, indem sie unreife Arbeiten nicht zuließ.

Sein ständiger wissenschaftlicher Kontakt mit einer Vielzahl von Schülern und Kollegen war für Lew Davidowitsch auch eine Quelle des Wissens. Die Eigentümlichkeit seines Arbeitsstils bestand darin, daß er schon seit langer Zeit (schon seit der Charkower Jahre) selbst fast keine wissenschaftlichen Artikel oder Bücher las. Trotzdem war er immer über alles Neue in der Physik informiert. Das Wissen erhielt er aus vielen Diskussionen und aus Vorträgen in dem von ihm geleiteten Seminar.

[1]) Dies ist symbolisch in der hier abgebildeten scherzhaften Zeichnung von A. Juseffowitsch „Dau hat gesagt ...“ dargestellt.

Dieses Seminar wurde über fast 30 Jahre regelmäßig einmal in der Woche durchgeführt, und in den letzten Jahren hatte es den Charakter von Zusammenkünften der theoretischen Physiker aus ganz Moskau. Im Seminar vorzutragen gehörte zur heiligen Pflicht aller Schüler und Mitarbeiter, und Lew Davidowitsch selbst verfolgte mit außerordentlicher Gründlichkeit und Sorgfalt die Auswahl des Materials für die Vorträge. Er interessierte sich für alles und war auch für alles in der Physik gleichermaßen kompetent, und den Teilnehmern des Seminars fiel es oft nicht leicht, sofort umzuschalten, ihm von der Erörterung z. B. der „seltsamen Teilchen" zur Erörterung des Energiespektrums der Elektronen im Silizium zu folgen. Für Lew Davidowitsch war das Verfolgen der Vorträge nie eine Formalität, er gab keine Ruhe, bis nicht das Wesen einer Arbeit völlig geklärt war und solange nicht in ihr alle Spuren von „Philologie" getilgt waren, von unbewiesenen Behauptungen oder Voraussetzungen, die nach dem Prinzip „Warum denn nicht so?" aufgestellt waren. Im Resultat solcher Erörterung und Kritik erklärte er viele Arbeiten als „pathologisch" und verlor an ihnen jegliches Interesse.

Andererseits wurden Artikel, die wirklich neue Ideen oder Resultate enthielten, dem sogenannten „Goldenen Fonds" zugerechnet, und L. D. behielt sie für immer im Gedächtnis.

Tatsächlich genügte es ihm in der Regel, lediglich die grundlegende Idee einer Arbeit zu wissen, um alle ihre Resultate reproduzieren zu können. Gewöhnlich fiel es ihm leichter, die Resultate auf eigenem Wege zu erhalten, als dem Vorgehen des Autors in allen Einzelheiten zu folgen. So reproduzierte er die Mehrzahl der wesentlichen Resultate in allen Gebieten der theoretischen Physik und durchdachte sie tiefgehend[1]). Wahrscheinlich liegt gerade darin die Ursache seiner phänomenalen Fähigkeit, auf fast jede ihm gestellte physikalische Frage antworten zu können.

Der wissenschaftliche Stil Lew Davidowitschs stand im Gegensatz zu der leider sehr verbreiteten Tendenz, einfache Sachen in komplizierte zu verwandeln (oft unter Hinweis auf Allgemeinheit und Strenge, die sich jedoch gewöhnlich als illusorisch erweisen). Er selbst strebte immer nach dem Umgekehrten, Kompliziertes in Einfaches umzuwandeln, auf die klarste Art und Weise die den Naturgesetzen eigene Einfachheit aufzudecken. Diese Fähigkeit, die Dinge zu „trivialisieren", wie er selbst sagte, war sein besonderer Stolz.

Das Streben nach Einfachheit und Ordnung war überhaupt für die gesamte Geisteshaltung von Lew Davidowitsch charakteristisch. Das zeigte sich nicht nur in ernsten, sondern auch in weniger ernsthaften und sogar bei den für ihn typischen rein scherzhaften Angelegenheiten[2]). So klassifizierte er gern alles, ange-

---

[1]) Übrigens erklärt sich damit auch das Fehlen einiger nötiger Literaturzitate in den Artikeln L. D.'s, was aber für gewöhnlich nicht absichtlich geschah. Er konnte aber auch in einigen Fällen ein Zitat absichtlich weglassen, wenn er die entsprechende Frage als trivial ansah, und er hatte seine eigenen, äußerst hohen Kriterien dabei.

[2]) Jedoch ist es charakteristisch, daß diese Eigenschaft nicht zu den Gewohnheiten L. D.'s sozusagen im alltäglichen Leben gehörte. Hier war er keineswegs pedantisch, und um ihn herum bildete sich recht schnell eine „Zone der Unordnung".

fangen bei Frauen nach dem Grad ihrer Schönheit bis zu den theoretischen Physikern nach dem Grad der Bedeutung ihres Beitrages zur Wissenschaft. Letztere Klassifikation erfolgte nach einem Fünfpunktesystem mit logarithmischer Einteilung: So verstand man unter einem Physiker 2. Klasse einen, der um 10mal mehr herausbekommen hatte als einer 3. Klasse (in der fünften Klasse befanden sich die „pathologischen" Fälle). In dieser Einteilung belegte EINSTEIN die einhalbte Klasse und BOHR, HEISENBERG, SCHRÖDINGER, DIRAC und einige andere gehörten zur ersten Klasse. Sich selbst rechnete Lew Davidowitsch lange Zeit bescheiden zur zweieinhalbten Klasse und „überführte" sich erst relativ spät in die zweite Klasse.

Er arbeitete immer und viel (niemals am Tisch, sondern gewöhnlich halb liegend auf dem Diwan). Für jeden Wissenschaftler ist die Anerkennung der Resul-

tate seiner Arbeit in der einen oder anderen Form wichtig; sie war natürlich auch für Lew Davidowitsch wesentlich. Trotzdem kann man sagen, daß er Prioritätsfragen wesentlich weniger Bedeutung beimaß, als es gewöhnlich der Fall ist. Jedenfalls steht außer Zweifel, daß der innere Antrieb zur Arbeit für ihn nicht das Streben nach Ruhm, sondern eine unersättliche Neugierde und das unerschöpfliche Streben nach der Erkenntnis der Naturgesetze in ihren größeren und kleineren Erscheinungsformen war. Niemals darf man aus anderen Beweggründen arbeiten, nur um eine großartige Entdeckung zu machen: Auf diese Weise kann überhaupt nichts gelingen — er versäumte keine Gelegenheit, um diese einfache Wahrheit zu wiederholen.

Vielgestaltig war auch sein Interessenkreis außerhalb der Physik. Außer den exakten Wissenschaften liebte er die Geschichte sehr und kannte sie auch gut. Er war stark an allen Richtungen der Kunst interessiert — die Musik allerdings ausgenommen (und ebenso das Ballett) — und empfing von ihnen tiefste Eindrücke.

Wer sich so glücklich schätzen konnte, während vieler Jahre zu seinen Schülern und Freunden zu gehören, wußte, daß unser Dau — wie ihn die Freunde und Kollegen nannten[1]) — nicht alterte. Mit ihm war es niemals langweilig. Die Ausstrahlungskraft seiner Persönlichkeit verblaßte nicht und seine wissenschaftlichen Potenzen blieben unvermindert. Um so sinnloser und grausamer war der Unfall, der zum Abbruch der Blüte seines glanzvollen Wirkens führte.

* * *

Die Artikel von Landau sind in der Regel ganz von seinem eigenem wissenschaftlichen Stil geprägt: Klarheit und Schärfe der physikalischen Fragestellung, schnellster und elegantester Weg zur Lösung, nichts Überflüssiges. Die Mehrzahl der Artikel würde sogar heute, viele Jahre später, keinerlei Veränderung bedürfen.

Die folgende Übersicht soll nur als Orientierung innerhalb der Menge und Vielfalt der Arbeiten Lew Davidowitschs dienen und außerdem ein wenig die Stellung klären, die diese Arbeiten in der Geschichte der Physik einnehmen und die vielleicht dem heutigen Leser nicht immer gegenwärtig ist.

Der charakteristischste Zug der wissenschaftlichen Arbeiten Landaus liegt in ihrer Breite, die ihresgleichen sucht und die gesamte theoretische Physik umfaßt, von der Hydrodynamik bis zur Quantenfeldtheorie. In unserem Jahrhundert mit seiner immer enger werdenden Spezialisierung gingen allmählich auch die wissenschaftlichen Wege seiner Schüler immer weiter auseinander. Lew Davidowitsch selbst vereinigte sie alle, wobei er sich sein wirklich erstaunliches Interesse für alles bewahrte. In ihm verlor die Physik möglicherweise eine ihrer letzten großen universellen Persönlichkeiten.

Schon ein flüchtiger Blick auf das Verzeichnis seiner Arbeiten zeigt, daß man das Leben Landaus unmöglich in irgendwelche längeren Perioden aufteilen kann, während derer er nur auf einem Gebiet der Physik arbeitete. Deshalb erfolgt die Besprechung einer Reihe seiner Arbeiten nicht in chronologischer Reihenfolge, sondern nach Möglichkeit unter thematischen Gesichtspunkten. Wir beginnen mit Arbeiten zu allgemeinen Fragen der Quantenmechanik.

Dazu gehören vor allem einige frühe Arbeiten Landau's. Bei der Betrachtung von Problemen der Strahlungsdämpfung wurde von ihm erstmalig der Begriff der unvollständigen quantenmechanischen Beschreibung mittels einer Größe eingeführt, die in der Folge die Bezeichnung Dichtematrix erhielt [2]. In dieser Arbeit wurde die Dichtematrix in der Energiedarstellung eingeführt.

Zwei Artikel [6, 7] sind der Berechnung von Wahrscheinlichkeiten quasiklassischer Prozesse gewidmet. Diese Frage ist deshalb so kompliziert, weil sich der Integrand in den Matrixelementen wegen des exponentiellen Verhaltens der quasiklassischen Wellenfunktionen (mit großem imaginären Exponenten) als schnell oszillierend erweist, was sogar eine Abschätzung des Integrals bedeutend erschwert; bis zu den Arbeiten Landaus erwiesen sich praktisch alle Untersuchungen ähnlicher Fragen als fehlerhaft. Landau gab erstmals eine allgemein-

[1]) L. D. sagte selbst gern, daß der Name Dau von der französischen Lesart seines Familiennamens herrührt: Landau = L'âne Dau (der Esel Dau).

gültige Methode zur Berechnung der quasiklassischen Matrixelemente an, die er auch auf eine Reihe konkreter Prozesse anwandte.

1930 veröffentlichte Landau (gemeinsam mit R. PEIERLS) eine detaillierte Untersuchung der durch relativistische Forderungen in die quantenmechanische Beschreibung eingeführten Einschränkungen [5]; dieser Artikel rief damals lebhafte Diskussionen hervor. Als Hauptresultat (neben der Präzisierung der Frage der individuellen Unschärfe der Koordinaten) wurden die prinzipiellen Grenzen bei der Messung des Impulses eines Teilchens innerhalb endlicher Zeitdauer abgesteckt. Hieraus folgte, daß in der relativistischen Quantentheorie keinerlei dynamische Veränderliche gemessen werden können, die die Teilchen bei ihrer Wechselwirkung charakterisieren; als einzig meßbar erweisen sich die Impulse (und Polarisationen) freier Teilchen. Hierin besteht auch die physikalische Ursache jener Schwierigkeiten, die bei der Übertragung der Methoden der gewöhnlichen Quantenmechanik in das relativistische Gebiet auftreten, wobei man Begriffe benutzt, die hier ihren Sinn verlieren. Zu dieser Frage kehrte Landau in seinem letzten veröffentlichten Artikel [98] noch einmal zurück, in dem er seiner Überzeugung Ausdruck verlieh, daß die Ψ-Operatoren als Träger nicht-beobachtbarer Informationen und mit ihnen die gesamte HAMILTONsche Methode aus einer zukünftigen Theorie eliminiert werden müssen.

Einer der Gründe für diese Überzeugung lag für Lew Davidowitsch in den Ergebnissen der von ihm in den Jahren 1954—55 gemeinsam mit A. A. ABRIKOSOW, I. M. CHALATNIKOW und I. JA. POMERANTSCHUK durchgeführten Untersuchungen zu den Grundlagen der Quantenelektrodynamik [76—79, 83]. In diesen Arbeiten gingen die Autoren von der Vorstellung über die Punktwechselwirkung als Grenzfall der „verschmierten" Wechselwirkung aus, wenn der Radius der Verschmierung gegen Null geht, was sofort zu endlichen Ausdrücken führte. Weiterhin erwies es sich als möglich, die Hauptglieder der gesamten Störungsreihe aufzusummieren, wobei man für große Impulse asymptotische Ausdrücke für die grundlegenden Größen der Quantenelektrodynamik, die Greenschen Funktionen und den Vertexanteil, erhielt. Aus diesen Ausdrücken wiederum fand man den Zusammenhang zwischen der wahren Ladung und Masse des Elektrons und deren „nackten" Werten. Obwohl diese Berechnungen unter der Voraussetzung einer kleinen „nackten" Ladung ausgeführt wurden, konnten Argumente dafür angegeben werden, daß die Formel für den Zusammenhang zwischen der wahren und der „nackten" Ladung auch für einen beliebigen Wert der letzteren anwendbar bleibt. Dann zeigt die Untersuchung der Formel, daß im Grenzfall einer Punktwechselwirkung die wahre Ladung gegen Null geht — die Theorie „nullifiziert" sich (eine Übersicht über damit verbundene Fragen wird in den Artikeln [82] und [86] gegeben)[1]).

---

[1]) Im Zusammenhang mit der Suche nach einem strengeren Beweis dieser Aussage findet sich in Artikel [98] eine für L. D. charakteristische Bemerkung: „Angesichts der Kürze unseres Lebens können wir uns nicht den Luxus erlauben, uns mit Fragen zu beschäftigen, die nicht zu neuen Ergebnissen führen können".

Erst die Zukunft wird zeigen, inwieweit sich das von Landau aufgestellte Programm zur Schaffung einer relativistischen Quantenfeldtheorie [98] als richtig erweist. In den letzten Jahren vor dem Unglück arbeitete er selbst verstärkt in dieser Richtung. Dabei wurde von ihm insbesondere eine allgemeine Methode zur Bestimmung der Singularitäten der in der Diagrammtechnik der Quantenfeldtheorie auftretenden Größen ausgearbeitet [96].

Auf die Entdeckung der Nichterhaltung der Parität bei schwacher Wechselwirkung im Jahre 1956 reagierte Landau sofort und legte eine Theorie des Neutrinos mit bestimmter Helizität („zweikomponentiges" Neutrino) vor [90][1]). Gleichfalls entwickelte er das Prinzip der Erhaltung der „kombinierten Parität" — so nannte er die gemeinsame Anwendung der Rauminversion und der Ladungskonjugation. Nach den Vorstellungen von Landau müßte auf diese Weise die räumliche Symmetrie „gerettet" werden können und sich die Asymmetrie auf die Teilchen selbst übertragen. Es zeigte sich, daß dieses Prinzip tatsächlich allgemeiner anwendbar war als der Satz von der Erhaltung der Parität. Jedoch wurden bekanntlich in den letzten Jahren sogar Prozesse entdeckt, die auch die kombinierte Parität verletzen; der Hintergrund dieser Verletzung ist auch heutzutage noch nicht klar.

Zur Kernphysik gehört die von Landau 1937 veröffentlichte Arbeit [31]. In dieser Arbeit werden die kurz zuvor von N. Bohr entwickelten Ideen quantitativ verarbeitet. Hier wird der Kern mit Methoden der statistischen Physik als ein Tropfen „Quantenflüssigkeit" betrachtet. Bemerkenswerterweise wurden dabei keinerlei weitgehende Modellvorstellungen verwendet, wie es bisher in den Arbeiten anderer Autoren geschehen war. Insbesondere wurde erstmals der Zusammenhang der mittleren Abstände zwischen den Niveaus der Compoundkerne mit deren Breite ermittelt.

Auch für die von Landau (gemeinsam mit Ja. A. Smorodinskij) entwickelte Theorie der Streuung von Protonen [53] ist charakteristisch, daß keine Modellvorstellungen verwendet werden. Der Streuquerschnitt wurde dabei durch Parameter ausgedrückt, deren Sinn mit keinerlei konkreten Voraussetzungen über das Wechselwirkungspotential der Teilchen verknüpft war.

Ein Beispiel virtuoser Technik ist die Arbeit über die Kaskadentheorie der Elektronenschauer in kosmischen Strahlen (gemeinsam mit G. B. Rumer) [36]; die physikalischen Grundlagen dieser Theorie waren bereits früher von einer Reihe von Autoren formuliert worden, eine quantitative Theorie gab es jedoch eigentlich nicht. In dieser Arbeit wurde ein mathematischer Apparat geschaffen, der zur Grundlage aller folgenden Artikel auf diesem Gebiet wurde. L. D. selbst nahm noch mit zwei Arbeiten an der weiteren Vervollkommnung der Kaskadentheorie teil — über die Winkelverteilung der Teilchen [41] und über die sekundären Schauer [42].

---

[1]) Gleichzeitig und unabhängig davon wurde diese Theorie von Salam und von Lee und Yang vorgeschlagen.

Von nicht geringerer Virtuosität zeugt eine Arbeit von Landau, in der er die Ideen von Fermi über den statistischen Charakter der Entstehung mehrerer Teilchen bei Stößen weiterentwickelt [72][1]). Gleichzeitig ist diese Arbeit auch ein glänzendes Beispiel für die methodische Einheit der theoretischen Physik, wo die Lösung einer Aufgabe unter Zuhilfenahme von Methoden aus einem anscheinend völlig anderen Gebiet erfolgt. Landau zeigte, daß das Entstehen mehrerer Teilchen über ein Zwischenstadium — die Vergrößerung einer „Wolke" —, erfolgt, deren Ausmaße gegenüber der freien Weglänge der Teilchen groß sind; dementsprechend muß dieses Stadium mit den Gleichungen der relativistischen Hydrodynamik beschrieben werden. Die Lösung dieser Gleichungen erforderte eine Reihe scharfsinniger Verfahren und eine tiefschürfende Analyse. L. D. sagte, daß ihn diese Arbeit mehr Mühe gekostet hätte als alle anderen von ihm gelösten Aufgaben.

Lew Davidowitsch ging immer gern auf die Anfragen und Bedürfnisse der Experimentatoren ein. Daraus entsprang insbesondere seine Arbeit [54], in der er die Energieverteilung der Ionisationsverluste schneller Teilchen beim Durchgang durch Materie fand (bis dahin existierte nur eine Theorie der mittleren Energieverluste).

Wir gelangen jetzt zu Landaus Arbeiten über Makrophysik und wollen mit einigen seiner Beiträge zur Physik des Magnetismus beginnen.

Der klassischen Mechanik und Statistik entsprechend kann die Änderung des Charakters der Bewegung freier Elektronen im Magnetfeld nicht zu neuen magnetischen Eigenschaften des Systems führen. Landau klärte als erster den Charakter der quantenmechanischen Bewegung im Magnetfeld. Er wies darauf hin, daß die Quantisierung die Situation völlig ändert und zum Auftreten eines Diamagnetismus des Gases freier Elektronen führt („Landauscher Diamagnetismus", wie man diese Erscheinung heute bezeichnet) [4]. In dieser Arbeit wurde auch die periodische Abhängigkeit der magnetischen Suszeptibilität von der Größe des Magnetfeldes bei starken Feldern qualitativ vorausgesagt. Damals (1930) war diese Erscheinung von noch niemandem beobachtet worden, und sie wurde erst später experimentell entdeckt (de Haas — van Alphen-Effekt); die quantitative Theorie dieses Effekts wurde von Landau in einer späteren Arbeit [37] angegeben.

Ein kleiner, 1933 veröffentlichter Artikel [11] hat eine Tragweite, die weit hinausgeht über die in der Überschrift gestellte Frage — über eine mögliche Erklärung der Abhängigkeit der magnetischen Suszeptibilität einer bestimmten Klasse von Stoffen vom angelegten Feld bei niedrigen Temperaturen. Hier wurde der Begriff des Antiferromagnetismus (wenn auch dieser Terminus nicht vorkommt) als eine besondere magnetische Phase erstmalig eingeführt, die sich von der paramagnetischen Phase durch ihre Symmetrie unterscheidet; demzufolge muß der Übergang zwischen beiden Zuständen bei einem exakt definierten

[1]) Eine ausführlichere Darlegung und weitere Details dieser Arbeit findet man im Übersichtsartikel [85] (zusammen mit S. Z. Belenkij).

Punkt erfolgen.[1]) Konkret wurde in dieser Arbeit das Modell des geschichteten Antiferromagneten mit starker ferromagnetischer Bindung in jeder Schicht und schwacher antiferromagnetischer Kopplung zwischen den Schichten betrachtet; für diesen Fall wurde eine quantitative Untersuchung angestellt und die charakteristischen Besonderheiten der magnetischen Eigenschaften in der Nähe des Übergangspunktes aufgefunden. Die hier von Landau angewandte Methode stützte sich auf Ideen, die er in der Folge zur allgemeinen Theorie der Phasenübergänge zweiter Ordnung weiterentwickelte.

Eine weitere Arbeit befaßte sich mit der Theorie des Ferromagnetismus. Die Vorstellung, daß ferromagnetische Körper aus elementaren Bezirken bestehen, die in unterschiedlichen Richtungen spontan magnetisiert sind (in der heutigen Terminologie „magnetische Domänen"), wurde bereits im Jahre 1907 von P. Weiss eingeführt.[2]) Jedoch gab es noch keinen Zugang zur quantitativen Beschreibung dieser Struktur. In der Arbeit von Landau aus dem Jahre 1936 (gemeinsam mit E. M. Lifschitz) [17] wurde gezeigt, daß eine derartige Theorie auf thermodynamischen Betrachtungen aufbauen muß, und es wurden für einen typischen Fall Form und Abmessungen der Domänen bestimmt. In dieser Arbeit wurde auch die makroskopische Bewegungsgleichung des Vektors der Magnetisierung der Domänen aufgestellt und mit deren Hilfe die Grundlagen der Theorie der Dispersion der magnetischen Suszeptibilität von Ferromagneten im magnetischen Wechselfeld geschaffen; insbesondere wurde die heute unter der Bezeichnung ferromagnetische Resonanz bekannte Erscheinung vorhergesagt.

In der 1933 veröffentlichten kurzen Bemerkung [9] wurde die Idee formuliert, daß ein Elektron, das sich im Kristallgitter bewegt, eine „Selbstlokalisierung" in dem Potentialtopf erfahren kann, der durch die von dem Elektron selbst hervorgerufenen Polarisation entsteht. Diese Idee wurde dann später zur Grundlage der sogenannten Polaronentheorie der Leitfähigkeit von Ionenkristallen. Landau wandte sich diesen Fragen in einer späteren Arbeit selbst noch einmal zu (gemeinsam mit S. I. Pekar) [65], wo er die Bewegungsgleichung des Polarons im äußeren Feld aufstellt.

In einer anderen kleinen Notiz wurden Ergebnisse mitgeteilt, die Landau (zusammen mit G. Placzek) zur Linienstruktur der Rayleigh-Streuung in Flüssigkeiten oder Gasen erhalten hatte [13]. Schon zu Beginn der zwanziger Jahre hatten Brillouin und Mandelstam gezeigt, daß diese Linie wegen der Streuung an den akustischen Schwingungen in ein Dublett aufspalten muß. Landau und Placzek machten darauf aufmerksam, daß unbedingt auch noch eine Streuung an den Entropiefluktuationen existieren muß, die von keinerlei

[1]) Etwa ein Jahr zuvor wurde in einer Arbeit von Néel (die Landau unbekannt war) vorhergesagt, daß es möglicherweise Stoffe gibt, die in magnetischer Hinsicht aus zwei Untergittern mit entgegengesetzten Momenten bestehen. Néel nahm jedoch nicht an, daß es sich um einen besonderen Zustand der Materie handeln könnte, sondern meinte einfach, daß ein Paramagnet mit positivem Austauschintegral bei niedrigen Temperaturen kontinuierlich in eine Struktur übergeht, die aus einigen magnetischen Untergittern besteht.

[2]) Daher wird auch die Bezeichnung „WEISSsche Bezirke" verwendet. — Der Herausg.

Frequenzänderungen begleitet ist; im Ergebnis muß anstelle eines Dubletts ein Triplett beobachtet werden[1]).

Zwei Arbeiten Landaus gehören zur Plasmaphysik. In einer von beiden wird erstmalig eine kinetische Gleichung für den Fall der COULOMB-Wechselwirkung zwischen den Teilchen [23] hergeleitet; das langsame Abklingen dieser Kräfte verhinderte in diesem Fall die Anwendung der hergebrachten Methoden zur Aufstellung der kinetischen Gleichungen. In einer anderen, den Plasmaschwingungen gewidmeten Arbeit [59] wurde gezeigt, daß sogar unter Bedingungen (hohe Frequenzen), bei denen man die Stöße zwischen den Teilchen im Plasma vernachlässigen kann, diese Schwingungen dennoch gedämpft sind („LANDAU-Dämpfung")[2]).

Bei der Ausarbeitung einer der Bände des Lehrbuchs der Theoretischen Physik wurde Landau zu einem vertieften Studium der Hydrodynamik angeregt. Wie immer überdachte er selbständig alle Grundaussagen und Resultate dieses Wissensgebietes und leitete sie ab. Seine frische und originelle Betrachtungsweise führte ihn insbesondere zu einem neuen Zugang zur Frage der Entstehung der Turbulenz: Dabei klärte er die grundlegenden Eigenschaften des Prozesses der allmählichen Entstehung des nichtstationären Zustandes, der sich bei Vergrößerung der Reynolds-Zahl über das Stabilitätsgebiet der laminaren Strömung hinaus einstellt, und sagte qualitativ verschiedene Möglichkeiten voraus, die dabei auftreten können [50]. Bei der Untersuchung der qualitativen Eigenschaften der Umströmung von Körpern im Überschallbereich gelangte Lew Davidowitsch zu dem unerwarteten Resultat, daß fern vom Körper nicht, wie bisher allgemein angenommen worden war, eine, sondern zwei aufeinanderfolgende Stoßwellen auftreten müssen [58]. Sogar auf solch einem „klassischen" Gebiet wie der Strömungstheorie gelang es ihm, eine neue, bis dahin unbemerkte exakte Lösung für einen axialsymmetrischen „überfluteten" Strahl einer zähen, inkompressiblen Flüssigkeit[3]) zu finden [49].

Von herausragender Bedeutung in den wissenschaftlichen Leistungen Landaus ist die Theorie der Phasenübergänge zweiter Art [28], [29], sowohl im Hinblick auf ihre unmittelbare Bedeutung, als auch auf den Umfang der durch sie hervorgebrachten Anwendungen; ein erster Entwurf der ihr zugrundeliegenden

---

[1]) Eine eingehende Darlegung des Lösungsweges und der Ergebnisse dieser Arbeit wurde nicht in Form eines Artikels veröffentlicht. Sie ist teilweise in dem Band VIII dieser Lehrbuchreihe, „Elektrodynamik der Kontinua", § 96 zu finden.

[2]) Interessanterweise entstand diese Arbeit als Reaktion Lew Davidowitschs auf die „Philologie", die seiner Meinung nach in den vorangegangenen Arbeiten zu diesem Thema enthalten ist (z. B. unbegründetes Ersetzen divergenter Integrale durch deren Hauptwerte). Um die Richtigkeit seiner Meinung zu beweisen, beschäftigte er sich auch selbst mit dieser Frage.

[3]) Gemeint ist die Strömung in einem Flüssigkeitsstrahl, der aus dem Ende eines dünnen Rohres herausquillt und in einen unbegrenzten, mit derselben Flüssigkeit gefüllten Raum gelangt. — Anm. d. Herausgebers.

Ideen ist bereits in der Bemerkung [16] enthalten.[1]) Der Begriff der Phasenübergänge unterschiedlicher Ordnung wurde auf rein formale Weise erstmalig von EHRENFEST eingeführt, und zwar abhängig von der Ordnung der thermodynamischen Ableitungen, die am Umwandlungspunkt einen Sprung aufweisen. Offen blieb die Frage, welche dieser Übergänge nun wirklich vorkommen können und worin ihr physikalisches Wesen besteht; dazu wurden in der Literatur nur sehr verwaschene und unbegründete Aussagen getroffen. Landau wies erstmalig auf den tiefliegenden Zusammenhang zwischen der Möglichkeit eines bezüglich der Zustandsänderung des Körpers kontinuierlichen Phasenübergangs und sprunghaften Änderungen irgendeiner Symetrieeigenschaft des Körpers am Umwandlungspunkt hin. Weiterhin zeigte er, daß am Umwandlungspunkt bei weitem nicht alle Symmetrieänderungen möglich sind, und gab an, wie man herausfinden könne, welche Typen von Symmetrieänderungen erlaubt sind. Die von Landau entwickelte quantitative Theorie gründete sich auf die Annahme der Regularität der thermodynamischen Größen in der Nähe des Umwandlungspunktes. Heute wissen wir, daß eine solche Theorie, die die möglichen Singularitäten dieser Größen am Umwandlungspunkt nicht berücksichtigt, nicht alle Eigenschaften des Phasenübergangs widerspiegeln kann. Die Frage nach dem Charakter dieser Singularität interessierte Landau sehr, und in seinen letzten Schaffensjahren arbeitete er viel an diesem schwierigen Problem, ohne jedoch zu irgendwelchen konkreten Resultaten zu gelangen.

Im Geiste dieser Theorie der Phasenübergänge ist auch die 1950 von Landau (zusammen mit V. L. GINZBURG) geschaffene phänomenologische Theorie der Supraleitung aufgebaut [71]; sie wurde in der Folgezeit insbesondere zur Grundlage für eine Theorie der supraleitenden Legierungen. In dieser Theorie kommt eine Reihe von Größen und Parametern vor, deren Sinn während der Entstehung der Theorie nicht völlig klar war und erst verständlich wurde, nachdem 1957 eine mikroskopische Theorie der Supraleitung auftauchte, die eine strenge Begründung der GINZBURG-LANDAU-Gleichungen gestattete und deren Gültigkeitsbereich absteckte. In diesem Zusammenhang ist uns von V. L. GINZBURG eine lehrreiche Geschichte über eine im Originalartikel enthaltene fehlerhafte Aussage überliefert worden. Die Grundgleichung der Theorie, die die effektive Wellenfunktion Ψ der supraleitenden Elektronen bestimmt, enthält das Vektorpotential $\boldsymbol{A}$ in einem Glied der Gestalt $\frac{1}{2m}\left(\frac{\hbar}{i}\nabla - \frac{e^*}{c}\boldsymbol{A}\right)^2 \Psi$, das dem entsprechenden Glied in der SCHRÖDINGER-Gleichung völlig analog ist. Man könnte denken, daß der Parameter e^* in der phänomenologischen Theorie irgendeine effektive Ladung darstellen muß, die nicht unbedingt in direktem Zusammenhang mit der Ladung e des freien Elektrons steht. Landau jedoch verwarf diesen Gedanken, indem er darauf hinwies, daß eine effektive Ladung nicht universell

[1]) Landau selbst verdanken wir die Anwendung dieser Theorie auf die Röntgenbeugung in Kristallen [32] und — gemeinsam mit I. M. CHALATNIKOW — auf die Schallabsorption in der Nähe des Umwandlungspunktes [80].

ist und von verschiedenen Faktoren abhängen müßte (Druck, Zusammensetzung der Probe usw.); so wäre in einer inhomogenen Probe e^* eine Funktion der Koordinaten, und das würde die Eichinvarianz der Theorie verletzen. Deshalb wurde in dem Artikel gesagt, daß es „keinen Grund gäbe, die Ladung e^* als verschieden von der Elektronenladung anzunehmen." Heute wissen wir, daß e^* in Wirklichkeit mit der Ladung der Cooper-Paare zusammenfällt, daß also $e^* = 2e$ gilt, und nicht $e^* = e$. Dieser Wert hätte verständlicherweise nur aufgrund der Vorstellungen über die Bildung von Elektronenpaaren vorhergesehen werden können, die der mikroskopischen Theorie der Supraleitung zugrundeliegt. Der Wert $2e$ ist jedoch ebenso universell wie e, so daß das von Landau vorgebrachte Argument an sich richtig war.

Ein anderer Beitrag Landaus zur Physik der Supraleitung besteht in der Klärung der Natur des sogenannten Zwischenzustandes. Der Begriff dieses Zustandes wurde erstmals von R. PEIERLS und F. LONDON (1936) eingeführt, um die Beobachtung zu beschreiben, daß im Magnetfeld der Übergang in den supraleitenden Zustand kontinuierlich erfolgt. Ihre Theorie trug jedoch rein phänomenologischen Charakter, und die Frage nach der Natur des Zwischenzustandes blieb offen. Landau zeigte, daß hier kein neuer Zustand vorliegt, sondern daß in Wirklichkeit der Supraleiter aus aufeinanderfolgenden dünnen Schichten der normalleitenden und der supraleitenden Phase besteht. 1937 betrachtete Landau ein Modell [30], bei dem diese Schichten bis an die Oberfläche der Probe treten; auf kunstvollem und scharfsinnigem Wege gelang es ihm, Form und Ausdehnung der Schichten in einem solchen Modell vollständig zu bestimmen.[1]) Im Jahre 1938 schlug er eine neue Variante der Theorie vor, nach der die Schichten beim Austritt an der Oberfläche einer vielfachen Verzweigung unterworfen sind; bei genügend großen Abmessungen der Probe muß sich eine solche Struktur als thermodynamisch günstiger erweisen.[2])

Der bedeutendste Beitrag jedoch, die die Physik Landau verdankt, ist die von ihm geschaffene Theorie der Quantenflüssigkeit. Die Bedeutung dieses neuen Gebietes wächst heutzutage immer weiter an; zweifelsohne übte seine Weiterentwicklung in den vergangenen Jahrzehnten einen revolutionierenden Einfluß auch auf andere Gebiete der Physik aus — auf die Festkörperphysik und sogar auf die Kernphysik.

Die Theorie der Supraflüssigkeit wurde von Landau in den Jahren 1940—41 geschaffen, kurz nachdem am Ende des Jahres P. L. KAPITZA 1937 diese grundlegende Eigenschaft das Helium II entdeckt hatte. Bis dahin gab es im wesentlichen keine Voraussetzungen für das Verständnis des physikalischen Wesens des im flüssigen Helium beobachteten Phasenüberganges, und es ist kein Wunder, daß in dieser Angelegenheit Ansichten geäußert wurden, die heutzutage naiv an-

---

[1]) Landau selbst schrieb dazu, daß „es sich erstaunlicherweise als möglich erweist, die Form der Schichten exakt zu bestimmen." [30]

[2]) Eine eingehende Darstellung dieser Arbeit wurde 1943 veröffentlicht [47].

muten.[1]) Bemerkenswert ist die Vollständigkeit, mit der die Theorie des Heliums II von Anfang an aufgestellt wurde: Bereits in der ersten, klassischen Arbeit von Landau [44] sind fast alle Grundideen enthalten, sowohl die mikroskopische Theorie des Heliums II als auch die hierauf aufbauende makroskopische Theorie, die Thermodynamik und Hydrodynamik dieser Flüssigkeit (letzterer ist auch der Artikel [51] gewidmet).

Der Landau-Theorie liegt der Begriff der Quasiteilchen (Elementaranregungen) zugrunde, die das Energiespektrum des Helium II ausmachen. Landau war es auch, der als erster die Frage nach dem Energiespektrum eines makroskopischen Körpers in dieser allgemeinsten Form stellte, und er war es, der den Charakter des Spektrums einer Quantenflüssigkeit vom — wie man heute sagt — Bose-Typ, zu dem auch das flüssige Helium (Isotop He^4) gehört, aufklärte. In der Arbeit aus dem Jahre 1941 nahm Landau an, daß das Spektrum der Elementaranregungen aus zwei Zweigen besteht: Aus dem Phononenzweig mit linearer Abhängigkeit der Energie ε vom Impuls p, und dem „Rotonenzweig“ mit quadratischer Abhängigkeit, der vom Grundzustand durch eine Energielücke getrennt ist. In der Folgezeit fand Landau, daß eine derartige Form des Spektrums vom theoretischen Standpunkt aus nicht befriedigend ist (es wäre nicht stabil), und eine sorgfältige Analyse der um diese Zeit gewonnenen vollständigeren und genaueren experimentellen Daten führte ihn im Jahre 1946 zur Aufstellung des berühmten Spektrums, das insgesamt nur einen Zweig enthält, bei dem das Minimum der Kurve $\varepsilon(p)$ den „Rotonen“ entspricht. Die makroskopischen Vorstellungen der Theorie der Supraflüssigkeit sind allgemein bekannt. Ihnen liegt die Vorstellung von zwei gleichzeitig in der Flüssigkeit ablaufenden Bewegungen zugrunde — einer „normalen“ und einer „supraflüssigen“ —, die man anschaulich als Strömung zweier „Flüssigkeitskomponenten“ betrachten kann.[2]) Die normale Bewegung ist, wie auch bei gewöhnlichen Flüssigkeiten, von innerer Reibung begleitet. Die Bestimmung des Viskositätskoeffizienten ist ein kinetisches Problem, das eine Analyse der Prozesse erfordert, die zur Einstellung des Gleichgewichts im „Gas der Quasiteilchen“ führen; die Grundlagen der Theorie der Viskosität von Helium II wurden von Landau in Zusammenarbeit mit I. M. Chalatnikow im Jahre 1949 entwickelt [67, 68]. Schließlich wurde in einer weiteren Arbeit (gemeinsam mit I. Ja. Pomerantschuk) die Frage nach dem Verhalten von Fremdatomen in Helium II erörtert [62]; es wurde insbesondere gezeigt, daß sich ein jedes solches Atom in die „Normalkomponente“ der Flüssig-

---

[1]) So äußerte Landau selbst in seiner Arbeit über die Theorie der Phasenübergänge [29] die Annahme, ob denn Helium II nicht ein flüssiger Kristall sei, wenn er auch das Zweifelhafte dieser Vorstellung unterstrich.

[2]) Einige Ideen der „zweikomponentigen“ makroskopischen Beschreibung des flüssigen Heliums wurden unabhängig von Landau durch L. Tisza eingeführt, wenn auch ohne eine klare physikalische Interpretation. Sein ausführlicher Artikel, der 1940 in Frankreich veröffentlicht wurde, traf wegen des Krieges erst 1943 in der UdSSR ein. Und bedauerlicherweise blieb eine kurze Bemerkung aus den Berichten der Pariser Akademie vom Jahre 1938 unbemerkt. Im Artikel [64] lieferte Landau eine Kritik der quantitativen Seite der Theorie von Tisza.

keit einordnet, unabhängig davon, ob der beigemengte Stoff für sich allein Supraflüssigkeit aufweist oder nicht — ganz im Gegensatz zu den bis dahin in der Literatur vertretenen unrichtigen Auffassungen.

Das flüssige Isotop He^3 stellt eine Quantenflüssigkeit eines anderen Typs dar, die man heute als Fermi-Flüssigkeit bezeichnet. Obwohl ihre Eigenschaften nicht so effektvoll wie die des flüssigen He^4 sind, erweisen sie sich doch vom prinzipiellen theoretischen Standpunkt aus als nicht weniger interessant. Die Theorie solcher Flüssigkeiten wurde von Landau geschaffen und von ihm in drei Artikeln dargelegt, die in den Jahren 1956—58 veröffentlicht wurden. In den zwei ersten Arbeiten [87, 88] wurde der Charakter des Energiespektrums der FERMI-Flüssigkeit geklärt, ihre thermodynamischen Eigenschaften betrachtet und die kinetische Gleichung für die in ihr ablaufenden Relaxationsprozesse aufgestellt. Die Untersuchung der kinetischen Gleichung führte Landau zur Vorhersage eines besonderen Schwingungstyps im flüssigen He^3 nahe des absoluten Nullpunkts, den er als „Nullschall" bezeichnete. In der dritten Arbeit [93] erhielt die kinetische Gleichung, deren Herleitung zuvor eine Anzahl intuitiver Voraussetzungen enthielt, eine strenge mikroskopische Begründung.

Am Ende dieses kurzen und bei weitem nicht vollständigen Überblicks kann man eigentlich nur wiederholen, daß für Physiker die Bedeutung des Beitrages von Lew Davidowitsch Landau zur theoretischen Physik nicht betont zu werden braucht. Sein Werk hat eine unvergängliche Bedeutung und wird für immer Bestandteil der Wissenschaft bleiben.

E. M. Lifschitz

Verzeichnis der Arbeiten von L. D. LANDAU

Die folgenden Arbeiten sind in den „Gesammelten Arbeiten von L. D. LANDAU", Band 1 und 2, Verlag „Nauka", Moskau 1969 zusammengefaßt (und in Russisch) veröffentlicht:

[1] Zur Theorie der Spektren zweiatomiger Moleküle. Zs. Phys. **10**, 621 (1926).
[2] Das Problem der Dämpfung in der Wellenmechanik. Zs. Phys. **45**, 430 (1927).
[3] Quantenelektrodynamik im Konfigurationsraum (gemeinsam mit R. PEIERLS). Zs. Phys. **62**, 188 (1930).
[4] Diamagnetismus der Metalle. Zs. Phys. **64**; 629 (1930).
[5] Erweiterung des Unbestimmtheitsprinzips auf die relativistische Quantentheorie (gemeinsam mit R. PEIERLS). Zs. Phys. **69**, 56 (1931).
[6] Zur Theorie der Energieübertragung bei Stoßprozessen I. Phys. Zs. Sowjetunion **1**, 88 (1932).
[7] Zur Theorie der Energieübertragung bei Stoßprozessen II. Phys. Zs. Sowjetunion **2**, 46 (1932).
[8] Zur Theorie der Sterne. Phys. Zs. Sowjetunion **1**, 285 (1932).
[9] Über die Bewegung von Elektronen im Kristallgitter. Phys. Zs. Sowjetunion **3**, 664 (1933).
[10] Der zweite Hauptsatz der Thermodynamik und das Weltall (gemeinsam mit M. BRONSTEIN). Phys. Zs. Sowjetunion **4**, 114 (1933).
[11] Eine mögliche Erklärung der Abhängigkeit der Suszeptibilität vom Feld bei tiefen Temperaturen. Phys. Zs. Sowjetunion **4**, 675 (1933).
[12] Die innere Temperatur der Sterne (gemeinsam mit G. GAMOW). Nature **132**, 567 (1933).

[13] Die Struktur der nichtverschobenen Linie bei Streuung (gemeinsam mit G. PLACZEK). Phys. Zs. Sowjetunion **5**, 172 (1934).
[14] Zur Theorie der Bremsung schneller Elektronen durch Abstrahlung. Phys. Zs. Sowjetunion **5**, 761 (1934).
[15] Über die Bildung von Elektronen und Positronen beim Stoß zweier Teilchen (gemeinsam mit E. M. LIFSCHITZ). Phys. Zs. Sowjetunion **5**, 244 (1934).
[16] Zur Theorie der anomalen Wärmekapazität. Phys. Zs. Sowjetunion **8**, 113 (1935).
[17] Zur Dispersionstheorie der magnetischen Permeabilität bei Ferromagneten (gemeinsam mit E. M. LIFSCHITZ). Phys. Zs. Sowjetunion **8**, 153 (1935).
[18] Über relativistische Korrekturen in der Schrödinger-Gleichung beim Vielteilchenproblem. Phys. Zs. Sowjetunion **8**, 487 (1935).
[19] Zur Theorie des Akkomodationskoeffizienten. Phys. Zs. Sowjetunion **8**, 489 (1935).
[20] Zur Theorie der photoelektromotorischen Kraft in Halbleitern (gemeinsam mit E. M. LIFSCHITZ). Phys. Zs. Sowjetunion **9**, 477 (1936).
[21] Zur Dispersionstheorie des Schalls (gemeinsam mit E. TELLER). Phys. Zs. Sowjetunion **10**, 34 (1936).
[22] Zur Theorie monomolekularer Reaktionen. Phys. Zs. Sowjetunion **10**, 67 (1936).
[23] Eine kinetische Gleichung im Fall einer Coulomb-Wechselwirkung. ЖЭТФ **7**, 203 (1937).
[24] Über die Eigenschaften von Metallen bei sehr tiefen Temperaturen (gemeinsam mit I. JA. POMERANTSCKUK). ЖЭТФ **7**, 379 (1937).
[25] Die Streuung von Licht an Licht (gemeinsam mit A. ACHIESER und I. JA. POMERANTSCHUK). Nature **138**, 206 (1936).
[26] Über die Quellen der Sternenergie. ДАН СССР **17**, 301 (1937).
[27] Über die Absorption des Schalls in festen Körpern (gemeinsam mit G. B. RUMER). Phys. Zs. Sowjetunion **11**, 18 (1937).
[28] Zur Theorie der Phasenübergänge I. ЖЭТФ **7**, (1937).
[29] Zur Theorie der Phasenübergänge II. ЖЭТФ **7**, 627 (1937).
[30] Zur Theorie der Supraleitfähigkeit. ЖЭТФ **7**, 371 (1937).
[31] Zur statistischen Theorie der Kerne. ЖЭТФ **7**, 819 (1937).
[32] Streuung von Röntgenstrahlen an Kristallen in der Nähe des Curie-Punktes. ЖЭТФ **7**, 1232 (1937).
[33] Streuung von Röntgenstrahlen an Kristallen mit veränderlicher Struktur. ЖЭТФ **7**, 1227 (1937).
[34] Ausbildung von Schauern schwerer Teilchen (gemeinsam mit G. B. RUMER). Nature **140**, 682 (1937).
[35] Stabilität von Neon und Kohlenstoff gegenüber α-Zerfall. Phys. Rev. **52**, 1251 (1937).
[36] Kaskadentheorie der Elektronenschauer (gemeinsam mit G. B. RUMER). Proc. Roy. Soc. **A166**, 213 (1938).
[37] Über den de Haas-van Alphen-Effekt. Proc. Roy. Soc. **A170**, 363 (1939).
[38] Über die Polarisation von Elektronen bei Streuprozessen. ДАН СССР **26**, 436 (1940).
[39] Über den „Radius" von Elementarteilchen. ЖЭТФ **10**, 718 (1940).
[40] Über die Streuung von Mesonen durch „Kernkräfte". ЖЭТФ **10**, 721 (1940).
[41] Winkelverteilung der Teilchen in Schauern. ЖЭТФ **10**, 1007 (1940).
[42] Zur Theorie der Sekundärschauer. ЖЭТФ **11**, 32 (1941).
[43] Über die Streuung von Licht an Mesonen (gemeinsam mit JA. A. SMORODINSKIJ). ЖЭТФ **11**, 35 (1941).
[44] Die Theorie der Suprafluidität des Helium II. ЖЭТФ **11**, 592 (1941).
[45] Theorie der Stabilität stark geladener liophober Sole und der Adhäsion stark geladener Teilchen in elektrolytischen Lösungen (gemeinsam mit B. W. DERJAGUIN). ЖЭТФ **11**, 802 (1941); **15**, 663 (1945).
[46] Die Mitführung einer Flüssigkeit durch eine bewegte Platte (gemeinsam mit W. G. LEWITSCH). Acta Phys.-chim. USSR **17**, 42 (1942).
[47] Zur Theorie des Zwischenzustandes von Supraleitern. ЖЭТФ **13**, 377 (1943).

[48] Über das Verhältnis zwischen flüssigem und gasförmigem Zustand bei Metallen (gemeinsam mit Ja. B. ZELDOWITSCH). ЖЭТФ **14**, 32 (1944), Acta phys.-chim. USSR **18**,194 (1943).

[49] Über eine neue exakte Lösung der Navier-Stokesschen Gleichungen. ДАН СССР **43**, 299 (1944).

[50] Zum Problem der Turbulenz. ДАН СССР **44**, 339 (1944).

[51] Zur Hydrodynamik des Helium II. ЖЭТФ **14**, 112 (1944).

[52] Zur Theorie des langsamen Glühens. ЖЭТФ **14**, 240 (1944).

[53] Proton-Proton-Streuung (gemeinsam mit JA. A. SMORODINSKIJ). ЖЭТФ **14**, 269 (1944).

[54] Über Energieverluste schneller Teilchen durch Ionisation. J. Phys. USSR 8, 201 (1944).

[55] Über Untersuchungen der Detonation kondensierter Sprengstoffe (gemeinsam mit K. P. STANJUKOWITSCH). ДАН СССР **46**, 399 (1945).

[56] Bestimmung der Ausstoßgeschwindigkeit der Detonationsprodukte einiger Gasgemische (gemeinsam mit K. P. STANJUKOWITSCH). ДАН СССР **47**, 205 (1945).

[57] Bestimmung der Ausstoßgeschwindigkeit der Detonationsprodukte kondensierter Sprengstoffe (gemeinsam mit K. P. STANJUKOWITSCH). ДАН СССР **47**, 273 (1945).

[58] Über Stoßwellen in großen Entfernungen vom Ort ihrer Entstehung. Прикл. матем. и мех. **9**, 286 (1945).

[59] Über Schwingungen eines Elektronenplasmas. ЖЭТФ **16**, 574 (1946).

[60] Über die Thermodynamik der Photolumineszenz. J. Phys. USSR **10**, 503 (1946).

[61] Zur Theorie der Suprafluidität von Helium II. J. Phys. USSR **11**, 91 (1946).

[62] Über die Bewegung von Fremdteilchen in Helium II (gemeinsam mit I. JA. POMERANTSCHUK). ДАН СССР **59**, 669 (1948).

[63] Über den Impuls eines Zweiphotonensystems. ДАН СССР **60**, 207 (1948).

[64] Zur Theorie der Suprafluidität. ДАН СССР **61**, 253 (1948).

[65] Die effektive Masse des Polarons (gemeinsam mit S. I. PEKAR). ЖЭТФ **18**, 419 (1948).

[66] Die Spaltung des Deuterons bei Stößen mit schweren Kernen (gemeinsam mit E. M. LIFSCHITZ). ЖЭТФ **8**, 750 (1948).

[67] Theorie der Viskosität von Helium II. 1. Wechselwirkung der Elementaranregungen in Helium II (gemeinsam mit I. M. CHALATNIKOW). ЖЭТФ **19**, 637 (1949).

[68] Theorie der Viskosität von Helium II. 2. Berechnung des Viskositätskoeffizienten (gemeinsam mit I. M. CHALATNIKOW). ЖЭТФ **19**, 709 (1949).

[69] Über Elektron-Positron-Wechselwirkung (gemeinsam mit V. B. BERESTETZKIJ). ЖЭТФ **19**, 673 (1949).

[70] Über die Gleichgewichtsform von Kristallen. In „Festschrift zum 70. Geburtstag von A. F. JOFFÉ", Verlag der Akademie der Wissenschaften, Moskau, 1950, S. 44.

[71] Zur Theorie der Supraleitung (gemeinsam mit V. L. GINZBURG). ЖЭТФ **20**, 1064 (1950).

[72] Über die Vielfacherzeugung von Teilchen bei Stößen schneller Teilchen. Изв. АН СССР, сер. физ., **17**, 51 (1953).

[73] Anwendungsgrenzen der Theorie der Bremsstrahlung von Elektronen und Paarbildung bei großen Energien (gemeinsam mit I. JA. POMERANTSCHUK). ДАН СССР **92**, 535 (1953).

[74] Elektronenlawinen bei höchsten Energien (gemeinsam mit I. JA. POMERANTSCHUK). ДАН СССР **92**, 735 (1953).

[75] Ausstrahlung von γ-Quanten bei Stößen schneller π-Mesonen mit Nukleonen (gemeinsam mit I. JA. POMERANTSCHUK). ЖЭТФ **24**, 506 (1953).

[76] Über die Beseitigung von Divergenzen in der Quantenelektrodynamik (gemeinsam mit A. A. ABRIKOSOV und I. M. CHALATNIKOW). ДАН СССР **95**, 497 (1954).

[77] Ein asymptotischer Ausdruck für die Greensche Funktion des Elektrons in der Quantenelektrodynamik (gemeinsam mit A. A. ABRIKOSOW und I. M. CHALATNIKOW). ДАН СССР **95**, 773 (1954).

[78] Ein asymptotischer Ausdruck für die Greensche Funktion des Photons in der Quantenelektrodynamik (gemeinsam mit A. A. Abrikosow und I. M. Chalatnikow). ДАН СССР **95**, 1177 (1954).
[79] Die Elektronenmasse in der Quantenelektrodynamik (gemeinsam mit A. A. Abrikosow und I. M. Chalatnikow). ДАН СССР **96**, 261 (1954).
[80] Über anomale Schallabsorption in der Nähe des Umwandlungspunktes bei Phasenübergängen zweiter Art (gemeinsam mit I. M. Chalatnikow). ДАН СССР **96**, 469 (1954).
[81] Untersuchung der Singularitäten in Strömungen mittels der Euler-Tricomi-Gleichung (gemeinsam mit E. M. Lifschitz). ДАН СССР **96**, 725 (1954).
[82] Zur Quantenfeldtheorie. Im Sammelband „Niels Bohr and the development of physics", London, 1955.
[83] Über Punktwechselwirkung in der Quantenelektrodynamik (gemeinsam mit I. Ja. Pomerantschuk). ДАН СССР **102**, 489 (1955).
[84] Eichtransformation der Greenschen Funktionen geladener Teilchen (gemeinsam mit I. M. Chalatnikow). ЖЭТФ **29**, 89 (1955).
[85] Eine hydrodynamische Theorie der Vielfacherzeugung von Teilchen (gemeinsam mit S. Z. Belenkij). УФН **56**, 309 (1955).
[86] Zur Quantenfeldtheorie (gemeinsam mit A. A. Abrikosow und I. M. Chalatnikow). Nuovo Cimento Suppl. **3**, 80 (1956).
[87] Die Theorie der Fermi-Flüssigkeit. ЖЭТФ **30**, 1058 (1956).
[88] Schwingungen der Fermi-Flüssigkeit. ЖЭТФ **32**, 59 (1957).
[89] Über Erhaltungssätze bei schwachen Wechselwirkungen. ЖЭТФ **32**, 405 (1957).
[90] Zu einer Variante der Polarisationseigenschaften des Neutrinos. ЖЭТФ **32**, 407 (1957).
[91] Über hydrodynamische Fluktuationen (gemeinsam mit E. M. Lifschitz). ЖЭТФ **32**, 618 (1957).
[92] Eigenschaften der Greenschen Funktion von Teilchen in der Statistik. ЖЭТФ **34**, 262 (1958).
[93] Zur Theorie der Fermi-Flüssigkeit. ЖЭТФ **35**, 97 (1958).
[94] Über eine Möglichkeit zur Formulierung einer Theorie stark wechselwirkender Fermionen (gemeinsam mit A. A. Abrikosow, A. D. Galanin, L. P. Gorkow, I. Ja. Pomerantschuk und K. A. Ter-Martirosjan). Phys. Rev. **111**, 321 (1958).
[95] Numerische Methoden zur Integration partieller Differentialgleichungen mit der Differenzenmethode (gemeinsam mit N. N. Mejman und I. M. Chalatnikow). In „Verhandlungen d. III. Mathematik-Kongresses d. UdSSR, Moskau, 1958, Bd. 3, S. 92.
[96] Über die analytischen Eigenschaften des Vertexanteils in der Quantenfeldtheorie. ЖЭТФ **37**, 62 (1959).
[97] Kleine Bindungsenergien in der Quantenfeldtheorie. ЖЭТФ **39**, 1856 (1960).
[98] Fundamentale Probleme. In „In Memoriam of W. Pauli". Interscience, 1960.

Es bedeuten:

ЖЭТФ	Ž. eksper. teor. fiz.
ДАН СССР	Dokladi akad. nauk SSSR
Прикл. матем. и мех.	Prikl. matem. i mech.
Изв. АН СССР, сер. физ.	Isw. akad. nauk SSSR, ser. fiz.
УФН	Usp. fiz. nauk

SACHVERZEICHNIS

Ergänzungen zur 14. Auflage

S. 108: Fußnote

Neuere Bücher, in denen nichtlineare Schwingungen sehr ausführlich behandelt werden, sind z. B.: A. H. NAYFEH, Introduction to Perturbation Techniques, sowie A. H. NAYFEH und D. T. MOOK, Nonlinear Oscillations, beide J. Wiley & Sons, New York, 1981 (1993) bzw. 1979 (1995). (Anm. d. Herausg.)

S. 198: Fußnote

3) Einen ausführlichen Beweis für die aufgestellten Behauptungen wie auch eine Berechnung des Proportionalitätsfaktors in der Formel (51,6) kann man in dem Artikel A. A. Sluzkin, Ž. eksper. teor. fiz. **45**, 978 (1963) finden.

S. 199: Aufgabe 2

2. Ein Teilchen führt in einem Potentialtopf Schwingungen aus. Man bestimme die Änderung seiner Energie unter Einfluß der Reibungskraft $f_R = -\alpha\dot{x}$ für kleine Werte von α.

Lösung: Wir mitteln (25,13) über eine Schwingungsperiode, vernachlässigen dabei in erster Näherung die Dämpfung der Schwingung und erhalten so

$$\frac{d\overline{E}}{dt} = -\alpha\overline{\dot{x}^2} = -\frac{\alpha}{T}\int_0^T \dot{x}^2\,dt = -\frac{\alpha}{T}\oint \dot{x}\,dx = -\frac{2\pi\alpha}{mT}\,I(\overline{E})\,.$$

Dabei sind $I(E)$ die adiabatische Invariante und m die Teilchenmasse. Drücken wir die Schwingungsdauer T gemäß (49,8) durch I aus, so ergibt sich

$$\frac{dI}{d\overline{E}}\,\frac{d\overline{E}}{dt} = -\frac{\alpha}{m}\,I\,.$$

Nach Integration erhalten wir

$$I(\overline{E}) = I(E_0)\,e^{-\frac{\alpha}{m}t}\,. \tag{1}$$

Formel (1) drückt indirekt die Abhängigkeit $\overline{E}(t)$ aus. Für den harmonischen Oszillator geht (1) in (25,5) über. Diese Lösung gilt nur für $\frac{\alpha}{m}T \ll 1$.

S. 211: Ergänzung

Nur ganz herausragende Wissenschaftler wurden Mitglieder der Akademie der Wissenschaften der UdSSR, und an den höchsten wissenschaftlichen Grad (Doktor der Wissenschaften) wurden sehr hohe Maßstäbe angelegt. (Anm. d. Herausg.)

L. D. Landau · E. M. Lifschitz

LEHRBUCH DER THEORETISCHEN PHYSIK

Band 1:
Mechanik
Bewegungsgleichungen – Erhaltungssätze – Integration der Bewegungsgleichungen – Zusammenstoß von Teilchen – Kleine Schwingungen – Bewegung des starren Körpers – Die kanonischen Gleichungen

unveränderter Nachdruck der 14., korrigierten Auflage 1997, 2022,
231 Seiten, 56 Abbildungen, gebunden,
ISBN 978-3-8085-5612-2

Band 2:
Klassische Feldtheorie
Das Relativitätsprinzip – Die relativistische Mechanik – Ladungen im elektromagnetischen Feld – Die Gleichungen des elektromagnetischen Feldes – Das zeitunabhängige elektromagnetische Feld – Elektromagnetische Wellen – Die Lichtausbreitung – Das Feld bewegter Ladungen – Ausstrahlung elektromagnetischer Wellen – Teilchen im Gravitationsfeld – Die Gleichungen des Gravitationsfeldes – Das Feld gravitierender Körper – Gravitationswellen – Relativistische Kosmologie

unveränderter Nachdruck der 12. Auflage 1992, 2022, 496 Seiten, 25 Abbildungen, gebunden,
ISBN 978-3-8085-5562-0

Band 3:
Quantenmechanik
Die Grundbegriffe der Quantenmechanik – Energie und Impuls – Die SCHRÖDINGER-Gleichung – Der Drehimpuls – Die Bewegung im kugelsymmetrischen Feld – Störungstheorie – Der quasiklassische Fall – Der Spin – Identische Teilchen – Das Atom – Das zweiatomige Molekül – Die Theorie der Symmetrie – Mehratomige Moleküle – Die Addition von Drehimpulsen – Die Bewegung im Magnetfeld – Die Struktur des Atomkerns – Elastische Stöße – Inelastische Stöße

unveränderter Nachdruck der 9. Auflage 1986, 2021, 660 Seiten, 57 Abbildungen, 11 Tabellen, gebunden,
ISBN 978-3-8085-5636-8

Band 4:
Quantenelektrodynamik
Das Photon – Bosonen – Fermionen – Ein Teilchen in einem äußeren Feld – Strahlung – Streuung von Licht – Die Streumatrix – Invariante Störungstheorie – Wechselwirkung von Elektronen – Wechselwirkung von Elektronen mit Photonen – Exakte Propagatoren und Eckteile – Strahlungskorrekturen – Asymptotische Formeln für die Quantenelektrodynamik – Elektrodynamik der Hadronen

unveränderter Nachdruck der 7., berichtigten Auflage 1991, 2020, 628 Seiten, 25 Abbildungen, gebunden,
ISBN 978-3-8085-5632-0

Band 5:
Statistische Physik Teil 1
Die Grundprinzipien der Statistik – Die thermodynamischen Größen – Die GIBBSsche Verteilung – Das ideale Gas – Die FERMI- und BOSE-Verteilungen – Festkörper – Reale Gase – Das Phasengleichgewicht – Lösungen – Chemische Reaktionen – Eigenschaften der Materie bei sehr hohen Dichten – Fluktuationen – Symmetrie der Kristalle – Phasenübergänge zweiter Art und kritische Phänomene – Oberflächen

unveränderter Nachdruck der 8., berichtigten Auflage 1991, 2016,
535 Seiten, 78 Abbildungen, 3 Tabellen, gebunden,
ISBN 978-3-8085-5654-2

Band 6:
Hydrodynamik
Ideale Flüssigkeiten – Zähe Flüssigkeiten – Turbulenz – Grenzschichten – Wärmeleitung in Flüssigkeiten – Diffusion – Oberflächenerscheinungen – Der Schall – Stoßwellen – Eindimensionale Gasströmung – Der Schnitt von Unstetigkeitsflächen – Ebene Gasströmung – Die Strömung um endliche Körper – Hydrodynamik der Verbrennung – Relativistische Hydrodynamik – Hydrodynamik der superfluiden Flüssigkeit

korrigierter Nachdruck der 5., überarbeiteten Auflage 1991, 2014,
705 Seiten, 136 Abbildungen, gebunden,
ISBN 978-3-8085-5554-5

Band 7:
Elastizitätstheorie
Grundgleichungen – Gleichgewicht von Stäben und Platten – Elastische Wellen – Versetzungen – Wärmeleitung und Zähigkeit fester Körper – Mechanik flüssiger Kristalle

unveränderter Nachdruck der 7. Auflage 1991, 2010, 223 Seiten, 32 Abbildungen, Leinen,
ISBN 978-3-8085-5498-2

Band 8:
Elektrodynamik der Kontinua
Elektrostatik von Leitern – Elektrostatik von Nichtleitern – Konstante Ströme – Zeitunabhängige Magnetfelder – Ferromagnetismus und Antiferromagnetismus – Supraleitfähigkeit – Das quasistationäre elektromagnetische Feld – Magnetohydrodynamik – Elektromagnetische Wellengleichungen – Ausbreitung elektromagnetischer Wellen – Elektromagnetische Wellen in anisotropen Medien – Räumliche Dispersion – Nichtlineare Optik – Durchgang schneller Teilchen durch Substanzen – Streuung elektromagnetischer Wellen – Beugung von Röntgenstrahlen in Kristallen

unveränderter Nachdruck der 5., ergänzten Auflage 1990, 2020,
565 Seiten, 65 Abbildungen, gebunden,
ISBN 978-3-8085-5500-2

Band 9:
Statistische Physik Teil 2
Die normale FERMI-Flüssigkeit – GREENsche Funktionen eines FERMI-Systems bei $T = 0$ – Die Superfluidität – GREENsche Funktionen bei endlichen Temperaturen – Die Supraleitfähigkeit – Elektronen im Kristallgitter – Der Magnetismus – Elektromagnetische Fluktuationen – Hydrodynamische Fluktuationen

unveränderter Nachdruck der 4., berichtigten Auflage 1992, 2020,
404 Seiten, 18 Abbildungen, gebunden,
ISBN 978-3-8085-5656-6

Band 10:
Physikalische Kinetik
Kinetische Gastheorie – Die Diffusionsnäherung – Das stoßfreie Plasma – Stöße im Plasma – Das Plasma im Magnetfeld – Theorie der Instabilitäten – Dielektrika – Quantenflüssigkeiten – Metalle – Diagrammtechnik für Nichtgleichgewichtssysteme – Supraleiter – Kinetik von Phasenübergängen

unveränderter Nachdruck der 2. Auflage 1990, 2020,
480 Seiten, 35 Abbildungen, gebunden,
ISBN 978-3-8085-5624-5

Das Gesamtwerk ist auch zum günstigen Satzpreis erhältlich:
L. D. Landau · E. M. Lifschitz, **Lehrbuch der Theoretischen Physik**
ISBN 978-3-8085-5588-0